전기 | 공사
기사·산업기사

2

▶ 무료동영상 제공

전력 공학

HANSOL ACADEMY
ELECTRICITY

한 권으로 완벽하게 끝내는
한솔아카데미 전기시리즈②

건축전기설비기술사 **김 대 호** 저

ELECTRICITY

대호의 전기기사 산업기사 문답카페
ttps://cafe.naver.com/qnacafe

www.inup.co.kr

한솔아카데미

KB134575

한솔아카데미가 답이다
전기(산업)기사 필기 인터넷 강의 "전과목 0원"

24시간 이내
질의응답

무한반복
동영상강의
무료수강권

베스트 NO.1
강사진

학습관련 문의사항, 성심성의껏 답변드리겠습니다.
http://cafe.naver.com/qnacafe

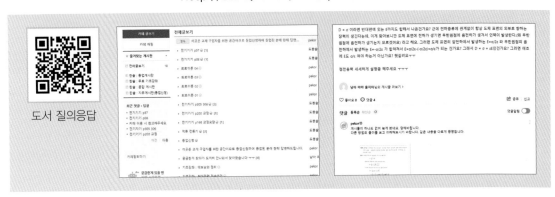

도서 질의응답

전기기사·전기산업기사 필기 교수진 및 강의시간

구 분	과 목	담당강사	강의시간	동영상	교 재
필 기	전기자기학	김병석	약 31시간		전기자기 1
	전력공학	강동구	약 28시간		전력공학 2
	전기기기	강동구	약 34시간		전기기기 3
	회로이론	김병석	약 27시간		회로이론 4
	제어공학	송형무	약 12시간		제어공학 5
	전기설비기술기준	송형무	약 12시간		전기설비기술기준 6

전기(산업)기사 필기
무료동영상 수강방법

01 회원가입

카페 가입하기 _ 전기기사 · 전기산업기사 학습지원 센터에 가입합니다.

http://cafe.naver.com/qnacafe

전기기사 · 전기산업기사 필기

교재 인증하고 무료 동영상강의 듣자

02 도서촬영

도서 촬영하여 인증하기

전기기사 시리즈 필기 교재 표지와
카페 닉네임, ID를 적은 종이를 함께
인증!

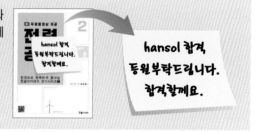

hansol 합격, 등원부탁드립니다. 합격할께요.

03 도서인증

카페에 도서인증 업로드하기 _ 등업게시판에 촬영한 교재 이미지를 올립니다.

04 동영상

무료동영상 시청하기

Elctricity

꿈·은·이·루·어·진·다

2023

전력공학

한솔아카데미
www.inup.co.kr

첫째, 새로운 가치의 창조

많은 사람들은 꿈을 꾸고 그 꿈을 위해 노력합니다. 꿈을 이루기 위해서는 여러 가지 노력을 합니다. 결국 꿈의 목적은 경제적으로 윤택한 삶을 살기 위한 것이 됩니다. 그것을 위해 주식, 재테크, 펀드, 복권 등 여러 가지 가치창조를 위한 노력을 합니다. 이와 같은 노력의 성공 확률은 극히 낮습니다.

현실적으로 자신의 가치를 높일 수 있는 가장 확률이 높은 방법은 자격증입니다. 특히 전기분야의 자격증은 여러분을 기술자로서 새로운 가치를 부여하게 될 것입니다. 전기는 국가산업 전반에 걸쳐 없어서는 안 되는 중요한 분야입니다.

전기기사, 전기공사기사, 전기산업기사, 전기공사산업기사 자격증을 취득한다는 것은 여러분을 한 단계 업그레이드 하는 새로운 가치를 창조하는 행위입니다. 더불어 전기분야 기술사를 취득할 경우 여러분은 전문직으로서 최고의 기술자가 될 수 있습니다.

스스로의 가치(Value)를 만들어가는 것은 작은 실천부터 시작됩니다. 지금 준비하는 자격증이 바로 여러분의 Name Value를 만들어가는 과정이며 결과입니다.

둘째, 인생의 패러다임

고등학교, 대학교 등을 통해 여러분은 많은 학습을 하였습니다. 그리고 새로운 학습에 도전하고 있습니다. 현대 사회는 학습하지 않으면 도태되는 평생교육의 사회입니다. 새로운 지식과 급변하는 지식에 맞춰 평생학습을 해야 합니다. 이것은 평생 직업을 갖질 수 있는 기회가 됩니다.

노력한 만큼 그 결실은 큽니다. 링컨은 자기가 노력한 만큼 행복해진다고 했습니다. 저자는 여러분에게 권합니다. 꿈과 목표를 설정하세요.

"꿈꾸는 자만이 꿈을 이룰 수 있습니다. 꿈이 없으면 절대 꿈을 이룰 수 없습니다."

셋째, 학습을 위한 조언

이번에 발행하게 된 전기기사, 산업기사 필기 자격증의 기본서로서 필기시험에 필요한 핵심 요약과 과년도 상세해설을 제공합니다.

각 단원의 내용을 이해하고 문제를 풀어갈 경우 고득점은 물론 실기시험에서도 적용할 수 있는 지식을 쌓을 수 있습니다.

여러분은 합격을 위해 매일 매일 실천하는 학습을 하시길 권합니다. 일주일에 주말을 통해 학습하는 것보다 매일 학습하는 것이 효과가 좋고 합격률이 높다는 것을 저자는 수많은 교육과 사례를 통해 알고 있습니다. 따라서 독자 여러분에게 매일 일정한 시간을 정하고 학습하는 것을 권합니다.

시간이 부족하다는 것은 핑계입니다. 하루 8시간 잠을 잔다면, 평생의 1/3을 잠을 잔다는 것입니다. 잠자는 시간 1시간만 줄여보세요. 여러분은 충분히 공부할 수 있는 시간이 있습니다. 텔레비전 보는 시간 1시간만 줄여보세요. 여러분은 공부할 시간이 더 많아집니다. 시간은 여러분이 만들 수 있습니다. 여러분 마음먹기에 따라 충분한 시간이 생깁니다. 노력하고 실천하는 독자여러분이 되시길 바랍니다.

끝으로 이 도서를 작성하는데 있어 수많은 국내외 전문서적 및 전문기술회지 등을 참고하고 인용하면서 일일이 그 내용을 밝히지 못하였으나, 이 자리를 빌어 이들 저자 각위에게 깊은 감사를 드립니다.

전기분야 자격증을 준비하는 모든 분들에게 합격의 영광이 있기를 기원합니다.

이 도서를 출간하는데 있어 먼저는 하나님께 영광을 돌리며, 수고하여 주신 도서출판 한솔아카데미 임직원 여러분께 심심한 사의를 표합니다.

저자 씀

❶ 수험원서접수

- 접수기간 내 인터넷을 통한 원서접수(www.q-net.or.kr) 원서접수 기간 이전에 미리 회원가입 후 사진 등록 필수
- 원서접수시간은 원서접수 첫날 09:00부터 마지막 날 18:00까지

❷ 기사 시험과목

구 분	전기기사	전기공사기사	전기 철도 기사
필 기	1. 전기자기학 2. 전력공학 3. 전기기기 4. 회로이론 및 제어공학 5. 전기설비기술기준 　　(한국전기설비규정[KEC])	1. 전기응용 및 공사재료 2. 전력공학 3. 전기기기 4. 회로이론 및 제어공학 5. 전기설비기술기준 　　(한국전기설비규정[KEC])	1. 전기자기학 2. 전기철도공학 3. 전력공학 4. 전기철도구조물공학
실 기	전기설비설계 및 관리	전기설비견적 및 관리	전기철도 실무

❸ 기사 응시자격

- 산업기사 + 1년 이상 경력자
- 타분야 기사자격 취득자
- 전문대학 졸업 + 2년 이상 경력자
- 교육훈련기관(산업기사 수준) 이수자 또는 이수예정자 + 2년 이상 경력자
- 동일 직무분야 4년 이상 실무경력자
- 기능사 + 3년 이상 경력자
- 4년제 관련학과 대학 졸업 및 졸업예정자
- 교육훈련기관(기사 수준) 이수자 또는 이수예정자

❹ 산업기사 시험과목

구 분	전기산업기사	전기공사산업기사
필 기	1. 전기자기학　　2. 전력공학 3. 전기기기　　　4. 회로이론 5. 전기설비기술기준(한국전기설비규정[KEC])	1. 전기응용　　　2. 전력공학 3. 전기기기　　　4. 회로이론 5. 전기설비기술기준(한국전기설비규정[KEC])
실 기	전기설비설계 및 관리	전기설비 견적 및 시공

❺ 산업기사 응시자격

- 기능사 + 1년 이상 경력자
- 전문대 관련학과 졸업 또는 졸업예정자
- 교육훈련기간(산업기사 수준) 이수자 또는 이수예정자
- 타분야 산업기사 자격취득자
- 동일 직무분야 2년 이상 실무경력자

❻ 전력공학 출제기준 (2021.1.1~2023.12.31)

주요항목	세 부 항 목
1. 발·변전 일반	1. 수력발전 2. 화력발전 3. 원자력 발전 4. 신재생에너지발전 5. 변전방식 및 변전설비 6. 소내전원설비 및 보호계전방식
2. 송·배전선로의 전기적 특성	1. 선로정수 2. 전력원선도 3. 코로나 현상 4. 단거리 송전선로의 특성 5. 중거리 송전선로의 특성 6. 장거리 송전선로의 특성 7. 분포정전용량의 영향 8. 가공전선로 및 지중전선로
3. 송·배전방식과 그 설비 및 운용	1. 송전방식 2. 배전방식 3. 중성점접지방식 4. 전력계통의 구성 및 운용 5. 고장계산과 대책
4. 계통보호방식 및 설비	1. 이상전압과 그 방호 2. 전력계통의 운용과 보호 3. 전력계통의 안정도 4. 차단보호방식
5. 옥내배선	1. 저압 옥내배선 2. 고압 옥내배선 3. 수전설비 4. 동력설비
6. 배전반 및 제어기기의 종류와 특성	1. 배전반의 종류와 배전반 운용 2. 전력제어와 그 특성 3. 보호계전기 및 보호계전방식 4. 조상설비 5. 전압조정 6. 원격조작 및 원격제어
7. 개폐기류의 종류와 특성	1. 개폐기 2. 차단기 3. 퓨즈 4. 기타 개폐장치

❶ 전력공학 학습방법

전력공학은 회로이론의 기본적인 개념을 많이 이용한다. 전압강하 전력손실 등은 회로이론에서 공부한 내용이 대부분이다. 이를 송전선로에 적용하는 것이 필요하다.

송선선로의 개념을 이해하고, 전기적인 특성을 계산할 수 있도록 공부해야 한다. 배전선로는 송전선로의 기본개념을 그대로 적용할 수 있다.

발전공학은 출제빈도가 낮으므로 별도로 공부하는 것을 추천하지 않는다.

전력공학은 높은 점수를 얻는 전략과목으로 대부분 공부한다. 즉 그 만큼 문제는 어렵게 나오지 않는다. 전력공학의 송전특성은 실기시험문제에 자주 출제되므로 확실하게 이론을 정립하는 것이 바람직하다.

❷ 전력공학 학습전략

이 과목은 출제 경향에서 파악한 것처럼 비율이 가장 높은 유형이 말로 서술된 문제 유형이기 때문에 이해 중심으로 공부하면 쉽게 해결 할 수 있다. 또한 유사한 문제로 반복적 학습도 도움이 된다. 학습 목표에 반복학습 횟수를 정해 두는 것도 나쁘지 않을 것으로 본다. 공식 문제는 기출문제에서 나왔던 문제 위주로만 정리하여 이해하면 가장 쉽고 빠른 학습으로 진행할 수 있다.

❸ 전력공학 출제분석

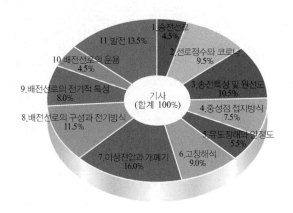

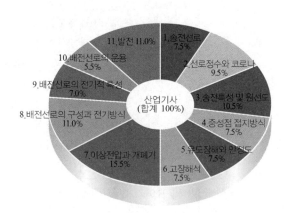

❹ 전기(산업)기사 필기 합격률

연도	기사 필기 합격률			산업기사 필기 합격률		
	응시	합격	합격률(%)	응시	합격	합격률(%)
2021	60,499	13,412	22.2%	37,892	7,011	18.5%
2020	56,376	15,970	28.3%	34,534	8,706	25.2%
2019	49,815	14,512	29.1%	37,091	6,629	17.9%
2018	44,920	12,329	27.4%	30,920	6,583	21.3%
2017	43,104	10,831	25.1%	29,428	5,779	19.6%
2016	38,632	9,085	23.5%	27,724	5,790	20.9%

❺ 필기시험 응시자 유의사항

① 수험자는 필기시험 시 (1)수험표 (2)신분증 (3)검정색 사인펜 (4)계산기 등을 지참하여 지정된 시험실에 입실 완료해야 합니다.

② 필기시험 합격자는 당해 필기시험 합격자 발표일로부터 2년간 필기시험을 면제받게 되며, 실기시험 응시자는 당해 실기시험의 발표 전까지는 동일종목의 실기시험에 중복하여 응시할 수 없습니다.

③ 기사 필기시험 전 종목은 답안카드 작성시 수정테이프(수험자 개별지참)를 사용할 수 있으나(수정액 및 스티커 사용 불가) 불완전한 수정처리로 인해 발생하는 불이익은 수험자에게 있습니다. (인적사항 마킹란을 제외한 답안만 수정가능)

※ 시험기간 중, 통신기기 및 전자기기를 소지할 수 없으며 부정행위 방지를 위해 금속탐지기를 사용하여 검색할 수 있음

④ 기사/산업기사/서비스분야(일부 제외) 시험은 응시자격이 미달되거나 정해진 기간까지 서류를 제출하지 않을 경우 필기시험 합격예정이 무효되오니 합격예정자께서는 반드시 기한 내에 서류를 공단 지사로 제출하시기 바랍니다.

■ 허용군 공학용계산기 사용을 원칙으로 하나, 허용군 외 공학용계산기를 사용하고자 하는 경우 수험자가 계산기 매뉴얼 등을 확인하여 직접 초기화(리셋) 및 감독위원 확인 후 사용가능

▶ 직접 초기화가 불가능한 계산기는 사용 불가 [2020.7.1부터 허용군 외 공학용계산기 사용불가 예정]

제조사	허용기종군
카시오(CASIO)	FX-901~999, FX-501~599, FX-301~399, FX-80~120
샤프(SHARP)	EL-501~599, EL-5100, EL-5230, EL-5250, EL-5500
유니원(UNIONE)	UC-400M, UC-600E, UC-800X
캐논(CANON)	F-715SG, F-788SG, F-792SGA
모닝글로리(MORNING GLORY)	ECS-101

※ 위의 세부변경 사항에 대하여는 반드시 큐넷(Q-net) 홈페이지 공지사항 참조

이론정리로 시작하여 예제문제로 이해!!

이론정리 예제문제

• 학습길잡이 역할
• 각 장마다 이론정리와 예제문제를 연계하여 단원별 이론을 쉽게 이해
  할 수 있도록 하여 각 장마다 이론정리를 마스터 하도록 하였다.

⊙ **핵심&이론길잡이** ⊙

핵심개념을 쉽게
이해하도록 설명하였습니다.

⊙ **예제&개념문제** ⊙

개념이해가 쉽도록 가장
대표적인 문제를
선별하였습니다.

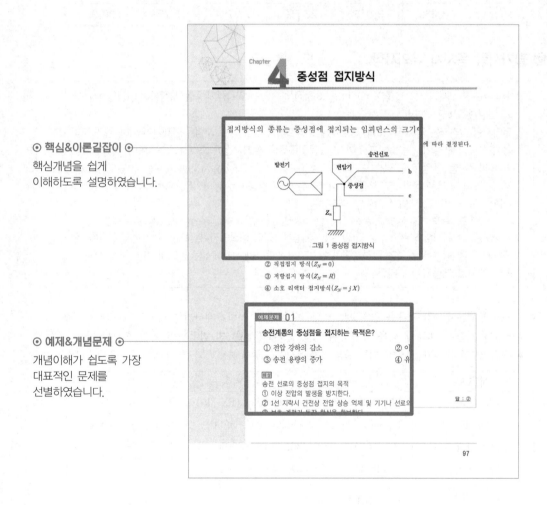

Chapter

4 중성점 접지방식

접지방식의 종류는 중성점에 접지되는 임피던스의 크기에 따라 결정된다.

발전기 **변압기** **송전선로** a

중성점 b

Z_n c

그림 1 중성점 접지방식

② 직접접지 방식($Z_N = 0$)
③ 저항접지 방식($Z_N = R$)
④ 소호 리액터 접지방식($Z_N = jX$)

예제문제 **01**

송전계통의 중성점을 접지하는 목적은?

① 전압 강하의 감소   ② 이
③ 송전 용량의 증가   ④ 유

해설
송전 선로의 중성점 접지의 목적
① 이상 전압의 발생을 방지한다.
② 1선 지락시 건전상 전압 상승 억제 및 기기나 선로의

답 : ②

97

기본 문제풀이부터 고난도 심화문제까지!!

핵심 과년도구성

- 반복적인 학습문제
- 각 장마다 핵심과년도를 집중적이고 반복적으로 문제풀이를 학습하여 출제경향을 한 눈에 알 수 있게 하였다.

심화학습 문제구성

- 고난도 문제풀이
- 심화학습문제를 엄선하여 정답 및 풀이에서 고난도 문제를 해결하는 노하우를 확인할 수 있게 하였다.

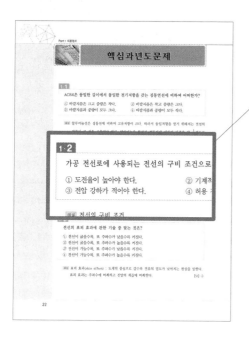

⊙ 반복적인 학습문제 ⊙

집중적이고 반복적인 문제풀이로 출제경향을 파악하도록 하였습니다.

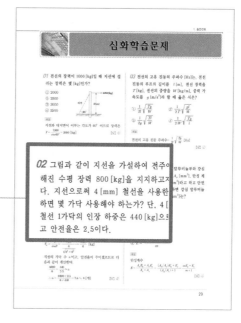

⊙ 고난도 심화문제 ⊙

문제 해결능력을 강화할 수 있도록 고난도 문제를 구성하였습니다.

목차 CONTENTS

PART 01 **이론정리**

목차 CONTENTS

PART 1

이론정리

송전선로

발전소에서 발전된 전압은 6.6~24[kV] 정도로 송전선로에 전송하기는 어렵다. 따라서 승압용 변압기를 설치하여 전압을 345[kV] 또는 765[kV]로 승압하여 송전선로를 통하여 수용가까지 전송한다. 수용가 부근에 변전소를 설치하여 전압을 154[kV] 또는 22.9[kV]로 강압하여 수용가에 배전하게 된다. 이러한 일련의 계통을 송배전선로라 한다.

• 발전소

발전기, 원동기, 연료전지, 태양전지, 기타 기구를 시설하여 전기를 발생시키는 곳으로 원동력에 따라 구분하면 수력발전소, 화력발전소, 원자력발전소, 조력발전소 등 대표적인 발전소와 그 밖의 발전소가 있다.

• 변전소

구외로부터 전송되는 전기를 구내에 시설한 변압기, 전동발전기, 회전 변류기, 수은정류기, 기타 기계기구에 의하여 변성한 전기를 다시 구외로 전송하는 곳이다.

• 전선로

전선 또는 이를 지지하거나 보장하는 전기설비를 말한다.

① 송전선로 : 발전소, 변전소, 개폐소 상호간을 연락하는 전선로
② 배전선로 : 발전소 또는 변전소에서 직접 수용가까지 이르는 전선로

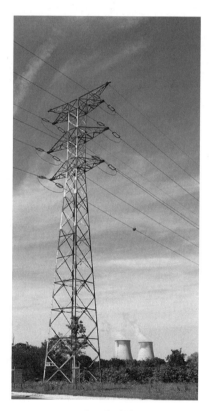

그림 1 송전선로

1. 교류송전과 직류송전

송전방식에는 교류로 송전하는 방식과 직류로 송전하는 방식으로 구분되며, 교류송전방식이 직류송전방식에 비해 유리한 점이 많아 현재 사용되고 있다. 최근에는 직류의 사용 비중이 높고 효율을 높이기 위한 방법으로 직류배전에 관한 내용을 연구하고 있다.

교류송전방식의 특징은 다음과 같다.

- 전력전송을 합리적, 경제적으로 운영하기 위한 전압의 승압, 강압이 용이하다.
- 교류발전기는 직류발전기보다 구조가 간단하고 효율도 좋으므로, 일반적으로 교류발전기를 사용하고 있다. 또한, 3상에서는 회전자계를 쉽게 얻을 수 있다.
- 계통을 일괄운용할 수 있다.
- 주파수가 존재하므로 직류방식에 비하여 표피효과, 페란티 현상, 유전체손 등 손실 측면이나 전압강하가 크게 된다.
- 주파수가 변동시 다른 계통과의 연계가 불가능하다.

직류 송전방식의 특징은 다음과 같다.

- 절연비가 저감되며 코로나 임계전압이 높아져서 코로나에 유리하다.
- 송전효율이 좋아진다.
- 리액턴스가 없으므로 리액턴스 강하가 없다. 따라서 계통 안정도의 문제가 없어 도체의 허용전류치 한도만큼 송전을 할 수 있다.
- 서로 다른 주파수로 비동기 송전이 가능하다.
- 케이블 송전인 경우에 있어서 충전전류가 없으므로 유전체손이나 연피손이 없다.
- 단락용량 및 지락용량이 감소하여 고장전류가 적어 전력계통을 확충시킬 수 있다.
- 전압변성이 어렵고 전압변성을 하려면 교직 변환장치가 필요하며 설비가 고가이다.
- 대용량의 무효전력 공급이 필요하다.
- 직류는 고전압 대전류 차단이 어려우므로 전용의 직류차단기가 필요하다.

그림 2 직류송전

예제문제 01

장거리 대전력 송전에 교류송전방식에 비해서 직류송전방식의 장점이 아닌 것은?

① 송전 효율이 높다.   ② 안정도의 문제가 없다.

③ 선로절연이 더 수월하다.   ④ 변압이 쉬워 고압송전이 유리하다.

해설
직류 송전 방식의 장·단점
[장점] ① 선로의 리액턴스가 없으므로 안정도가 높다.
      ② 유전체손 및 충전 용량이 없고 절연 내력이 강하다.
      ③ 비동기 연계가 가능하다.
      ④ 단락 전류가 적고 임의 크기의 교류 계통을 연계시킬 수 있다.
      ⑤ 코로나손 및 전력 손실이 적다.
      ⑥ 표피 효과나 근접 효과가 없으므로 실효 저항의 증대가 없다.
[단점] ① 직류-교류 변환 장치가 필요하다.
      ② 전압의 승압 및 강압이 불리하다.
      ③ 고조파나 고주파 억제 대책이 필요하다.

<u>답 : ④</u>

2. 송전전압의 결정

승압을 하게 되면 손실(전력손실, 전압강하, 전압변동 등)과 전선비용이 감소하고 송전전력도 증가하나, 절연비용(애자의 개수, 지지물의 높이, 선간거리 등)이 증가하므로, 이 모두를 고려하여 가장 경제적인 전압을 선정해야 한다.
이와 같이 경제적인 송전전압은 미국인 Alfred Still씨가 제안하였다.

Still의 식 $V_S = 5.5 \sqrt{0.6l + \dfrac{P}{100}}$ [kV]

여기서 l : 송전거리 [km], P : 송전전력 [kW]

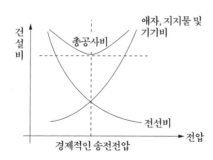

그림 3 가장 경제적인 송전전압의 결정

일정한 전력을 일정한 거리에 전송할 경우에는 가장 경제적인 전압값이 존재한다. 그러나 이 경제적인 전압값을 개개의 경우에 맞추어 따로 선정하게 되면 송전선로에 사용되는 설비는 전압의 종류 수만큼 많아져서 호환성이 떨어지고, 비용도 증가하여 비경제적으로 될 것이다. 따라서 선로 및 설비의 표준화하여 표준전압(standard voltage)으로 운용한다.

표준전압에는 공칭전압과 최고전압 있으며 공칭전압(nominal voltage)이란 전선로를 대표하는 송전단 선간전압이며, 보통 수전단 전압보다 10 [%] 높은 전압이다. 표준전압의 변동의 최대값을 최고전압(highest voltage)이라 한다.

표 1 우리나라 전력계통의 공칭전압과 최고전압

공칭전압 [kV]	3.3	6.6	22	22.9	66	154	345	765
계통 최고전압 [kV]	3.6	7.2	25.8	25.8	72.5	170	362	800

예제문제 02

다음 그림에서 송전선로의 건설비와 전압과의 관계를 옳게 나타낸 것은?

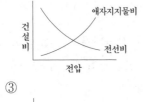
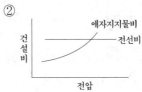
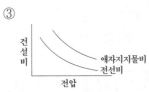
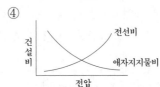

해설
송전선로의 전압이 증가하면 부하가 일정할 경우 전류가 감소하므로 전선의 굵기는 가늘어져도 된다. 그러나 송전전압에 의한 절연 레벨의 상승으로 애자의 개수 및 선로의 건설비용이 증가한다.

답 : ①

예제문제 03

송전 거리 50 [km], 송전 전력 5000 [kW]일 때의 송전 전압은 대략 몇 [kV] 정도가 적당한가? 단, 스틸의 식에 의해 구하여라.

① 29　　　　② 39　　　　③ 49　　　　④ 59

해설
송전 전압의 결정식은 Still 식 $= 5.5\sqrt{0.6 \times l + 0.01P}$
$$= 5.5\sqrt{0.6 \times 50 + 0.01 \times 5000} = 49.19 \, [\text{kV}]$$

답 : ③

다음 식은 무엇을 결정할 때 쓰이는 식인가?

$$5.5 \sqrt{0.6l + \frac{P}{100}}$$

단, l은 송전거리 [km], P는 송전전력 [kW]이다.

① 송전전압   ② 송전선의 굵기
③ 역률개선시 콘덴서의 용량   ④ 발전소의 발전전압

해설
Still의 식(경제적인 송전전압) $V_s = 5.5 \sqrt{0.6 \times l + 0.01P}$

답 : ①

3. 송전선로의 구성

송배전 선로에는 가공선로와 지중선로가 있다. 일반적으로 송전선로는 특성상 가공전 선로를 사용하며, 지지물과 전선 및 케이블, 애자 및 가선금구류로 구성되어 있다.

3.1 전선

(1) 전선의 종류

가공송전 선로용의 전선으로는 경동연선(HDCC, Hard Drawn Copper Condu-ctor) 및 강심 알루미늄연선(ACSR, Aluminum Conductor Steel Reinforced)이 널리 사용되고 있다. 전선은 다음과 같은 구비조건을 갖추어야 한다.

① 도전율이 클 것
② 기계적 강도가 충분할 것
③ 내부식성이 있을 것
④ 가공성(유연성)이 클 것
⑤ 비중이 작고 가격이 저렴할 것
⑥ 가선이 용이할 것

전선은 단선(solid wire)과 연선(stranded wire)이 있으며, 단선은 형이며, 굵기의 단위는 지름 [mm]로 나타낸다. 연선은 나전선으로서 소선을 수 - 수십 가닥을 꼬아서 만든 연선이 사용된다.
다음식은 연선의 가닥수를 산출하는 식이다.

$$N = 1 + 1 \times 6 + 2 \times 6 + 3 \times 6 + \cdots n \times 6$$

$$= 1 + 6(1 + 2 + 3 \cdots n)$$

$$= 1 + 6(1 + n)\frac{n}{2}$$

$$= 1 + 3n(n+1)$$

연선의 지름은 소선의 지름이 d이면 n층 이라 하면

$$D = (1 + 2n)d$$

가 된다.

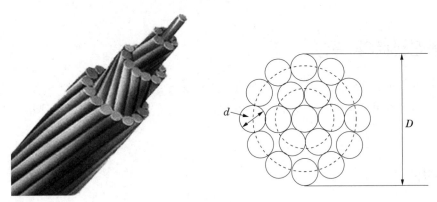

그림 4 연선의 구조

전선을 재질에 의해 분류하면 경동연선(HDCC, Hard Drawn Copper Conductor)과 강심 알루미늄연선(ACSR, Aluminum Conductor Steel Reinforced), 내열 강심알루미 늄연선(TACSR, Thermal-resistant Aluminum Conductor Steel Reinforced), 아연 도금 강연선(GSW, Galvanized Steel Wire), 알루미늄 피복강선(AW, Alumoweld Wire) 등으로 구분된다.

예제문제 05

19/1.8 [mm] 경동 연선의 바깥 지름은 몇 [mm]인가?

① 34.2　　　　　② 10.8　　　　　③ 9　　　　　④ 5

해설
19가닥은 2층의 연선이므로 $D = (2n + 1)d$
$$D = (2 \times 2 + 1) \times 1.8 = 9 \, [\text{mm}]$$

답 : ③

(2) 복도체

그림 5와 같이 하나의 상 연결된 도체의 수가 2 이상인 것을 복도체라 한다. 복도체를 사용하면 전선의 등가 반지름이 증가하므로 인덕턴스는 감소하고 정전용량은 증가하여 안정도를 증가시키고, 코로나 발생을 억제한다.

복도체의 간격을 일정하게 유지하기 위해서는 스페이서를 사용하며 소도체의 상호접근, 충돌을 방지하기 위해 사용된다.

그림 5 복도체

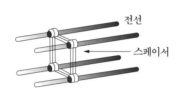
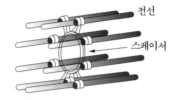

그림 6 스페이서

복도체의 특징은 다음과 같다.

① 선로의 인덕턴스 감소

$$L_n = \frac{0.05}{n} + 0.4605\log_{10}\frac{D}{\sqrt[n]{rs^{n-1}}}$$

에서 $\sqrt[n]{rs^{n-1}}$ 이 증가하여 L_n은 감소한다.

② 선로의 정전용량 증가

$$C_n = \frac{0.02413}{\log_{10}\dfrac{D}{\sqrt[n]{rs^{n-1}}}}$$

에서 $\sqrt[n]{rs^{n-1}}$ 이 증가하므로 C_n은 증가한다.

③ 코로나 임계전압 상승

$$E_0 = 24.3m_0 m_1 \delta d\log_{10}\frac{D}{r}$$

에서 d 증가하여 임계전압이 상승한다.

④ 선로의 송전용량 증가

$$P = \frac{V_s V_r}{X}\sin\delta$$

에서 X가 감소하므로 P는 증가한다.

⑤ 안정도 증대

$$P = \frac{E_G E_M}{X} \sin\theta$$

에서 X가 감소하므로 안정도가 증대한다.

⑥ 단락사고시 각 소도체에 같은 방향의 대전류가 흘러 소도체 상호간에 흡인력 발생

예제문제 06

복도체 방식이 가장 적당한 송전 선로는?

① 저전압 송전 선로　　　　　　　　② 고압 송전 선로

③ 특별 고압 송전 선로　　　　　　　④ 초고압 송전 선로

해설

복도체 방식의 장점은 단도체와 비교하여

① 전선의 인덕턴스가 감소하고 정전 용량이 증가되어 선로의 송전 용량이 증가한다. 또한 계통의 안정도를 증진시킨다.

② 전선 표면의 전위 경도가 저감되어 코로나 임계 전압을 높일 수 있다. 코로나손, 코로나 잡음 등의 장해가 저감된다.

그러므로 초고압 송전 선로에 적당하다.

답 : ④

예제문제 07

복도체에서 2본의 전선이 서로 충돌하는 것을 방지하기 위하여 2본의 전선 사이에 적당한 간격을 두어 설치하는 것은?

① 아모로드　　　　　　　　　　　② 댐퍼

③ 아킹혼　　　　　　　　　　　　④ 스페이서

해설

스페이서는 하나의 상(phase)에 다도체를 사용하는 경우 전선의 상호접근, 충돌을 방지하기 위해 사용되는 금구를 말한다.

답 : ④

345 [kV]용에서 사용하는 복도체는 같은 단면적의 단도체에 비하여 어떠한가?

① 인덕턴스는 증가하고, 정전용량은 감소한다.

② 인덕턴스는 감소하고, 정전용량은 증가한다.

③ 인덕턴스, 정전용량이 감소한다.

④ 인덕턴스, 정전용량이 증가한다.

해설

단도체의 경우 $L = 0.05 + 0.4605\log_{10}\dfrac{D}{r}$, $C = \dfrac{0.02413}{\log_{10}\dfrac{D}{r}}$

복도체의 경우 $L = \dfrac{0.05}{n} + 0.4605\log_{10}\dfrac{D}{\sqrt[n]{rs^{n-1}}}$, $C = \dfrac{0.02413}{\log_{10}\dfrac{D}{\sqrt[n]{rs^{n-1}}}}$

따라서 복도체는 단도체에 비해서 등가 반지름이 증가하므로 인덕턴스는 감소, 정전 용량은 증가한다.

답 : ②

(3) 전선의 굵기 선정

전선의 굵기를 선정할 경우 다음과 같은 사항을 고려하여야 한다.

- 전력손실
- 코로나
- 허용전류
- 전압강하
- 기계적인 강도
- 내부식성
- 가격

가장 경제적으로 전선의 굵기를 선정하기 위한 법칙을 켈빈의 법칙이라 한다. 켈빈의 법칙은 「전선의 단위길이당의 연간손실 전력량의 비용(p_1)」과 「건설시 구입한 전선의 단위 길이당의 이자와 감가상각비(depreciation)를 가산한 연간경비(p_2)」가 같게 되는 전선의 굵기를 말한다.

$$A = \frac{1}{\sigma}\frac{P}{\sqrt{3}V\cos\theta}$$

여기서, 켈빈의 법칙에 의하여 경제적인 전류밀도

$$\sigma \fallingdotseq \sqrt{\frac{2.7 \times 35Mp}{N}} \ [\text{A/mm}^2]$$

예제문제 09

"전선의 단위 길이 내에서 연간에 손실되는 전력량에 대한 전기요금과 단위 길이의 전선값에 대한 금리(金利), 감가상각비 등의 연간 경비의 합계가 같게 되는 전선 단면적이 가장 경제적인 전선의 단면적이다." 이것은 누구의 법칙인가?

① 뉴크의 법칙 　　② 켈빈의 법칙 　　③ 플레밍의 법칙 　　④ 스틸의 법칙

해설
켈빈(Kelvin)의 법칙

답 : ②

(4) 전선의 이도

이도(dip)란 전선의 지지점을 연결하는 수평선으로부터 최대 수직길이를 말한다. 전선의 이도가 없는 경우는 날씨 상태나, 기후변화등에 의해 전선의 장력이 증가하게 되고 이로 인해 전선이 단선되는 사고가 발생할 수 있다.

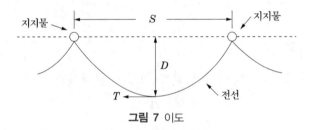

그림 7 이도

전선 지지점간의 거리(경간)를 S [m], 전선의 최저점에서의 수평장력을 T [kg], 전선의 중량을 w [kg/m]라 하면 이도 D [m]는 다음 식과 같이 구할 수 있다.

$$D = \frac{w\,S^2}{8\,T_0} \ [\text{m}]$$

여기서, D : 이도, T_0 : 장력, S : 경간, w : 하중

가 된다. 안전율 f 를 고려하면 이도 D' 는 다음과 같다.

$$D' = \frac{w\,S^2}{8\,\dfrac{T}{f}} = D\cdot f \ [\text{m}]$$

이도 계산에서는 전선의 무게 w_c [km/m] 만을 생각하였으나, 풍압 w_w 과 빙설 w_t 도 각각 고려되어야 한다. 풍압에는 갑, 을 및 병종의 3종류가 있고, 갑이 $76[\text{kg/m}^2]$, 병이

그 $\frac{1}{2}$, 을은 전선 주위의 두께 6[mm], 비중 0.9인 빙설이 부착한 상태에서 38[kg/m²]로 본다(판단기준 참조). 따라서 을종인 경우의 합성 하중은 다음과 같다.

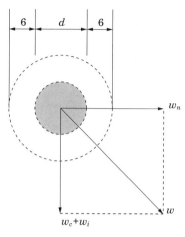

그림 8 전선의 하중

$$w_t = \left[\frac{\pi}{4}(d+2\times6)^2 - \frac{\pi}{4}d^2\right] \times 0.9 \times 10^{-3} = 5.4\pi(d+6)\times10^{-3}\,[\text{kg/m}]$$

$$w_w = 38(d+2\times6)\times10^{-3}\,[\text{kg/m}]$$

$$w = \sqrt{(w_c+w_t)^2 + w_w^2}\,[\text{kg/m}]$$

여기서, w_c : 자중, w_i : 빙설하중, w_w : 풍압하중

다음에 전선의 실제의 길이를 L [m]라고 하면 이도 D와 경간 S와의 사이에 다음의 관계식이 성립한다.

$$L = S + \frac{8D^2}{3S}\,[\text{m}]$$

여기서, L : 전선의 길이, S : 경간, D : 이도

전선의 길이 L은 경간 길이 S보다 $8D^2/3S$만큼 더 길어지게 되며, 이것은 S에 비해서 보통은 0.1 [%] 정도 된다.

예제문제 10

그림과 같은 전선로의 이도 [m]와 전선의 길이 [m]는 얼마인가? 단, 장력 $T = 3500$ [kg]이고, 하중 $W = 3$ [kg/m]이다.

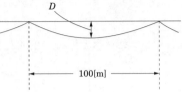

① $D = 1.07,\ L = 101.07$

② $D = 1.70,\ L = 100.03$

③ $D = 1.07,\ L = 100.03$

④ $D = 1.70,\ L = 101.70$

해설

이도 $D = \dfrac{WS^2}{8T} = \dfrac{3 \times 100^2}{8 \times 3500} = 1.07$ [m]

전선의 길이 $L = S + \dfrac{8D^2}{3S} = 100 + \dfrac{8 \times 1.07^2}{3 \times 100} = 100.03$ [m]

답 : ③

예제문제 11

가공 송전 선로를 가선할 때에는 하중 조건과 온도 조건을 고려하여 적당한 이도(dip)를 주도록 하여야 한다. 다음 중 이도에 대한 설명으로 옳은 것은?

① 이도가 작으면 전선이 좌우로 크게 흔들려서 다른 상의 전선에 접촉하여 위험하게 된다.

② 전선을 가선할 때 전선을 팽팽하게 가선하는 것을 이도를 크게 준다고 한다.

③ 이도를 작게 하면 이에 비례하여 전선의 장력이 증가되며 심할 때는 전선 상호간이 꼬이게 된다.

④ 이도의 대소는 지지물의 높이를 좌우한다.

해설

① 이도가 크면 전선이 좌우로 크게 흔들려서 다른 상의 전선에 접촉하여 위험하게 된다.

② 전선을 가선할 때 전선을 팽팽하게 가선하는 것을 이도를 작게 준다고 한다.

③ 이도를 작게 하면 이에 반비례하여 전선의 장력이 증가된다.

답 : ④

(5) 전선의 진동과 도약(conductor vibration & sleet jump)

전선과 직각방향으로 미풍이 불어오는 경우 그 전선 배후에 와류가 생기고 와류로 인해 수직방향으로 진동하는 교번력이 생긴다. 이러한 현상은 ACSR 등과 같이 전선의 지름이 크고 가벼운 전선의 경우 쉽게 발생한다. 진동이 지속되면 지지점에서 전선의 피로현상이 발생하여 단선까지 되게 된다.

이러한 현상을 억제하기 위해서는 전선의 지지점에 가까운 곳에 추(damper)를 달아서 진동을 감소시키는 방법과(stock bridge damper, torsional damper)과 지지점 부근의 전선을 보강하는 방법(armour rod)이 있으며, 가공지선에 별도의 선을 첨가하여 보강하는 방법(bate's damper) 등이 있다.

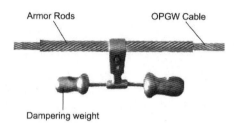

그림 9 armour rods damper

복도체를 사용하는 경우는 소도체의 간격을 유지하기 위해 스페이서를 사용한다. 이 스페이서에 댐퍼의 기능을 겸하는 스페이서 댐퍼를 살치하면 공사비를 그 만큼 절감할 수 있어 경제적이다.

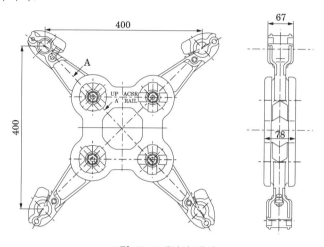

그림 10 스페이서 댐퍼

전선 주위에 부착된 경우 빙설이 어떤 원인으로 떨어지면 전선이 갑자기 장력을 잃게 되어 반동적으로 도약하면서 상부전선과 접촉하여 단락사고를 일으키는 수가 있다. 이를 방지하기 위해 철탑에 전선의 오프셋(off set)을 충분히 취하도록 한다. 오프셋 이란 수직 배치된 전선 상호간의 수평거리의 차이를 말한다.

예제문제 **12**

가공 전선로의 전선 진동을 방지하기 위한 방법으로 옳지 않은 것은?

① 토셔널 댐퍼(torsional damper)의 설치
② 스프링 피스톤 댐퍼와 가튼 진동 제지권을 설치
③ 경동선을 ACSR로 교환
④ 클램프나 전선 접촉기 등을 가벼운 것으로 바꾸고, 클램프 부근에 적당히 전선을 첨가

해설
중량이 가벼운 중공 전선이나 강심 알루미늄 전선(ACSR)은 진동의 원인이 된다.

답 : ③

3.2 애자

(1) 애자의 종류

전선을 지지물에 기계적으로 고정시키고 전기적으로 절연하기 위해서 사용하는 절연체를 애자(insulator)라고 한다. 이러한 애자의 구비조건은 다음과 같다.

- 충분한 절연내력을 가져야 한다.
- 비, 눈, 안개 등에 대해서도 필요한 표면저항을 가져야 한다.
- 충분한 기계적 강도를 가져야 한다.
- 오랜 기간 사용하여도 전기적 및 기계적 특성의 열화가 적어야 한다.
- 온도의 급변에 견디고 습기를 흡수하지 않아야 한다.

① 핀애자(pin type insulator)

갓모양으로 자기재, 유리재을 2층~3층으로 해서 시멘트로 접합하고 철제 베이스로써 자기를 지지한 후 아연 도금을 한 핀을 박아서 원추형 주철제 베이스를 통하여 완목에 고정시키고 있다.

그림 11 핀애자

② 현수애자(suspension insulator)

원판형의 절연체 상하에 연결 금구를 시멘트로 부착시켜 만든 것으로서 전압에 따라 필요한 갯수만큼 연결해서 사용한다. 우리나라에서는 66 [kV] 이상의 모든 선로에는 거의 현수 애자가 사용하고 있는데 그림 12는 250 [mm] 표준 현수애자의 구조를 보인 것이다.

그림 12 현수애자

애자개수의 결정 다음 표에 의해 결정한다.

표 1 특고압 가공 전선로의 현수애자 연결 개수

사용전압 [kV]	250 [mm] 현수애자 [개]	180 [mm] 현수애자 [개]	핀애자 [호]
15 미만	2	2	10
15 이상 25 미만	2	3	20
25 이상 35 미만	3	3	30
35 이상 50 미만	3	4	40
50 이상 60 미만	4	4	50
60 이상 70 미만	4	5	60
70 이상 80 미만	5		
80 이상 120 미만	7		
120 이상 160 미만	9		
160 이상 200 미만	11		
200 이상 230 미만	13		
230 이상 275 미만	16		

표 2 전압 계급별 애자개수

공칭전압 [kV]	66	154	220	345	765
애자개수	4~6	10~11	12~13	18~20	40~45

현수애자는 주수 섬락 전압 50 [kV], 건조 섬락 전압 80 [kV], 충격 섬락 전압 125 [kV], 유중 파괴 전압 140 [kV] 이상이 된다. 그러나 이를 여러개 연결하면 섬락전압이 개수에 비례해서 증가하는 것이 아니므로 현수애자 1련의 효율이 존재하게 된다. 애자련의 연효율(string efficiency) η는 다음과 같다.

$$\eta = \frac{V_n}{n\,V_1} \times 100 \ [\%]$$

여기서, V_n : 애자련의 건조 섬락전압, V_1 : 애자 1개의 건조섬락전압, n : 애자개수

1련으로 연결한 현수애자는 연결개수에 따라 각기 애자간의 정전용량이 다르게 되며, 이로 인하여 애자련의 전압분포가 달라지게 된다.

- 최대 전압 분담애자

  전선에 가장 가까운 애자

- 최소 전압 분담애자

  전선으로부터 2/3(철탑으로부터 1/3)되는 지점에 있는 애자

이러한 전압분포를 개선하기 위해서 사용되는 것이 초호환(arcing ring), 또는 초호각(arcing horn)이다.

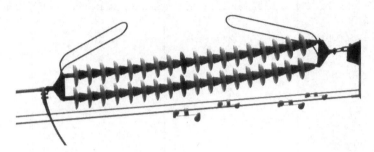

그림 13 초호환(arcing ring)

③ 내무애자(smog insulator)

애자의 표면에 먼지와 염류가 부착하면 안개라든가 비로 그 표면이 도체로 되어 절연이 되지 않게 되므로 이것을 막기 위해 구분을 하고 있는 애자를 말한다.

④ 장간애자(long rod insulator)

많은 갓을 가지고 있는 원통형의 긴 애자, 막대기형 현수애자의 일종으로 사용전압이나 필요 강도에 따라 자기제의 구조 및 연결갯수를 변화할 수 있도록 하고 있다.

그림 14 장간애자

예제문제 13

애자가 갖추어야 할 구비 조건으로 옳은 것은?

① 온도의 급변에 잘 견디고 습기도 잘 흡수하여야 한다.
② 지지물에 전선을 지지할 수 있는 충분한 기계적 강도를 갖추어야 한다.
③ 비, 눈, 안개 등에 대해서도 충분한 절연 저항을 가지며, 누설 전류가 많아야 한다.
④ 선로 전압에는 충분한 절연 내력을 가지며, 이상 전압에는 절연 내력이 매우 적어야 한다.

해설
애자의 구비 조건은 다음과 같다.
① 절연 내력이 클 것   ② 기계적 강도가 클 것
③ 정전 용량이 작을 것   ④ 가격이 저렴할 것

답 : ②

예제문제 14

현수 애자에 대한 설명이 아닌 것은?

① 애자를 연결하는 방법에 따라 클래비스형과 볼 소켓형이 있다.
② 2~4층의 갓 모양의 자기편을 시멘트로 접착하고 그 자기를 주철재 base로 지지한다.
③ 애자의 연결개수를 가감함으로써 임의의 송전 전압에 사용할 수 있다.
④ 큰 하중에 대하여는 2련 또는 3련으로 하여 사용할 수 있다.

해설
핀 애자는 2~4층의 갓 모양의 자기편을 시멘트로 접착하고 그 자기를 주철재 base로 지지한다.

답 : ②

예제문제 15

송전 선로에서 소호환(arcing ring)을 설치하는 이유는?

① 전력 손실 감소   ② 송전 전력 증대
③ 애자에 걸리는 전압 분포의 균일   ④ 누설 전류에 의한 편열 방지

해설
소호환(arcing ring)의 목적은 전압 분담을 균일하게 하여 애자련을 보호한다.

답 : ③

예제문제 16

154 [kV] 송전 선로에 10개의 현수 애자가 연결되어 있다. 가장 전압 부담이 작은 것은?

① 철탑에 가장 가까운 것   ② 철탑에서 3번째
③ 전선에서 가장 가까운 것   ④ 전선에서 3번째

해설
현수애자는 연결개수에 따라 각기 애자간의 정전용량이 다르게 되며, 이로 인하여 애자련의 전압분포가 달라지게 된다.
① 최대 전압 분담애자 : 전선에 가장 가까운 애자
② 최소 전압 분담애자 : 전선으로부터 2/3(철탑으로부터 1/3)되는 지점에 있는 애자

답 : ②

3.3 철탑

(1) 4각 철탑(square tower)

철탑의 4면이 같은 강도를 가지며 정방형으로 설계한 구조의 철탑이고 가장 많이 사용되고 있다. 2회선용으로는 주로 이 형태의 철탑을 사용한다.

(2) 방형 철탑(rectangular tower)

마주보는 2면이 각각 동일한 모양과 강도를 가진 철탑으로서 선로방향과 선로 직각방향의 강도가 다른 철탑이며, 단면이 직사각형인 형태로 된 구조의 것으로서 주로 1회선용 철탑에 사용되고 있다.

(3) 우두형 철탑(corset type tower)

철탑의 중앙부를 좁게 하고 위 부분을 확대시킨 형태의 것으로서 $140 \sim 250\,[\mathrm{kV}]$급 1회선 송전선로 또는 눈이 많은 산악지대의 1회선 철탑으로 사용된다. 이것은 경제적이기도 하지만 조형적으로도 아름다운 것이 특징이다.

(4) 문형 철탑(gantry tower)

문 모양을 한 철탑으로서 전차선로나 도로, 수로 위에 전선로를 건설할 때 사용된다.

(5) 회전형 철탑(rotated type tower)

철탑의 중앙부 이상과 이하의 단면이 $45°$ 회전된 모양의 철탑으로서 철탑부재의 강도를 가장 유효하게 이용한 철탑이다.

(6) MC(motor columbus) 철탑

스위스의 motor columbus사에서 개발한 철탑으로서 콘크리트를 채운 강관을 사용해서 조립한 것이다. 이의 장점으로는 철강 재료가 적게 들고, 원형 단면이므로 풍압이 적어 철탑을 경량화할 수 있고 운반조립이 용이하다는 것이다.

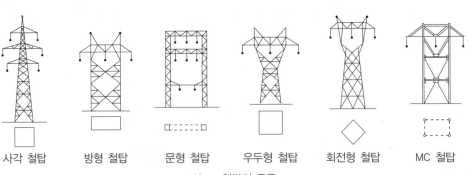

| 사각 철탑 | 방형 철탑 | 문형 철탑 | 우두형 철탑 | 회전형 철탑 | MC 철탑 |

그림 15 철탑의 종류

예제문제 **17**

전선로의 지지물 양쪽 경간의 차가 큰 곳에 쓰이며 E 철탑이라고도 하는 철탑은?

① 인류형 철탑   ② 보강형 철탑

③ 각도형 철탑   ④ 내장형 철탑

해설
내장 철탑은 전선로의 지지물 양쪽 경간의 차가 큰 곳에 사용한다.

답 : ④

핵심과년도문제

1·1

ACSR은 동일한 길이에서 동일한 전기저항을 갖는 경동연선에 비하여 어떠한가?

① 바깥지름은 크고 중량은 작다.　　　　② 바깥지름은 작고 중량은 크다.

③ 바깥지름과 중량이 모두 크다.　　　　④ 바깥지름과 중량이 모두 작다.

해설 알루미늄선은 경동선에 비하여 고유저항이 크다. 따라서 동일저항을 얻기 위해서는 전선의
지름이 큰 것을 사용해야 한다. 알루미늄은 특성상 경동선에 비하여 비중은 약 $\frac{1}{3}$ 정도로
가볍다.
【답】①

1·2

가공 전선로에 사용되는 전선의 구비 조건으로 틀린 것은?

① 도전율이 높아야 한다.　　　　　② 기계적 강도가 커야 한다.

③ 전압 강하가 적어야 한다.　　　　④ 허용 전류가 적어야 한다.

해설 전선의 구비 조건

　① 도전율이 클 것　　　　② 기계적 강도가 클 것
　③ 유연성이 클 것　　　　④ 내구성이 있을 것
　⑤ 비중이 작을 것　　　　⑥ 허용전류가 클 것
【답】④

1·3

전선의 표피 효과에 관한 기술 중 맞는 것은?

① 전선이 굵을수록, 또 주파수가 낮을수록 커진다.
② 전선이 굵을수록, 또 주파수가 높을수록 커진다.
③ 전선이 가늘수록, 또 주파수가 낮을수록 커진다.
④ 전선이 가늘수록, 또 주파수가 높을수록 커진다.

해설 표피 효과(skin effect) : 도체의 중심으로 갈수록 전류의 밀도가 낮아지는 현상을 말한다.
표피 효과는 주파수에 비례하고 전압의 제곱에 비례한다.
【답】②

1·4

3상 수직배치인 선로에서 오프셋을 주는 이유는?

① 유도 장해 감소 ② 난조 방지

③ 철탑 중량 감소 ④ 단락 방지

해설 오프셋 : 전선 진동에 의한 상하 전선의 단락을 방지하기 위하여 철탑 지지점의 위치를 수
직에서 벗어나게 하는 것을 말한다. 【답】④

1·5

다음 중 켈빈(Kelvin) 법칙이 적용되는 것은?

① 경제적인 송전 전압을 결정하고자 할 때
② 일정한 부하에 대한 계통 손실을 최소화하고자 할 때
③ 경제적 송전선의 전선의 굵기를 결정하고자 할 때
④ 화력 발전소군의 총 연료비가 최소가 되도록 각 발전기의 경제 부하 배분을 하고자 할 때

해설 켈빈의 법칙 : 가장 경제적인 송전선의 굵기를 결정한다.

$$C = \sqrt{\frac{WMP}{\rho N}}$$

여기서, C : 전류 밀도, ρ : 전선의 저항률, W : 전선의 중량, N : 전선량의 가격 【답】③

1·6

전선의 자중과 빙설 하중을 W_1, 풍압 하중을 W_2라 할 때 합성 하중은?

① $\sqrt{W_1^2 + W_2^2}$ ② $W_1 + W_2$

③ $W_1 - W_2$ ④ $W_2 - W_1$

해설 합성 하중 $W = \sqrt{(\text{빙설하중} + \text{자중})^2 + (\text{풍압하중})^2} = \sqrt{W_1^2 + W_2^2}$ 【답】①

1·7

고저차가 없는 가공 전선로에서 이도 및 전선 중량을 일정하게 하고, 경간을 2배
로 했을 때, 전선의 수평 장력은 몇 배가 되는가?

① 2배 ② 4배 ③ $\frac{1}{2}$배 ④ $\frac{1}{4}$배

해설 이도 $D = \frac{WS^2}{8T}$ 에서 $T = \frac{WS^2}{8D}$ 이므로

$\therefore T \propto S^2 = 4$ 【답】②

1·8

가공 전선로에서 전선의 단위 길이당 중량과 경간이 일정할 때 이도는 어떻게 되는가?

① 전선의 장력에 비례한다.　　　　② 전선의 장력에 반비례한다.

③ 전선의 장력의 제곱에 비례한다.　④ 전선의 장력의 제곱에 반비례한다.

해설 이도 $D = \dfrac{WS^2}{8T}$ 에서 이도는 장력에 반비례한다.　　　　　【답】②

1·9

경간 300 [m], 전선 자체의 무게가 $W = 1.11$ [kg/m], 인장하중 10210 [kg], 안전율 2.2인 선로의 이도(dip)는 약 몇 [m]인가?

① 1.7　　　　② 2.2　　　　③ 2.7　　　　④ 3.2

해설 이도 $D = \dfrac{WS^2}{8T} = \dfrac{1.11 \times 300^2}{8 \times \dfrac{10210}{2.2}} = 2.69$ [m]　　　　【답】③

1·10

경간 200 [m]인 가공 전선로가 있다. 사용 전선의 길이는 경간보다 몇 [m] 더 길게 하면 되는가? 단, 사용 전선의 1 [m]당 무게는 2.0 [kg], 인장 하중은 4000 [kg]이고 전선의 안전율을 2로 하고 풍압하중은 무시한다.

① $\dfrac{1}{2}$　　　　② $\sqrt{2}$　　　　③ $\dfrac{1}{3}$　　　　④ $\sqrt{3}$

해설 이도 $D = \dfrac{WS^2}{8T} = \dfrac{2 \times 200^2}{8 \times \dfrac{4000}{2}} = 5$에서 경간보다 $\dfrac{8D^2}{3S} = \dfrac{8 \times 5^2}{3 \times 200} = \dfrac{1}{3}$ [m] 더 길다.　　【답】③

1·11

단면적 330 [mm^2]의 강심 알루미늄선을 경간이 300 [m]이고 지지점의 높이가 같은 철탑 사이에 가설하였다. 전선의 이도가 7.4 [m]이면 전선의 실제 길이는 몇 [m]인가? 단, 풍압, 온도 등의 영향은 무시한다.

① 300.287　　② 300.487　　③ 300.685　　④ 300.875

해설 전선의 길이 $L = S + \dfrac{8D^2}{3S} = 300 + \dfrac{8 \times 7.4^2}{3 \times 300} = 300.487$　　　　【답】②

1·12

1 [m]의 하중 0.37 [kg]의 전선을 지지점이 수평인 경간 80 [m]에 가설하여 딥을 0.8 [m]로 하려면, 장력은 몇 [kg]인가?

① 350   ② 360   ③ 370   ④ 380

해설 이도 $D=\dfrac{WS^2}{8T}$ 에서 장력 $T=\dfrac{WS^2}{8D}=\dfrac{0.37\times80^2}{8\times0.8}=\dfrac{0.37\times6400}{6.4}=370\,[\mathrm{kg}]$ 【답】③

1·13

경간 230 [m]인 전선로에서 이도가 5 [m]이었다. 이 이도를 5.25 [m]로 하기 위해서는 전선의 지지점에서 몇 [cm]를 경간에 보내어야 하는가? 단, 이도 5 [m]일 때의 전선길이는 230.29 [m], 이도 5.25 [m]일 때의 전선 길이는 230.319 [m]이다.

① 2.9   ② 4.4   ③ 5.8   ④ 7.3

해설 이도가 다르면 전선의 실제길이가 달라지므로 큰 이도의 실제길이에서 작은 이도의 실제길이를 뺀 값으로 구한다.

$$L=S+\frac{8D^2}{3S}=230+\frac{8\times5^2}{3\times230}=230.29\,[\mathrm{m}]$$

$$L'=S+\frac{8D'^2}{3S}=230+\frac{8\times(5.25)^2}{3\times230}=230.319\,[\mathrm{m}]$$

$$L'-L=0.029\,[\mathrm{m}]=2.9\,[\mathrm{cm}]$$ 【답】①

1·14

우리나라에서 가장 많이 사용하는 현수 애자의 표준은 몇 [mm]인가?

① 160   ② 250   ③ 280   ④ 320

해설 현수 애자의 표준은 250 [mm] 이다.   【답】②

1·15

아킹 혼의 설치 목적은 무엇인가?

① 코로나 손의 방지   ② 이상 전압 제한
③ 지지물의 보호   ④ 섬락 사고시 애자의 보호

해설 아킹 혼(arcing horn, 소호각, 초호각)은 섬락시 애자를 보호한다.   【답】④

1·16

송전선 현수 애자련의 연면 섬락과 가장 관계가 없는 것은?

① 철탑 접지 저항　　　　　　　② 현수 애자련의 개수
③ 현수 애자련의 오손　　　　　④ 가공 지선

[해설] 가공 지선은 낙뢰가 직접 전선로에 떨어지지 않도록 송전선 위에 도선과 나란히 가설하여
접지한 전선으로 유도뢰, 직격뢰 등으로부터 피해를 줄일 수 있다.　　　　　【답】④

1·17

송전선로에 사용되는 애자의 특성이 나빠지는 원인으로 볼 수 없는 것은?

① 애자 각 부분의 열팽창의 상이　　② 전선 상호간의 유도 장애
③ 누설 전류에 의한 편열　　　　　④ 시멘트의 화학 팽창 및 동결 팽창

[해설] 애자의 특징이 나빠지는 원인은 다음과 같다.
　　① 애자 각 부분의 열팽창 상이　　　② 누설 전류에 의한 편열
　　③ 시멘트의 화학 팽창 및 동결 팽창　　　　　　　　　　　　　　　　【답】②

1·18

발변전소의 애자에 대한 염해 대책 중 가장 경제적이고 용이한 방법은?

① 애자를 세척한다.　　　　　　② 과절연을 한다.
③ 발수성 시료를 애자에 바른다.　　④ 설비를 옥내에 한다.

[해설] 대책으로는 과절연, 세정, 실리콘도포, 설비의 밀폐화 등이 있다.
　　경제적인 방법은 세정법으로는
　　① 제트 활선 세정(제트 노즐로 애자 표면의 염분을 물로 씻어내는 방법으로 인력을 사용
　　　하므로 설비비가 저렴하나, 악천후에는 세정이 곤란하고 세정시 사고의 위험이 있다)
　　② 고정 스프레이 세정(기기 주위에 세정노즐을 배치하고 밸브의 개폐에 의해 애자를 일제
　　　히 세정하는 방법으로 악천후에도 세정이 가능하다)
　　등이 사용되며 1년 2회 정기적으로 실시한다.　　　　　　　　　　　　【답】①

1·19

4개를 한 줄로 이어 단 표준 현수 애자를 사용하는 송전선 전압 [kV]은?

① 22　　　　　　② 66　　　　　　③ 154　　　　　　④ 345

[해설] 66 [kV]에서 4개, 154 [kV]에서 9~11개, 345 [kV]에서는 19~23개 정도 사용하고 있다.

【답】②

1·20

345 [kV] 초고압 송전선로에 사용되는 현수애자는 1련 현수인 경우 대략 몇 개 정도 사용되는가?

① 6~8 ② 12~14 ③ 18~20 ④ 28~38

[해설] 66 [kV]에서 4개, 154 [kV]에서 9~11개, 345 [kV]에서는 19~23개 정도 사용하고 있다.

【답】③

1·21

가공 송전선에 사용하는 애자련 중 전압 부담이 최대인 것은?

① 전선에 가장 가까운 것 ② 중앙에 있는 것

③ 철탑에 가장 가까운 것 ④ 철탑에서 $\frac{1}{3}$ 지점의 것

[해설] 전압분담이 최대인 애자는 전선쪽이며, 전압분담이 최소인 애자는 철탑에서 1/3 지점 애자이다.

【답】①

1·22

현수 애자의 연효율(string efficiency) η [%]는? 단, V_1은 현수 애자 1개의 섬락 전압, n은 1련의 사용 애자수이고 V_n은 애자련의 섬락 전압이다.

① $\eta = \dfrac{V_n}{n V_1} \times 100$ [%] ② $\eta = \dfrac{n V_1}{V_n} \times 100$ [%]

③ $\eta = \dfrac{n V_n}{V_1} \times 100$ [%] ④ $\eta = \dfrac{V_1}{n V_n} \times 100$ [%]

[해설] 현수애자의 연효율(string efficiency) : $\eta = \dfrac{V_n}{n V_1} \times 100$ [%]

【답】①

1·23

250 [mm] 현수 애자 10개를 직렬로 접속된 애자연의 건조 섬락 전압이 590 [kV]이고 연효율(string efficiency) 0.74이다. 현수 애자 한 개의 건조 섬락 전압은 약 몇 [kV]인가?

① 80 ② 90 ③ 100 ④ 120

[해설] 현수애자 연효율 $\eta = \dfrac{V_n}{n V_1}$ 에서 $V_1 = \dfrac{V_n}{n\eta} = \dfrac{590}{10 \times 0.74} \fallingdotseq 80$ [kV]

【답】①

1·24

보통 송전선용 표준 철탑 설계의 경우 가장 큰 하중은?

① 풍압   ② 애자, 전선의 중량

③ 빙설   ④ 전선의 인장 강도

[해설] 전선로의 지지물에 가해지는 하중

① 수직 하중 : 지지물의 자중 가섭선의 자중, 부착한 빙설의 자중, 애자 및 애자 금구류의
자중에 의한 하중

② 수평 종하중 : 선로 방향의 하중으로 지지물 자체의 풍압과 가섭선의 불평형 장력으로
인한 하중

③ 수평 횡하중 : 전선로의 방향과 직각으로 작용하는 하중

이 3가지의 하중에서 수평 횡하중은 지지물에 큰 벤딩 모멘트(bending moment)를 주므로
엄격한 계산이 요구 된다.   【답】 ①

심화학습문제

전선의 장력이 1000 [kg]일 때 지선에 걸리는 장력은 몇 [kg]인가?

① 2000
② 2500
③ 3000
④ 3500

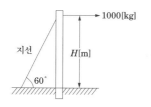

지선과 대지면이 이루는 각도가 60° 이므로 장력은

$T = \dfrac{1000}{\cos 60°} = 2000$ [kg]　　　　【답】 ①

그림과 같이 지선을 가설하여 전주에 가해진 수평 장력 800 [kg]을 지지하고자 한다. 지선으로써 4 [mm] 철선을 사용한다고 하면 몇 가닥 사용해야 하는가? 단, 4 [mm] 철선 1가닥의 인장 하중은 440 [kg]으로 하고 안전율은 2.5이다.

① 7
② 8
③ 9
④ 10

지선이 받는 장력은 지면과 지선이 이루는 각을 기준으로 $T = T_0 \cos \theta$ 에서

$T_0 = \dfrac{T}{\cos \theta} = \dfrac{800}{\dfrac{6}{\sqrt{8^2 + 6^2}}} = \dfrac{8000}{6}$ [kg]

지선의 가닥 수 n 이고, 안전율이 주어졌으므로 다음과 같이 계산한다.

$\dfrac{8000}{6} = \dfrac{440}{2.5} \times n$

$\therefore n = \dfrac{8000 \times 2.5}{6 \times 440} = 7.6 ≒ 8$ [개]　　【답】 ②

전선의 고유 진동의 주파수 [Hz]는, 전선 진동의 루프의 길이를 l [m], 전선 장력을 T [kg], 전선의 중량을 W [kg/m], 중력 가속도를 g [m/s^2]라 할 때 옳은 식은?

① $\dfrac{1}{2l} \sqrt{\dfrac{Tg}{W}}$　　　② $\dfrac{1}{2T} \sqrt{\dfrac{gl}{W}}$

③ $\dfrac{1}{2g} \sqrt{\dfrac{Tl}{W}}$　　　④ $\dfrac{1}{2W} \sqrt{\dfrac{Tg}{l}}$

전선의 고유 진동 주파수$= \dfrac{1}{2l} \sqrt{\dfrac{Tg}{W}}$ [Hz]

【답】 ①

강심 알루미늄 연선의 알루미늄부와 강심부의 단면적을 각각 A_a, A_s [mm^2], 탄성 계수를 각각 E_a, E_s [kg/mm^2]라고 하고 단면적 비를 $A_a/A_s = m$라 하면 강심 알루미늄선의 탄성 계수 E [kg/mm^2]는?

① $E = \dfrac{mE_a + E_s}{m + 1}$

② $E = \dfrac{E_a + mE_s}{m + 1}$

③ $E = \dfrac{(m+1)E_a + E_s}{m}$

④ $E = \dfrac{E_a + (m+1)E_s}{m}$

탄성계수

$E = \dfrac{A_a E_a + A_s E_s}{A_a + A_s} = \dfrac{(A_a/A_s)E_a + E_s}{(A_a/A_s) + 1} = \dfrac{mE_a + E_s}{m + 1}$

【답】 ①

05 240 [mm²], 강심 알루미늄 연선의 20 [℃]에서 1 [km]당 저항은 0.120 [Ω]이다. 이 전선의 50 [℃]에서의 저항은 몇 [Ω]인가? 단, 20 [℃]에서의 저항 온도 계수는 0.00385이다.

① 0.124 ② 0.134

③ 0.152 ④ 0.212

해설

온도 변화에 따른 저항의 변화는
$R_t = R_0[1+\alpha(t-20)]$에서
$R_t = 0.12[1+0.00385(50-20)] = 0.134\,[\Omega]$

【답】②

06 전선의 지지점 높이가 31 [m]이고, 전선의 이도가 9 [m]라면 전선의 평균 높이 [m]는 얼마인가?

① 31.0 ② 26.0

③ 25.5 ④ 25

해설

전선의 평균높이는 지지점의 높이와 이도로부터 구한다.
$h = h' - \dfrac{2}{3}D = 31 - \dfrac{2}{3} \times 9 = 25\,[\text{m}]$
단, h : 전선의 평균 높이
　h' : 지지점의 높이　D : 이도　【답】④

07 그림과 같이 높이가 같은 전선주가 같은 거리에 가설되어 있다. 지금 지지물 B에서 전선이 지지점에서 떨어졌다고 하면, 전선의 이도 D_2는 전선이 떨어지기 전 D_1의 몇 배가 되겠는가?

① $\sqrt{2}$
② 2
③ 3
④ $\sqrt{3}$

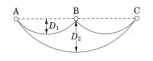

해설

전선의 실제 길이는 떨어지기 전과 떨어진 후가 같고, B점이 떨어지면 경간이 2배가 되므로
$2L_1 = L_2$
$2\left(S + \dfrac{8D_1^2}{3S}\right) = 2S + \dfrac{8D_2^2}{3 \times 2S}$
$\dfrac{8D_2^2}{3 \times 2S} = 2\left(S + \dfrac{8D_1^2}{3S}\right) - 2S = \dfrac{2 \times 8D_1^2}{3S}$
$\therefore D_2 = \sqrt{4D_1^2} = 2D_1$　　【답】②

08 빙설이 많은 지방에서 특별 고압 가공 전선의 이도(dip)를 계산할 때 전선 주위에 부착하는 빙설의 두께와 비중은 일반적인 경우 각각 얼마로 상정하는가?

① 두께 : 10 [mm], 비중 : 0.9

② 두께 : 6 [mm], 비중 : 0.9

③ 두께 : 10 [mm], 비중 : 1

④ 두께 : 6 [mm], 비중 : 1

해설

판단기준 제62조(풍압하중의 종별과 적용)에서 을종 풍압하중은 전선 기타의 가섭선(架涉線) 주위에 두께 6 mm, 비중 0.9의 빙설이 부착된 상태에서 수직 투영면적 372 Pa(다도체를 구성하는 전선은 333 Pa), 그 이외의 것은 제1호 풍압의 2분의 1을 기초로 하여 계산한 것　　【답】②

09 온도가 t [℃] 상승했을 때의 딥(dip)은 몇 [m]인가? 단, 온도 변화 전의 딥을 D_1 [m], 경간을 s [m], 전선의 온도 계수를 α라 한다.

① $\sqrt{D_1 + \dfrac{3}{8}\alpha \cdot t \cdot s}$

② $\sqrt{D_1^2 - \dfrac{3}{8}\alpha^2 \cdot t \cdot s}$

③ $\sqrt{D_1^2 + \dfrac{3}{8}\alpha \cdot t \cdot s^2}$

④ $\sqrt{D_1^2 + \dfrac{3}{8}\alpha \cdot t^2 \cdot s}$

해설

L_1 : 온도 상승 전 길이

L_2 : 온도 상승 후 길이라 하면

$L_2 = L_1 + \alpha t L_1$

$L_2 ≒ L_1 + \alpha t s$ (L_1은 S와 근사적으로 같으므로)

$$s + \frac{8D_2^2}{3S} = s + \frac{8D_1^2}{3s} + \alpha t s$$

$$\therefore D_2 = \sqrt{D_1^2 + \frac{3}{8}\alpha t s^2}$$

【답】③

10 250 [mm] 현수 애자 1개의 건조 섬락 전압은 몇 [kV] 정도인가?

① 50   ② 60

③ 80   ④ 100

해설

현수애자의 시험전압

① 건조 섬락 80 [kV]

② 주수 섬락 50 [kV]

③ 충격 섬락 125 [kV]

④ 유중 파괴 전압 140 [kV]

【답】③

11 애자의 전기적 특성에서 가장 높은 전압은?

① 건조 섬락 전압

② 주수 섬락 전압

③ 충격 섬락 전압

④ 유중 파괴 전압

해설

현수애자의 시험전압

① 건조 섬락 전압 80 [kV]

② 주수 섬락 전압 50 [kV]

③ 충격 섬락 전압 125 [kV]

④ 유중 파괴 전압 140 [kV]

【답】④

12 직선 철탑이 여러 기로 연결될 때에는 10기마다 1기의 비율로 넣은 철탑으로서 선로의 보강용으로 사용되는 철탑은?

① 각도 철탑   ② 인류 철탑

③ 내장 철탑   ④ 특수 철탑

해설

판단기준 제119조(특고압 가공전선로의 내장형 등의 지지물 시설)

철탑을 사용하는 직선 부분은 10기 이하마다 내장 애자 장치를 갖는 철탑 1기를 시설한다.

【답】③

13 154 [kV] 송전선과 그 지지물, 완금류, 지주 또는 지선과의 최소 절연간격은 몇 [mm]인가?

① 900   ② 1150

③ 1250   ④ 1400

해설

판단기준 제108조(특고압 가공전선과 지지물 등의 이격거리)

특고압 가공전선(케이블은 제외한다)과 그 지지물 완금류·지주 또는 지선 사이의 이격거리는 표 에서 정한 값 이상이어야 한다. 다만, 기술상 부득이한 경우에 위험의 우려가 없도록 시설한 때에는 표에서 정한 값의 0.8배까지 감할 수 있다.

사용전압		이격거리(cm)
15 kV 미만		15
15 kV 이상	25 kV 미만	20
25 kV 이상	35 kV 미만	25
35 kV 이상	50 kV 미만	30
50 kV 이상	60 kV 미만	35
60 kV 이상	70 kV 미만	40
70 kV 이상	80 kV 미만	45
80 kV 이상	130 kV 미만	65
130 kV 이상	160 kV 미만	90
160 kV 이상	200 kV 미만	110
200 kV 이상	230 kV 미만	130
230 kV 이상		160

【답】①

14 지상 높이 h [m]인 곳에 수평 하중 T_0 [kg]을 받는 목주에 지선을 설치할 때 지선 l [m]이 받은 장력은 몇 [kg]인가?

① $\dfrac{l\,T_0}{\sqrt{l^2-h^2}}$　　② $\dfrac{h\,T_0}{\sqrt{l^2-h^2}}$

③ $\dfrac{l\,T_0}{\sqrt{l^2+h^2}}$　　④ $\dfrac{l\,T_0}{h}$

해설

지선과 지면이 이루는 각을 기준으로 하면

$$\cos\theta=\frac{\sqrt{l^2-h^2}}{l}=\frac{T_0}{T_l}$$

여기서 지선이 받는 장력 T_l 을 구하면

$$T_l=T_0\cdot\frac{l}{\sqrt{l^2-h^2}}\ \ [\text{kg}]$$

【답】①

15 선택 배류기는 어느 전기설비에 설치하는가?

① 급전선　　② 가공 통신 케이블

③ 가공 전화선　　④ 지하 전력 케이블

해설

제265조(배류접속) 선택 배류기는 다음 각 호에 의하여 시설하여야 한다.

① 선택 배류기는 귀선에서 선택 배류기를 거쳐 금속제 지중 관로로 통하는 전류를 저지하는 구조로 할 것
② 전기적 접점(퓨즈 홀더를 포함한다)은 선택 배류기 회로를 개폐할 경우에 생기는 아크에 대하여 견디는 구조의 것으로 할 것
③ 선택 배류기를 보호하기 위하여 적정한 과전류 차단기를 시설할 것
④ 선택 배류기는 제3종 접지공사를 한 금속제 외함 기타 견고한 함에 넣어 시설하거나 사람이 접촉할 우려가 없도록 시설할 것

【답】④

16 전력 설비의 과열개소 발견에 사용되는 장치와 관계 없는 것은?

① 적외선 카메라　　② Thermovision

③ Hot spot detector　　④ Heat proof cable

해설

과열개소 발견 장치
① 적외선 카메라　　② Thermovision
③ Hot spot detector

【답】④

17 그림과 같이 변압기 2대를 사용하여 정전 용량 1 [μF]인 케이블의 내압 시험을 행하였다. 60 [Hz]인 시험 전압으로 5000 [V]를 가할 때 저압측의 전류계 Ⓐ 및 전압계 Ⓥ의 지시값은? 단, 여기서 변압기의 탭 전압은 저압측 105 [V], 고압측 3300 [V]로 하고 내부 임피던스 및 여자 전류는 무시한다.

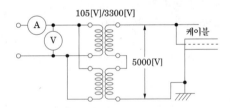

① 159, 118.4　　② 79.5, 118.4

③ 118.4, 79.5　　④ 159, 59.2

해설

케이블에 가해지는 시험 전압은 5000 [V]
변압기가 직렬이므로 변압기 1대의 2차측 전압은 2500 [V]
전압계의 지시치는 변압기 권수비에 의해

$$V=2500\times\frac{105}{3300}=79.5\ [\text{V}]$$

고압측 케이블의 충전 전류

$$I_2=\omega CE=2\times3.14\times60\times1\times10^{-6}\times5000=1.884\ [\text{A}]$$

저압측 전류계의 지시는 변압기가 병렬이므로 2배의 전류가 흐른다.

$$I_1=1.884\times\frac{3300}{105}\times2=118.4\ [\text{A}]$$

【답】③

18 케이블의 전력 손실과 관계가 없는 것은?

① 도체의 저항손   ② 유전체손
③ 연피손   ④ 철손

해설

케이블의 손실
① 저항손   ② 유전체손   ③ 연피손

【답】④

19 케이블을 부설한 후 현장에서 절연 내력 시험을 할 때 직류로 하는 이유는?

① 절연 파괴시까지의 피해가 적다.
② 절연 내력은 직류가 크다.
③ 시험용 전원의 용량이 적다.
④ 케이블의 유전체손이 없다.

해설

직류로 시험하는 이유는 케이블의 충전전류가 없고 시험용 전원용량이 적어 이동이 간편하며 휴대하기 쉽다.

【답】③

20 지중 케이블에 있어서 고장점을 찾는 방법이 아닌 것은?

① 머리 루프 시험기에 의한 방법
② 메거에 의한 측정 방법
③ 수색 코일에 의한 방법
④ 펄스에 의한 측정법

해설

지중 케이블 고장점을 찾는 방법
① Murray Loop법
② 정전 용량의 측정으로 발견하는 법
③ 탐색 코일법(search coil method)
④ Pulse radar법
메거는 절연저항 측정에 사용된다.

【답】②

21 그림과 같이 각 도체와 연피간의 정전 용량이 C_0, 각 도체간의 정전 용량이 C_m인 3심 케이블의 도체 1조당의 작용 정전 용량은?

① $C_0 + C_m$
② $3(C_0 + C_m)$
③ $3C_0 + C_m$
④ $C_0 + 3C_m$

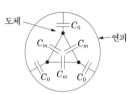

해설

3상 3선식의 경우 △연결된 각 도체간의 정전 용량을 Y로 등가변환하여 1선당 정전용량을 구하면

$$C_n = C_0 + 3C_m$$

이 된다.

【답】④

Chapter

2 선로정수와 코로나

선로정수는 전선의 종류, 굵기, 배치에 따라 정해지며 송전전압, 주파수, 전류, 역률 및 기상 등에는 영향을 받지 않는다. 선로정수는 저항 R, 인덕턴스 L, 정전용량 C 및 누설컨덕턴스 g의 4가지로 정의된다.

1. 선로정수

1.1 저항

전선의 저항은 전선의 재질에 의해 결정되는 전선의 고유저항과 도체의 길이 면적에 관계된다.

$$R = \rho\frac{l}{A} = \frac{1}{58} \times \frac{100}{C} \times \frac{l}{A} \, [\Omega/\text{km}]$$

여기서, ρ : 고유 저항 $[\Omega/\text{m} \cdot \text{mm}^2]$, l : 선로 길이 $[\text{m}]$, A : 단면적 $[\text{mm}^2]$, C : 도전율 $[\%]$

표 1 도전율 비교

도체명	도전율 [%]	저항률 $[\Omega/\text{m} \cdot \text{mm}^2]$	비 중
연동선	100	1/58	8.89
경동선	95	1/55	8.89
알루미늄선	61	1/35	2.7

1.2 송전선로의 작용인덕턴스는?

(1) 작용인덕턴스

$$L = L_i + L_e = 0.05 + 0.4605\log_{10}\frac{D}{r} \text{ [mH/km]}$$

여기서, L_i : 내부인덕턴스, L_e : 외부인덕턴스, D : 등가선간거리, r : 전선의 반지름

(2) 등가선간거리의 계산

인덕턴스의 계산식에는 대수항이 포함되어 있기 때문에 거리 및 높이는 산술적 평균값이 아니고 기하학적 평균거리를 취해야 한다.

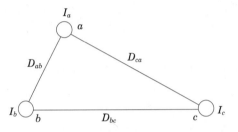

그림 1 기학학적 등가평균거리

그림 1에서 기하학적 평균거리는

$$D_e = \sqrt[3]{D_{ab} \cdot D_{bc} \cdot D_{ca}} \text{ [m]}$$

가 된다.

예제문제 01

간격 S인 정4각형 배치의 4도체에서 소선 상호간의 기하학적 평균 거리는? 단, 각 도체간의 거리는 d라 한다.

① $\sqrt{2}\,S$　　　　② $\sqrt{S}$　　　　③ $\sqrt[3]{S}$　　　　④ $\sqrt[6]{2}\,S$

해설
정4각형 배치의 경우 기하학적 등가 평균거리 $D_e = \sqrt[6]{S \cdot S \cdot S \cdot S \cdot \sqrt{2}S \cdot \sqrt{2}S} = \sqrt[6]{2}\,S$

답 : ④

예제문제 02

전선 a, b, c가 일직선으로 배치되어 있다. a와 b, b와 c 사이의 거리가 각각 5 [m]일 때 이 선로의 등가 선간거리는 몇 [m]인가?

① 5   ② 10   ③ $5\sqrt[3]{2}$ ④ $5\sqrt{2}$

[해설]
기하학적 등가 평균거리 $D_e = \sqrt[3]{D_{ab} \cdot D_{bc} \cdot D_{ac}} = \sqrt[3]{5 \times 5 \times 10} = 5\sqrt[3]{2}$ [m]

답 : ③

예제문제 03

반지름이 r [m]인 3상 송전선 A, B, C가 그림과 같이 수평으로 D [m] 간격으로 배치되고 3선이 완전 연가된 경우 각 인덕턴스는 몇 [mH/km]인가?

① $L = 0.05 + 0.4605 \log_{10} \dfrac{D}{r}$

② $L = 0.05 + 0.4605 \log_{10} \dfrac{\sqrt{2}\,D}{r}$

③ $L = 0.05 + 0.4605 \log_{10} \dfrac{\sqrt{3}\,D}{r}$

④ $L = 0.05 + 0.4605 \log_{10} \dfrac{\sqrt[3]{2}\,D}{r}$

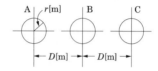

[해설]
작용 인덕턴스 $L = 0.05 + 0.4605 \log \dfrac{D_e}{r}$

여기서, 기하학적 등가 평균거리 $D_e = \sqrt[3]{D \cdot D \cdot 2D} = \sqrt[3]{2} \cdot D$

답 : ④

예제문제 04

430 [mm²]의 ACSR(반지름 $r = 14.6$ [mm])이 그림과 같이 배치되어 완전 연가된 송전 선로가 있다. 이 경우 인덕턴스 [mH/km]를 구하면 어느 것인가? 단, 지표상의 높이는 딥(dip)의 영향을 고려한 것이다.

① 1.34   ② 1.35

③ 1.37   ④ 1.38

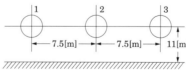

[해설]
기하학적 등가 평균거리 $D = \sqrt[3]{7.5 \times 7.5 \times 2 \times 7.5} = 9.45$ [m] $= 9450$ [mm]
도체의 반지름 $r = 14.6$ [mm]

$\therefore L = 0.05 + 0.4605 \log_{10} \dfrac{D}{r} = 0.05 + 0.4605 \log_{10} \dfrac{9450}{14.6} = 1.3445$ [mH/km]

답 : ①

1.3 송전선로의 정전용량이란?

(1) 작용정전용량

$$C = \frac{0.02413}{\log_{10}\dfrac{D}{r}} \times 10^{-9}\,[\text{F/m}] = \frac{0.02413}{\log_{10}\dfrac{D}{r}}\,[\mu\text{F/km}]$$

여기서, D : 등가선간거리, r : 전선의 반지름

(2) 송전선로의 정전용량

3상 1회선 송전선로의 정전용량은 그림 2와 같이 선간정전용량 C_m 과 대지정전용 C_s 가 존재하게 된다. 이 경우 1선의 작용정전용량은 $C = C_s + 3C_m$ 가 된다. 즉, 그림의 △연결된 선간정전용량을 Y결선으로 등가하여 산출한다.

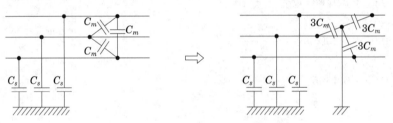

그림 2 송전선로의 정전용량

(3) 충전전류와 충전용량

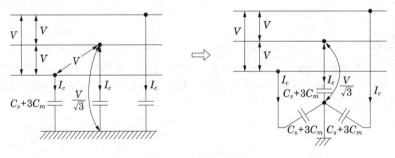

그림 3 충전전류의 계산

그림 3에서 선로의 충전전류는

$$I_c = 2\pi f\,C \times \frac{V}{\sqrt{3}} \times 10^{-3}\,[\text{A}]$$

여기서 C : 전선 1선당 정전 용량[F], V : 선간전압[kV]

단상 1회선의 경우는 $C_w = C_s + 2C_m$

3상 1회선의 경우는 $C_w = C_s + 3C_m$

가 된다.

송전 선로의 정전용량이 $C[\mu\text{F/km}]$인 경우 충전용량은

$$P_c = \sqrt{3}\, VI_c = 2\pi f\, CV^2 \times 10^{-3} \ \ [\text{kVA}]$$

여기서 C : 전선 1선당 정전 용량[F], V : 선간전압[kV]

가 된다.

예제문제 05

선간 거리 D 이고 반지름이 r인 선로의 정전용량 C 는?

① $\dfrac{0.2413}{\log_{10}\dfrac{r}{D}}$ $[\mu\text{F/km}]$ 　　② $\dfrac{0.02413}{\log_{10}\dfrac{r}{D}}$ $[\mu\text{F/km}]$

③ $\dfrac{0.2413}{\log_{10}\dfrac{D}{r}}$ $[\mu\text{F/km}]$ 　　④ $\dfrac{0.02413}{\log_{10}\dfrac{D}{r}}$ $[\mu\text{F/km}]$

해설

작용 정전용량 $C = \dfrac{0.02413}{\log_{10}\dfrac{D}{r}}$ $[\mu\text{F/km}]$　여기서, r : 반지름, D : 등가거리

답 : ④

예제문제 06

3상 1회선 전선로의 작용 정전 용량을 C, 선간 정전 용량을 C_1, 대지 정전 용량을 C_2라 할 때 C, C_1, C_2의 관계는?

① $C = C_1 + 3C_2$ 　　② $C = 3C_1 + C_2$

③ $C = C_1 + C_2$ 　　④ $C = 3(C_1 + C_2)$

해설

3상 1회선 전선로의 등가 회로

1선당의 작용 정전 용량은 대지와 병렬이므로 $C_w = 3C_1 + C_2$

답 : ②

60 [Hz], 154 [kV], 길이 200 [km]인 3상 송전 선로에서 $C_s = 0.008$ [μF/km], $C_m = 0.0018$ [μF/km]일 때 1선에 흐르는 충전 전류 [A]는?

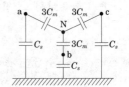

① 68.9   ② 78.9

③ 89.8   ④ 97.6

해설

3상 1회선의 경우 작용 정전 용량 : $C_w = C_s + 3C_m = 0.0134$ [μF/km]

1선 충전 전류 : $I_c = \omega CEl = 2\pi f\, CEl = 2\pi \times 60 \times 0.0134 \times 10^{-6} \times 200 \times \dfrac{154,000}{\sqrt{3}} = 89.8$ [A]

답 : ③

1.4 누설 컨덕턴스 (g)

애자는 전선 상호간 또는 전선과 대지 사이를 절연하지만 완전한 절연은 아니므로 약간의 누설전류가 흐르게 되며, 이로 인해 유전체 손실, 히스테리시스손실이 발생하게 된다. 따라서 이와 같은 손실을 표현하기 위하여 누설저항을 등가적으로 나타낼 수 있으며 누설 컨덕턴스는 누설저항의 역수로 나타낸다.

$$\dot{Y} = g + jb = g + j\omega C \ [\text{℧/km}]$$

2. 코로나

코로나란 송전선의 전위경도가 주위의 공기 절연강도를 초과하여 전선 주위의 공기가 이온화하여 국부적으로 절연이 파괴되는 현상을 말한다.

공기의 절연이 파괴되는 파열극한전위경도(disruptive critical potential gradient)는 표준 기상상태인 20 [℃], 760 [mmHg]에서 직류에서 약 30 [kV/cm], 정현파 교류(실효값)에서는 21.1 [kV/cm] 이므로 전선 표면에 있어서 교류 실효 값으로서 21.1 [kV]의 전위경도가 되면 코로나가 발생한다. 전선표면에서 공기의 절연내력이 파괴되어 코로나가 발생할 때의 전선의 대지전압을 코로나 임계전압(corona critical voltage)이라 한다.

2.1 코로나 임계전압

$$E_0 = 24.3 m_0 m_1 \delta d \log_{10} \frac{2D}{d} \ [\text{kV}]$$

여기서, m_0 : 전선표면의 상태계수, m_1 : 기후 계수, δ : 상대 공기밀도

상대 공기밀도는 표준 대기상태에서 벗어난 정도를 나타내며, 다음과 같이 정의한다.

$$\delta = \frac{0.386 \, b}{273 + t}$$

여기서, t : 기온 [℃], b : 기압 [mmHg]

2.2 코로나의 영향

① 코로나 손실이 발생한다.
송전선의 코로나 손실에 피크(F. W. Peek)의 실험식에 의해 제안되었다.

$$P = \frac{241}{\delta}(f + 25) \sqrt{\frac{d}{2D}} (E - E_0)^2 \times 10^{-5} \ [\text{kw/km/1선}]$$

여기서 δ : 상대 공기밀도, f : 주파수, d : 전선의 지름 [cm],
D : 선간거리 [cm], E : 전선의 대지전압 [kV], E_0 : 코로나 임계전압 [kV]

위 식에서 코로나 손실은 $(E - E_0)^2$에 비례한다.

② 코로나 잡음 및 소음이 발생한다.

③ 통신선에의 유도장해 발생한다.

④ 전선의 부식촉진 된다.
코로나에 의한 화학작용으로 오존(O_3) 및 산화질소(NO)가 발생하며, 수분이 있으면 산화질소는 초산(NHO_3)으로 되어서 전선을 부식시킨다.

2.3 코로나의 방지대책

코로나를 방지하기 위해서는 코로나 임계전압을 높여주는 방법을 채택한다. 즉, 코로나가 발생할 수 있는 전압의 한계값을 높여주는 것을 말한다.

① 굵은 전선을 사용한다.
② 복도체를 사용한다.
② 가선금구(加線金具)를 개량한다.

예제문제 08

코로나 방지 대책으로 적당하지 않은 것은?

① 전선의 외경을 증가시킨다.　　② 선간 거리를 증가시킨다.
③ 복도체 방식을 채용한다.　　④ 가선 금구를 개량한다.

해설
코로나 방지 대책은 다음과 같다.
① 전선의 지름이 큰 전선을 사용한다.
② 복도체(다도체)를 사용한다.
③ 가선 금구를 개량한다.
④ 선로 가선시에 전선 표면의 금구를 손상하지 않게 한다.

답 : ②

예제문제 09

3상 3선식 송전선로에서 코로나의 임계전압 E_0 [kV]의 계산식은? 단, $d = 2r =$ 전선의 지름 [cm], $D=$전선(3선)의 평균 선간거리 [cm]이며, 전선표면계수, 날씨계수, 상대공기 밀도 등의 영향계수는 곱하지 않는 것으로 한다.

① $E_0 = 24.3 d \log_{10} \dfrac{D}{r}$ 　　　　② $E_0 = 24.3 d \log_{10} \dfrac{r}{D}$

③ $E_0 = \dfrac{24.3}{d \log_{10} \dfrac{D}{r}}$ 　　　　④ $E_0 = \dfrac{24.3}{d \log_{10} \dfrac{r}{D}}$

해설
코로나 임계전압 : $E_0 = 24.3 m_0 m_1 \delta d \log_{10} \dfrac{2D}{d}$

　　　여기서, m_0 : 전선의 표면계수, m_1 : 기후계수, δ : 상대 공기밀도
　　　　　　d : 전선의 지름, D : 선간거리
전선표면계수, 날씨계수, 상대 공기밀도를 곱하지 않는 경우 코로나 임계전압
$\therefore E_0 = 24.3 d \log \dfrac{2D}{2r} = 24.3 d \log \dfrac{D}{r}$

답 : ①

3. 연가

선로정수는 전선로의 배치가 정상각형이 아니므로 각 전선에 값은 달라지게 된다. 이것은 전원이 평평상태라도 각선에서 발생하는 전압강하가 다르므로 수전단에서는 비대칭으로 수전된다. 이것을 개선시키기 위해서는 선로정수를 정삼각형의 경우처럼 평형시켜야 한다. 따라서 송전선로의 길이를 3의 정수배 구간으로 등분하고 지상의 전선을 적당한 구간마다 바꾸어 전체적으로 평형 시키는데 이것을 연가라 한다.

보통 선로길이 30~50 [km]마다 1회 완전 연가를 하며, 연가 방법에는 1개의 연가용 철탑에서 점퍼선에 의해 연가하는 점퍼선식과 2~3 경간에 걸쳐서 연가하는 회전식 등이 있다.

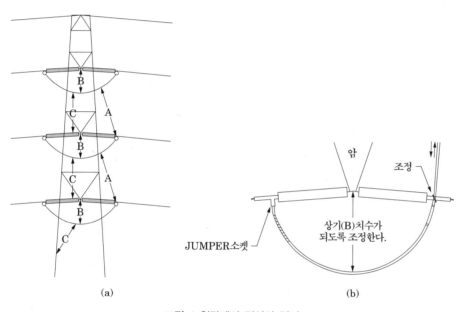

(a) (b)

그림 4 철탑에서 전선의 점퍼

연가를 하면 선로정수가 평형되는 것 이외 유도장해감소 및 직렬공진의 방지효과가 있다.

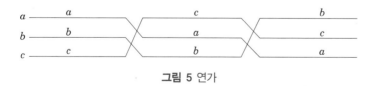

그림 5 연가

예제문제 10

연가를 하는 주된 목적은?

① 미관상 필요   ② 선로정수의 평형   ③ 유도뢰의 방지   ④ 직격뢰의 방지

해설
연가의 목적 : 선로정수를 평형시키고 통신선의 유도장해를 방지를 목적으로 한다.
① 직렬공진 방지   ② 유도장해 감소   ③ 선로정수 평형

답 : ②

예제문제 11

3상 3선식 송전선을 연가할 경우 일반적으로 전체 선로길이의 몇 배수로 등분해서 연가하는가?

① 5   ② 4   ③ 3   ④ 2

해설
송전선로의 길이를 3의 정수배 구간으로 등분하고 지상의 전선을 적당한 구간마다 바꾸어 전체적으로 평형 시키는데 이것을 연가라 한다.

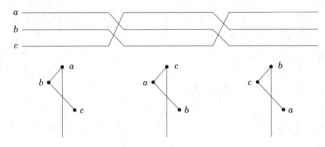

답 : ③

핵심과년도문제

2·1

송전선로의 선로정수가 아닌 것은 다음 중 어느 것인가?

① 저항
② 리액턴스
③ 정전용량
④ 누설 콘덕턴스

해설 선로정수는 전선의 종류, 굵기, 배치에 따라 정해지며 송전전압, 주파수, 전류, 역률 및 기상 등에는 영향을 받지 않는다. 선로정수는 저항 R, 인덕턴스 L, 정전용량 C 및 누설컨덕턴스 g 의 4가지로 정의된다.

【답】 ②

2·2

송전선로의 저항을 R, 리액턴스를 X라 하면 다음의 어느 식이 성립하는가?

① $R > X$
② $R < X$
③ $R = X$
④ $R \leqq X$

해설 송전선로의 선로정수중 저항은 리액턴스와 비교하면 $R < X$의 상태로 대부분 무시된다.

【답】 ②

2·3

3상 3선식 가공 송전선로의 선간 거리가 각각 D_1, D_2, D_3 일 때 등가 선간거리는?

① $\sqrt{D_1D_2 + D_2D_3 + D_3D_1}$
② $\sqrt[3]{D_1 \cdot D_2 \cdot D_3}$
③ $\sqrt{D_1^2 + D_2^2 + D_3^2}$
④ $\sqrt[3]{D_1^3 + D_2^3 + D_3^3}$

해설 삼각배치의 경우 기하학적 등가 평균거리

$$D_e = \sqrt[3]{D_1 \cdot D_2 \cdot D_3}$$

【답】 ②

2·4

3상 3선식 송전선로의 선간거리가 D_1, D_2, D_3 [m] 전선의 직경이 d [m]로 연가된 경우에 전선 1 [km]의 인덕턴스는 몇 [mH]인가?

① $0.05 + 0.4605 \log_{10} \dfrac{\sqrt[2]{D_1 \cdot D_2 \cdot D_3}}{d}$

② $0.05 + 0.4605 \log_{10} \dfrac{2\sqrt[3]{D_1 \cdot D_2 \cdot D_3}}{d}$

③ $0.05 + 0.4605 \log_{10} \dfrac{d\sqrt[2]{D_1 \cdot D_2 \cdot D_3}}{d}$

④ $0.05 + 0.4605 \log_{10} \dfrac{d}{\sqrt[2]{D_1 \cdot D_2 \cdot D_3}}$

해설 기하학적 등가 평균거리 : $D_e = \sqrt[3]{D_1 \cdot D_2 \cdot D_3}$

반지름 $r = \dfrac{d}{2}$를 대입하는 경우 인덕턴스 : $L = 0.05 + 0.4605 \log_{10} \dfrac{2\sqrt[3]{D_1 \cdot D_2 \cdot D_3}}{d}$ [mH/km]

【답】②

2·5

그림과 같이 D [m]의 간격으로 반경 r [m]의 두 전선 a, b가 평행으로 가산되어 있는 경우 작용 인덕턴스는 몇 [mH/km]인가?

① $L = 0.05 + 0.4605 \log_{10} \dfrac{D}{r}$

② $L = 0.05 + 0.4605 \log_{10} \dfrac{r}{D}$

③ $L = 0.05 + 0.4605 \log_{10}(rD)$

④ $L = 0.05 + 0.4605 \log_{10}\left(\dfrac{1}{rD}\right)$

해설 단도체의 경우 작용 인덕턴스 : $L = 0.05 + 0.4605 \log_{10} \dfrac{D}{r}$ [mH/km]

【답】①

2·6

반지름 14 [mm]의 ACSR로 구성된 완전 연가된 3상 1회선 송전 선로가 있다. 각 상간의 등가 선간 거리가 2800 [mm]라고 할 때, 이 선로의 [km]당 작용 인덕턴스는 몇 [mH/km]인가?

① 1.11 　　　② 1.06 　　　③ 0.83 　　　④ 0.33

해설 작용 인덕턴스

$L = 0.4605 \log_{10} \dfrac{D}{r} + 0.05$ [mH/km]

$= 0.4605 \log_{10} \dfrac{2800}{14} + 0.05$ [mH/km] $= 1.11$ [mH/km]

【답】①

2·7

복도체 선로가 있다. 소도체의 지름 8 [mm], 소도체 사이의 간격 40 [cm]일 때, 등가 반지름 [cm]은?

① 2.8　　　　　② 3.6　　　　　③ 4.0　　　　　④ 5.7

해설 복도체(2개의 소도체)의 경우 등가 반지름은 소도체 반지름을 r, 소도체 간격을 s라 할 때

$r_e = \sqrt{rs} = \sqrt{0.4 \times 40} = 4.0$ [cm]　　　　　【답】③

2·8

등가 선간거리 9.37 [m], 공칭단면적 330 [mm^2], 도체외경 25.3 [mm], 복도체 ACSR인 3상 송전선의 인덕턴스는 몇 [mH/km]인가? 단, 소도체 간격은 40 [cm]이다.

① 1.001　　　　　② 0.010　　　　　③ 0.100　　　　　④ 1.100

해설 복도체(2개의 소도체)의 경우 작용 인덕턴스 : $L_n = \dfrac{0.05}{n} + 0.4605 \cdot \log \dfrac{D}{n\sqrt{rS^{n-1}}}$ [mH/km]

$\therefore\ L_n = \dfrac{0.05}{2} + 0.4605 \cdot \log \dfrac{9370}{\sqrt{12.65 \times 400}} = 1.0011$ [mH/km]　　　　　【답】①

2·9

3상 3선식 1회선의 가공 송전선로에서 D를 선간거리, r을 전선의 반지름이라고 하면 1선당 정전용량 C는?

① $\log_{10} \dfrac{D}{r}$에 비례한다.　　　　　② $\log_{10} \dfrac{D}{r}$에 반비례한다.

③ $\dfrac{D}{r}$에 비례한다.　　　　　④ $\dfrac{r}{D}$에 비례한다.

해설 작용 정전용량은 $C = \dfrac{0.02413}{\log_{10} \dfrac{D}{r}}$ [μF/km]이므로 $\log_{10} \dfrac{D}{r}$에 반비례한다.　　　　　【답】②

2·10

송전 선로의 정전 용량은 등가 선간 거리 D가 증가하면 어떻게 되는가?

① 증가한다.　　　② 감소한다.
③ 변하지 않는다.　　　④ D^2에 반비례하여 감소한다.

$D = \sqrt[3]{D_1, D_2, D_3}$

해설 작용 정전용량은 $C = \dfrac{0.02413}{\log \dfrac{D}{r}}$에서 $C \propto \dfrac{1}{\log \dfrac{D}{r}}$ 이므로 기하학적 등가 평균거리 D가 증가하면 감소한다.　　　　　【답】②

2·11

단상 2선식 배전 선로에 있어서 대지 정전 용량을 C_s, 선간 정전 용량을 C_m이라 할 때 작용 정전 용량 C_n은?

① $C_s + C_m$ 　　② $C_s + 2C_m$ 　　③ $C_s + 3C_m$ 　　④ $2C_s + C_m$

해설 단상 전선로의 등가 회로

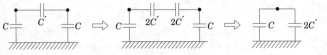

1선당의 작용 정전 용량은 대지와 병렬이므로 $C_n = 2C' + C = 2C_m + C_s$ 　　【답】②

2·12

3상 3선식 송전선로에 있어서 각선의 대지 정전용량이 $0.5096\,[\mu F]$이고, 선간 정전용량이 $0.1295\,[\mu F]$일 때 1선의 작용 정전용량은 몇 $[\mu F]$인가?

① 0.6391 　　② 0.7686 　　③ 0.8981 　　④ 1.5288

해설 3상 1회선의 작용 정전용량 : $C_n = C_s + 3C_m = 0.5096 + 3 \times 0.1295 = 0.8981\,[\mu F]$ 　　【답】③

2·13

송배전선로의 작용 정전용량은 무엇을 계산하는데 사용되는가?

① 비접지계통의 1선지락고장시 지락고장전류 계산
② 정상운전시 선로의 충전전류 계산
③ 선간단락 고장시 고장전류 계산
④ 인접통신선의 정전유도전압 계산

해설 작용 정전용량의 계산은 송전선로의 정상시 선로의 충전 전류를 계산하는데 사용한다.

【답】②

2·14

선로 정수를 전체적으로 평형되게 하고, 근접 통신선에 대한 유도 장해를 줄일 수 있는 방법은?

① 딥(dip)을 준다. 　　② 연가를 한다.
③ 복도체를 사용한다. 　　④ 소호 리액터 접지를 한다.

[해설] 송전선로의 길이를 3의 정수배 구간으로 등분하고 지상의 전선을 적당한 구간마다 바꾸어 전체적으로 평형 시키는데 이것을 연가라 한다. 【답】②

2·15

연가의 효과가 아닌 것은?

① 작용 정전 용량의 감소　　　　② 통신선의 유도 장해 감소
③ 각 상의 임피던스 평형　　　　④ 직렬 공진의 방지

[해설] 송전선로의 길이를 3의 정수배 구간으로 등분하고 지상의 전선을 적당한 구간마다 바꾸어 전체적으로 평형 시키는데 이것을 연가라 한다. 연가의 효과는 다음과 같다.
　① 선로정수평형
　② 임피던스평형
　③ 소호리액터 접지시 직렬공진방지
　④ 유도장해감소 【답】①

2·16

송전 계통에 복도체가 사용되는 주된 목적은 다음 중 무엇인가?

① 전력 손실의 경감　　　　② 역률 개선
③ 선로 정수의 평형　　　　④ 코로나 방지

[해설] 복도체의 목적은 코로나 임계 전압을 높이는 것에 있다. 그 외 단도체에 비하여 인덕턴스는 감소, 정전 용량은 증가한다. 【답】④

2·17

복도체에 대한 다음 설명 중 옳지 않은 것은?

① 같은 단면적의 단도체에 비하여 인덕턴스는 감소, 정전 용량은 증가한다.
② 코로나 개시 전압이 높고, 코로나 손실이 적다.
③ 같은 전류 용량에 대하여 단도체보다 단면적을 적게 할 수 있다.
④ 단락시 등의 대전류가 흐를 때 소도체간에 반발력이 생긴다.

[해설] 복도체의 소도체에는 동일 방향으로 전류가 흐르므로 전자기 현상에 의해 흡인력이 생긴다. 【답】④

2·18

복도체를 사용하면 송전용량이 증가하는 가장 주된 이유는?

① 코로나가 발생하지 않는다.
② 선로의 작용 인덕턴스는 감소하고 작용 정전용량은 증가한다.
③ 전압강하가 적다.
④ 무효전력이 적어진다.

해설 복도체를 사용함으로써 전선의 등가 반지름이 증가하므로 인덕턴스는 감소하고 정전용량은 증가하여 송전용량이 증가한다. 【답】②

2·19

지중선 계통은 가공선 계통에 비하여 인덕턴스와 정전 용량은 어떠한가?

① 인덕턴스, 정전 용량이 모두 크다.
② 인덕턴스, 정전 용량이 모두 작다.
③ 인덕턴스는 크고 정전 용량은 작다.
④ 인덕턴스는 작고 정전 용량은 크다.

해설 지중선 계통은 케이블을 사용하므로 가공선 계통에 비해서 선간 거리가 수십 배 작아 인덕턴스는 감소하고 정전 용량은 증가한다. 【답】④

2·20

정전 용량 $0.01\,[\mu\mathrm{F/km}]$, 길이 $173.2\,[\mathrm{km}]$, 선간 전압 $60000\,[\mathrm{V}]$, 주파수 60 $[\mathrm{Hz}]$인 송전선로의 충전전류는 몇 $[\mathrm{A}]$인가?

① 6.3 ② 1.25 ③ 22.6 ④ 37.2

해설 충전전류 : $I_c = 2\pi f C l E = 2\pi \times 60 \times 0.01 \times 10^{-6} \times 173.2 \times \dfrac{60000}{\sqrt{3}} = 22.6\,[\mathrm{A}]$ 【답】③

2·21

단위 길이당의 3상 1회선과 대지간의 충전 전류가 $0.3\,[\mathrm{A/km}]$일 때 길이가 35 $[\mathrm{km}]$인 선로의 충전 전류 $[\mathrm{A}]$는?

① 9.5 ② 10.5 ③ 13 ④ 15.5

해설 충전 전류 : $I_c = 0.3\,[\mathrm{A/km}] \times 35\,[\mathrm{km}] = 10.5\,[\mathrm{A}]$ 【답】②

2·22

22,000 [V], 60 [Hz], 1회선의 3상 지중 송전선의 무부하 충전 용량 [kVar]은? 단, 송전선의 길이는 20 [km], 1선의 1 [km]당의 정전 용량은 0.5 [μF]이다.

① 1750   ② 1825   ③ 1900   ④ 1925

해설 충전용량 : $Q_c = 3EI_c = 3\omega CE^2$

$$= 3 \times 2\pi f \times 0.5 \times 10^{-6} \times 20 \times \left(\frac{22000}{\sqrt{3}}\right)^2 \times 10^{-3} = 1825 \, [\text{kVar}]$$

【답】 ②

2·23

표준 상태의 기온, 기압하에서 공기의 절연이 파괴되는 전위 경도는 정현파 교류의 실효값 [kV/cm]으로 얼마인가?

① 40   ② 30   ③ 21   ④ 12

해설 절연 파괴 전위 경도

직류 : 30 [kV/cm]
교류 : 최대값이 30 [kV/cm] 이므로 실효값은 $30/\sqrt{2}$ [kV/cm] = 21 [kV/cm]

【답】 ③

2·24

송전선로에서 코로나 임계 전압이 높아지는 경우는 다음 중 어느 것인가?

① 온도가 높아지는 경우   ② 상대 공기밀도가 작을 경우
③ 전선의 직경이 큰 경우   ④ 기압이 낮은 경우

해설 코로나 임계전압 : $E_0 = 24.3 m_0 m_1 \delta d \log_{10} \dfrac{2D}{d}$ [kV]

여기서, m_0 : 전선의 표면계수, m_1 : 기후계수, δ : 상대 공기밀도
d : 전선의 지름, D : 선간거리

코로나 임계전압은 기압이 낮아지거나 온도가 높아지면 저하한다.

【답】 ③

2·25

송전선에 코로나가 발생하면 전선이 부식된다. 무엇에 의하여 부식되는가?

① 산소   ② 질소   ③ 수소   ④ 오존

해설 코로나에 의한 화학작용으로 오존(O_3) 및 산화질소(NO)가 발생하며, 수분이 있으면 산화질소는 초산(NHO_3)으로 되어서 전선을 부식시킨다.

【답】 ④

심화학습문제

01 길이가 35 [km]인 단상 2선식 전선로의 유도 리액턴스는 몇 [Ω]인가? 단, 전선로 단위 길이당 인덕턴스는 1.3 [mH/km/선], 주파수 60 [Hz]이다.

① 17 ② 26

③ 34 ④ 68

해설

유도리액턴스

$X_L = 2\pi f L l = 2\pi \times 60 \times 1.3 \times 10^{-3} \times 2 \times 35 = 34.3 \ [\Omega]$

【답】③

02 전선의 반지름 r [m], 소도체 간의 거리 l [m], 소도체 수 2, 상간 거리 D [m]인 복도체의 인덕턴스 L = 0.4605 ☐ + 0.025 [mH/km]이다. ☐ 내의 값은?

① $\log_{10} \dfrac{D}{\sqrt{rl}}$ ② $\log_e \dfrac{D}{\sqrt{rl}}$

③ $\log_{10} \dfrac{l}{\sqrt{rD}}$ ④ $\log_e \dfrac{l}{\sqrt{rD}}$

해설

복도체(소도체 2개)의 경우 작용 인덕턴스

$L = 0.025 + 0.4605 \log_{10} \dfrac{D}{\sqrt{rs}} \ [\text{mH/km}]$

【답】①

03 그림과 같은 대지 정전용량과 상호 정전용량을 갖는 3상 송전선에서 a상과 b상 사이의 상호 정전용량을 정전계수 K로 표시하면?

① $C_{ab} = K_{aa} + K_{ab} + K_{ac}$

② $C_{ab} = K_{bb} + K_{bc} + K_{ba}$

③ $C_{ab} = K_{ab}$

④ $C_{ab} = -K_{ab}$

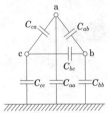

해설

$C_{aa} = K_{aa} + K_{ab} + K_{ca}$ $C_{ab} = -K_{ab} = -K_{ba}$

$C_{bb} = K_{ba} + K_{bb} + K_{bc}$ $C_{bc} = -K_{bc} = -K_{cb}$

$C_{cc} = K_{ca} + K_{cb} + K_{cc}$ $C_{ca} = -K_{ca} = -K_{ac}$

【답】④

04 3상 1회전 송전선의 대지 정전 용량은 전선의 굵기가 동일하고 완전히 연가되어 있는 경우에는 얼마인가? 단, r [m] : 도체의 반지름, D [m] : 도체의 등가 선간 거리, h [m] : 도체의 평균 지상 높이이다.

① $\dfrac{0.02413}{\log_{10} \dfrac{4h^2}{rD}}$ ② $\dfrac{0.02413}{\log_{10} \dfrac{4h^2}{rD^2}}$

③ $\dfrac{0.02413}{\log_{10} \dfrac{8h^3}{rD^2}}$ ④ $\dfrac{0.02413}{\log_{10} \dfrac{8h^3}{rD^3}}$

해설

대지 정전 용량 : $C_s = \dfrac{0.02413}{\log_{10} \dfrac{8h^3}{rD^2}} \ [\mu\text{F/km}]$

【답】③

05 상당 대지면의 깊이 [m]는 산악 지대에서 얼마인가?

① 100 ② 300
③ 600 ④ 900

해설

상당 대지면의 깊이
평지 : 300 [m], 산지 : 600 [m], 산악 : 900 [m]
【답】④

06 3상 1회선의 송전선로에 3상 전압을 가해 충전할 때 1선에 흐르는 충전전류는 32 [A], 또 3선을 일괄하여 이것과 대지 사이에 정전압을 가하여 충전시켰을 때 충전전류는 60 [A]가 되었다. 이 선로의 대지 정전용량과 선간 정전용량의 비는 얼마이겠는가?

① 5 : 1 ② 15 : 8
③ 3 : 1 ④ $\sqrt{3}$: 1

해설

3상 3선식 선로에서는 작용 정전 용량(C_n)과 대지 정전 용량(C_s) 및 선간 정전 용량(C_m)과의 사이에는 $C_n = C_s + 3C_m$ 의 관계가 있다.
선간 전압을 V라고 하면

$$\omega C_n \frac{V}{\sqrt{3}} = \omega(C_s + 3C_m)\frac{V}{\sqrt{3}} = 32 \quad \cdots\cdots ①$$

$$3\omega C_s \frac{V}{\sqrt{3}} = \sqrt{3}\,\omega C_s V = 60 \quad \cdots\cdots ②$$

식 ②로부터 $\omega V = \frac{60}{\sqrt{3}\,C_s}$ 이므로 식 ①에 대입해서 정리하면

$$60\frac{C_m}{C_s} + 20 = 32 \qquad \therefore \frac{C_m}{C_s} = \frac{1}{5}$$

【답】①

07 현수 애자 4개를 1련으로 한 66 [kV] 송전선로가 있다. 현수 애자 1개의 절연 저항이 2000 [MΩ]이라면 표준 경간을 200 [m]로 할 때 1[km]당의 누설 컨덕턴스 [℧]는?

① 약 0.63×10^{-9} ② 약 0.73×10^{-9}
③ 약 0.83×10^{-9} ④ 약 0.93×10^{-9}

해설

현수 애자 1련의 저항
$$r = 2000 \,[\mathrm{M}\Omega] \times 4 = 8 \times 10^9 \,[\Omega]$$
표준 경간이 200 [m]이고 1 [km]당 현수 애자는 5 련 이므로
$$R = \frac{r}{n} = \frac{8}{5} \times 10^9 \,[\Omega]$$
누설 컨덕턴스는 저항에 역수 이므로
$$G = \frac{1}{R} = \frac{5}{8} \times 10^{-9} \,[℧] = 0.63 \times 10^{-9} \,[℧]$$

【답】①

08 코로나 현상에 대한 설명 중 옳지 않은 것은?

① 코로나 현상은 전력의 손실을 일으킨다.
② 코로나 손실은 전원 주파수의 2/3 제곱에 비례한다.
③ 코로나 방전에 의하여 전파 장해가 일어난다.
④ 전선을 부식한다.

해설

코로나의 영향
① 코로나 손실이 발생한다.
  코로나 손실 : Peek의 식
$$P_c = \frac{241}{\delta}(f+25)\sqrt{\frac{d}{2D}}(E-E_0)^2 \times 10^{-5} \,[\mathrm{kW/km/선}]$$
② 코로나 잡음 및 소음이 발생한다.
③ 통신선에의 유도장해 발생한다.
④ 전선의 부식촉진 된다.
【답】②

09 송전선의 코로나손과 가장 관계가 깊은 것은?

① 상대 공기 밀도
② 송전선의 정전 용량
③ 송전 거리
④ 송전선의 전압 변동률

해설

코로나 손실

Peek의 식

$$P_c = \frac{241}{\delta}(f+25)\sqrt{\frac{d}{2D}}(E-E_0)^2 \times 10^{-5} \,[\text{kW/km/선}]$$

여기서 δ : 상대 공기밀도

f : 주파수

d : 전선의 지름 [cm]

D : 선간거리 [cm]

E : 전선의 대지전압 [kV]

E_0 : 코로나 임계전압 [kV]

【답】①

10 송전 선로에 코로나가 발생하였을 때 이점이 있다면 다음 중 어느 것인가?

① 계전기의 신호에 영향을 준다.

② 라디오 수신에 영향을 준다.

③ 전력선 반송에 영향을 준다.

④ 고전압의 진행파가 발생하였을 때 뇌 서지에 영향을 준다.

해설

코로나가 발생하면 전력 손실이 생기며 전기 회로 측면에서 보면 저항과 같은 역할을 하므로 이상 전압 발생시 이상 전압을 경감시키는 효과가 있다.

【답】④

11 154 [kV] 송전 선로의 1 [km]당의 애자련 정전 용량 [pF]을 구하면? 단, 철탑의 경간은 250 [m]이고, 애자련 1개의 정전 용량은 9 [pF]이다.

① 45   ② 36

③ 2.25   ④ 1.8

해설

1 [km]에 4개의 애자련이 병렬로 연결되어 있으므로 정전용량은 4배가 된다.

$9 \times 4 = 36 \,[\text{pF}]$

【답】②

1. 단거리 송전선로(수 [km] 정도)

단거리 송전선로에서는 정전용량 및 누설 컨덕턴스의 크기가 아주 작으므로 이를 무시하고, 저항 R과 인덕턴스 L만이 존재하는 회로로 취급한다.

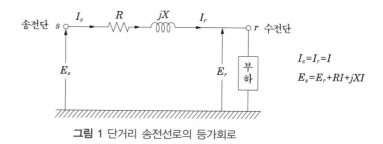

그림 1 단거리 송전선로의 등가회로

그림 1에서 송전전압과 수전전압의 관계를 벡터도로 나타내면 그림 2와 같이 된다.

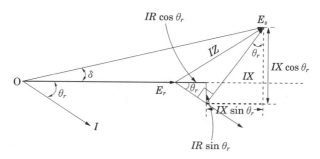

그림 2 단거리 송전선로의 벡터도

그림 2에서 $\dot{E}_s$를 구하면 다음과 같다.

$$\dot{E}_s = (\dot{E}_r + IR\cos\theta_r + IX\sin\theta_r) + j(IX\cos\theta_r - IR\sin\theta_r)$$

$$E_s = \sqrt{(E_r + IR\cos\theta_r + IX\sin\theta_r)^2 + (IX\cos\theta_r - IR\sin\theta_r)^2}$$

근사적으로 나타내면 $\dot{E}_s \fallingdotseq \dot{E}_r + I(R\cos\theta_r + X\sin\theta_r)$이며, 전압강하를 구하면

$$e = E_s - E_r = I(R\cos\theta_r + X\sin\theta_r)$$

가 된다.

1선과 대지간의 관계식이므로 선간전압강하로 등가하면 다음과 같다.

$$V_s \fallingdotseq V_r + \sqrt{3}\,I(R\cos\theta_r + X\sin\theta_r)$$

$$\text{여기서 } I = \frac{P}{\sqrt{3}\,V\cos\theta}$$

$$\therefore\ e = V_s - V_r = \sqrt{3}\,I(R\cos\theta + X\sin\theta)$$

$$= \sqrt{3}\,\frac{P}{\sqrt{3}\,V\cos\theta}(R\cos\theta + X\sin\theta)$$

$$= \frac{P}{V}\left(R + X\frac{\sin\theta}{\cos\theta}\right) = \frac{P}{V}(R + X\tan\theta)\ [V]$$

또 전압강하율은

$$\text{전압강하율}\quad \epsilon = \frac{E_s - E_r}{E_r}\times 100\ [\%]$$

$$= \frac{I(R\cos\theta_r + X\sin\theta_r)}{E_r}\times 100\ [\%]$$

가 된다. 전압강하율과 유사한 전압변동률은 부하변화에 따른 수전단 전압의 변동하는 정도를 나타내며 다음과 같다.

$$\text{전압변동율} = \frac{E_{ro} - E_r}{E_r}\times 100\ [\%]$$

여기서, E_{ro} : 무부하시 수전단 전압, E_r : 전부하시 수전단 전압

예제문제 01

지상 부하를 가진 3상 3선식 배전선 또는 단거리 송전선에서 선간 전압 강하를 나타낸 식은?
단, I, R, X, θ는 각각 수전단 전류, 선로저항, 리액턴스 및 수전단 전류의 위상각이다.

① $I(R\cos\theta + X\sin\theta)$ ② $2I(R\cos\theta + X\sin\theta)$

③ $\sqrt{3}\,I(R\cos\theta + X\sin\theta)$ ④ $3I(R\cos\theta + X\sin\theta)$

해설
3상 3선식의 경우 전압강하 : $e = V_s - V_r = \sqrt{3}\,I(R\cos\theta + X\sin\theta)$

<u>답 : ③</u>

예제문제 02

늦은 역률의 부하를 갖는 단거리 송전선로의 전압강하의 근사식은? 단, P는 3상 부하전력 [kW], E는 선간전압 [kV], R는 선로저항 [Ω], X는 리액턴스 [Ω], θ는 부하의 늦은 역률각이다.

① $\dfrac{\sqrt{3}\,P}{E}(R+X\cdot\tan\theta)$

② $\dfrac{P}{\sqrt{3}E}(R+X\cdot\tan\theta)$

③ $\dfrac{P}{E}(R+X\cdot\tan\theta)$

④ $\dfrac{P}{\sqrt{3}\,E}(R\cdot\cos\theta+X\cdot\sin\theta)$

해설

송전전력 : $P=\sqrt{3}\,VI\cos\theta$ 이므로 $I=\dfrac{P}{\sqrt{3}\,V\cos\theta}$ [A]

전압강하 : $e=V_s-V_r=\sqrt{3}\,I(R\cos\theta+X\sin\theta)=\sqrt{3}\,\dfrac{P}{\sqrt{3}\,V\cos\theta}(R\cos\theta+X\sin\theta)$

$\qquad =\dfrac{P}{V}\left(R+X\dfrac{\sin\theta}{\cos\theta}\right)=\dfrac{P}{V}(R+X\tan\theta)$ [V]

답 : ③

예제문제 03

저항이 9.5 [Ω]이고 리액턴스가 13.5 [Ω]인 22.9 [kV] 선로에서 수전단 전압이 21 [kV], 역률이 0.8 [lag], 전압 강하율이 10 [%]라고 할 때 송전단 전압은 몇 [kV]인가?

① 22.1   ② 23.1   ③ 24.1   ④ 25.1

해설

전압강하율 : $\epsilon=\dfrac{V_s-V_r}{V_r}$ 에서 $0.1=\dfrac{V_s-21}{21}$ $\therefore V_s=23.1$ [kV]

답 : ②

예제문제 04

종단에 V [V], P [kW], 역률 $\cos\theta$인 부하가 있는 3상 선로에서, 한 선의 저항이 R [Ω]인 선로의 전력 손실 [kW]은?

① $\dfrac{R\times10^6}{V^2\cos\theta}P^2$

② $\dfrac{3R\times10^3}{V^2\cos^2\theta P}$

③ $\dfrac{\sqrt{3}\,R\times10^3}{V^2\cos\theta}P^2$

④ $\dfrac{R\times10^3}{V^2\cos^2\theta}P^2$

해설

송전전력 : $P=\sqrt{3}\,VI\cos\theta$ 이므로 $I=\dfrac{P}{\sqrt{3}\,V\cos\theta}$ [A]

전력손실 : $P_l=3I^2R=\dfrac{P^2R}{V^2\cos^2\theta}\times10^6$ [W]$=\dfrac{P^2R}{V^2\cos^2\theta}\times10^3$ [kW]

답 : ④

예제문제 **05**

3상 3선식 송전선에서 한 선의 저항이 10 [Ω], 리액턴스가 20 [Ω]이고, 수전단의 선간 전압은 60 [kV], 부하 역률이 0.8인 경우, 전압 강하율을 10 [%]라 하면 이 송전 선로는 몇 [kW]까지 수전할 수 있는가?

① 18,000   ② 14,400   ③ 12,000   ④ 10,000

해설

전압강하율 : $\epsilon = \dfrac{P}{V^2}(R+X\tan\theta)$ 에서 $0.1 = \dfrac{P}{60000^2}\left(10+20\times\dfrac{0.6}{0.8}\right)$

$$\therefore P = \dfrac{0.1\times60000^2}{\left(10+20\times\dfrac{0.6}{0.8}\right)}\times10^{-3} = 14400 \ \ [\text{kW}]$$

답 : ②

2. 중거리 송전선로

길이가 수십 [km] 정도인 중거리 선로에서는 정전용량의 영향을 무시할 수 없으므로 저항 R, 인덕턴스 L(즉, 리액턴스 X)과 정전용량 C를 고려해야 한다. 중거리 송전선로는 T등가 회로 또는 π등가회로와 4단자 정수를 이용하여 회로를 해석한다.

2.1 T등가회로

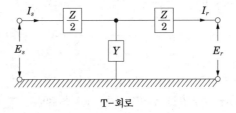

T-회로

그림 3 중거리송전선로의 T등가 회로

그림 3에서 4단자 정수는

$$A = \left.\dfrac{E_s}{E_R}\right|_{I_R=0} = 1+\dfrac{ZY}{2} \qquad\qquad B = \left.\dfrac{E_s}{I_R}\right|_{E_R=0} = Z\left(1+\dfrac{ZY}{4}\right)$$

$$C = \left.\dfrac{I_s}{E_R}\right|_{I_R=0} = Y \qquad\qquad D = \left.\dfrac{I_s}{I_R}\right|_{E_R=0} = 1+\dfrac{ZY}{2}$$

이므로 송전단 전압과 전류는 다음과 같다.

$$E_s = \left(1 + \frac{ZY}{2}\right)E_r + Z\left(1 + \frac{ZY}{4}\right)I_r$$

$$I_s = YE_r + \left(1 + \frac{ZY}{4}\right)I_r$$

2.2 π 등가회로

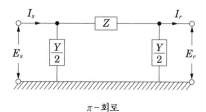

π-회로

그림 4 π등가회로

그림 4에서 4단자 정수는

$$A = \frac{E_s}{E_R}\bigg|_{I_R = 0} = 1 + \frac{ZY}{2} \qquad\qquad B = \frac{E_s}{I_R}\bigg|_{E_R = 0} = Z$$

$$C = \frac{I_s}{E_R}\bigg|_{I_R = 0} = Y\left(1 + \frac{ZY}{4}\right) \qquad D = \frac{I_s}{I_R}\bigg|_{E_R = 0} = 1 + \frac{ZY}{2}$$

이므로 송전단 전압과 전류는 다음과 같다.

$$E_s = \left(1 + \frac{ZY}{2}\right)E_r + ZI_r$$

$$I_s = Y\left(1 + \frac{ZY}{4}\right)E_r + \left(1 + \frac{ZY}{2}\right)I_r$$

2.3 선로의 병렬접속 해석

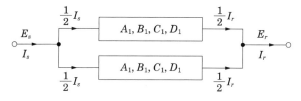

그림 5 선로의 병렬접속

1회선 송전선로에 대해서

$$E_s = A_1 E_r + B_1 \cdot \frac{1}{2} I_r$$

$$\frac{1}{2} I_s = C_1 E_r + D_1 \cdot \frac{1}{2} I_r$$

$$I_s = 2C_1 E_r + D_1 \cdot I_r \text{로 된다.}$$

2회선 송전선로의 경우

$$E_s = A E_r + B I_r, \quad I_s = C E_r + D I_r \text{ 이므로}$$

$$A = A_1, \quad B = \frac{1}{2} B_1, \quad C = 2C_1, \quad D = D_1 \text{이 된다.}$$

예제문제 06

송전단 전압, 전류를 각각 E_s, I_s 수전단의 전압, 전류를 각각 E_R, I_R이라 하고 4단자 정수를 A, B, C, D라 할 때 다음 중 옳은 식은?

① $\begin{cases} E_S = AE_R + BI_R \\ I_S = CE_R + DI_R \end{cases}$
② $\begin{cases} E_S = CE_R + DI_R \\ I_S = AE_R + BI_R \end{cases}$

③ $\begin{cases} E_S = BE_R + AI_R \\ I_S = DE_R + CI_R \end{cases}$
④ $\begin{cases} E_S = DE_R + CI_R \\ I_S = BE_R + AI_R \end{cases}$

해설

송전선로 4단자 정수의 기본식 $\begin{cases} E_S = AE_R + BI_R \\ I_S = CE_R + DI_R \end{cases}$

답 : ①

예제문제 07

중거리 송전선로의 T형 회로에서 송전단 전류 I_s는? 단, Z, Y는 선로의 직렬 임피던스와 병렬 어드미턴스이고 E_r은 수전단 전압, I_r은 수전단 전류이다.

① $I_r\left(1 + \dfrac{ZY}{2}\right) + E_r Y$
② $E_r\left(1 + \dfrac{ZY}{2}\right) + ZI_r\left(1 + \dfrac{ZY}{4}\right)$

③ $E_r\left(1 + \dfrac{ZY}{2}\right) + Z_r$
④ $I_r\left(1 + \dfrac{ZY}{2}\right) + E_r Y\left(1 + \dfrac{ZY}{4}\right)$

해설

송전단전압 : $E_s = \left(1 + \dfrac{ZY}{2}\right) E_r + Z\left(1 + \dfrac{ZY}{4}\right) I_r$

송전단전류 : $I_s = YE_r + \left(1 + \dfrac{ZY}{4}\right) I_s$

답 : ①

154 [kV], 300 [km]의 3상 송전선에서 일반 회로 정수는 다음과 같다. $A = 0.900$, $B = 150$, $C = j\,0.901 \times 10^{-3}$, $D = 0.930$이 송전선에서 무부하시 송전단에 154 [kV]를 가했을 때 수전단 전압은 몇 [kV]인가?

① 143 　　　　　② 154 　　　　　③ 166 　　　　　④ 171

해설

송전단전압 : $V_S = AV_R + BI_R$

무부하이므로 $I_R = 0$, $V_S = AV_R$ 이므로 $V_R = \dfrac{V_S}{A} = \dfrac{154}{0.9}$ [kV] = 171 [kV]

답 : ④

3. 장거리 송전선로

송전선로의 길이가 100 [km] 이상으로 되면 분포 정수회로로서 취급한다. 장거리 송전선로에서는 선로정수 r, L, C, g가 선로에 따라서 균일하게 분포되어 있기 때문에 이것을 집중정수로 취급하면 오차가 커진다.

송전선로 단위 길이당의 직렬 임피던스 $\dot{z}$ 및 병렬 어드미턴스 $\dot{y}$를 다음과 같이 나타낼 수 있다.

$$\dot{z} = r + j\omega L = r + jx \ [\Omega/\text{km}]$$

$$\dot{y} = g + j\omega C = g + jb \ [\mho/\text{km}]$$

3.1 특성 임피던스 Z_0

특성 임피던스는 다음식과 같다.

$$Z_0 = \sqrt{\dfrac{Z}{Y}} = \sqrt{\dfrac{(r + j\omega L)}{(g + j\omega C)}} \ [\Omega]$$

여기서, Z : 선로의 직렬 임피던스, Y : 선로의 병렬 어드미턴스

선로의 특성임피던스는 선로의 저항(r)과 누설콘덕턴스(g)를 무시하면

$$\dot{Z}_o = \sqrt{\frac{\dot{z}}{\dot{y}}} = \sqrt{\frac{r+jx}{g+jb}} \fallingdotseq \sqrt{\frac{j\omega L}{j\omega C}} = \sqrt{\frac{L}{C}} \quad \text{이므로}$$

$$Z_0 \fallingdotseq \sqrt{\frac{L}{C}}$$

여기서, L : 작용 인덕턴스, C : 작용 정전용량

로 표현된다. 이것을 파동 임피던스 또는 서지 임피던스(surge impedance)라 한다.

3.2 전파 정수 γ

전파 정수 $\dot{\gamma} = \sqrt{\dot{z}\dot{y}} = \sqrt{(r+jx)(g+jb)}$ [rad/km]

여기서, r : 저항, ω : 각속도, L : 작용 인덕턴스, C : 작용 정전용량

다음에 전파정수(propagation constant) $\dot{\gamma}$ 도 저항과 누설 컨덕턴스를 무시하면

$$\dot{\gamma} = \sqrt{\dot{z}\dot{y}} = \sqrt{(r+jx)(g+jb)} \fallingdotseq \sqrt{j\omega L \cdot j\omega C} = j\omega\sqrt{LC}$$

가 된다. 이것은 전압 전류가 송전단에서부터 멀어져 감에 따라서 그 진폭이라든지 위상이 변해 가는 특성을 나타내는 것이다.

지금

$$\dot{\gamma} = \alpha + j\beta$$

여기서 α : 감쇄정수(attenuation constant), β : 위상정수(phase constant)

로 두면

$$\epsilon^{-\gamma x} = \epsilon^{-\alpha x}\epsilon^{-j\beta x}$$

로 되며, 이 중 실수부인 $\epsilon^{-\alpha x}$는 송전단으로부터 멀어져 감에 따라서 전압 및 전류의 감쇄를, 허수부인 $\epsilon^{-j\beta x}$는 위상이 늦어져 가는 특성(phase lag)을 나타낸다.

예제문제 09

장거리 송전선에서 단위 길이당 임피던스 $\dot{Z}=r+j\omega L$ [Ω/km], 어드미턴스 $\dot{Y}=g+j\omega C$ [℧/km]라 할 때 저항과 누설 컨덕턴스를 무시하는 경우 특성 임피던스의 값은?

① $\sqrt{\dfrac{L}{C}}$ ② $\sqrt{\dfrac{C}{L}}$ ③ $\dfrac{L}{C}$ ④ $\dfrac{C}{L}$

해설

특성 임피던스 : $Z_0=\sqrt{\dfrac{Z}{Y}}=\sqrt{\dfrac{0+j\omega L}{0+j\omega C}}\fallingdotseq\sqrt{\dfrac{L}{C}}$ [Ω]

답 : ①

예제문제 10

파동 임피던스가 500 [Ω]인 가공 송전선 1 [km]당의 인덕턴스 L과 정전 용량 C는 얼마인가?

① $L=1.67$ [mH/km], $C=0.0067$ [μF/km]

② $L=2.12$ [mH/km], $C=0.167$ [μF/km]

③ $L=1.67$ [H/km], $C=0.0067$ [F/km]

④ $L=0.0067$ [mH/km], $C=1.67$ [μF/km]

해설

특성 임피던스 : $Z=\sqrt{\dfrac{L}{C}}=138\log_{10}\dfrac{D}{r}=500$ [Ω]에서 $\log_{10}\dfrac{D}{r}=\dfrac{500}{138}$

∴ $L=0.05+0.4605\log_{10}\dfrac{D}{r}\fallingdotseq0.4605\times\dfrac{500}{138}=1.67$ [mH/km]

∴ $C=\dfrac{0.02413}{\log_{10}\dfrac{D}{r}}=\dfrac{0.02413}{\dfrac{500}{138}}=0.0067$ [μF/km]

답 : ①

예제문제 11

단위 길이당 임피던스 Z, 어드미턴스 Y인 송전선의 전파 정수는?

① $\sqrt{\dfrac{Y}{Z}}$ ② $\sqrt{\dfrac{Z}{Y}}$ ③ $\sqrt{\dfrac{1}{ZY}}$ ④ $\sqrt{ZY}$

해설

전파 정수 : $\dot{\gamma}=\sqrt{\dot{z}\dot{y}}=\sqrt{(r+jx)(g+jb)}$ [rad/km]

답 : ④

4. 전력원선도(power circle diagram)

[참고자료 시작]

선로의 송·수전단 전압의 크기는 일정하다는 가정 아래 송전계통의 여러 가지 특성을 파악할 수 있도록 하는 것이 전력원선도 이다.

송전단 전력과 수전단 전력에 대한 전력계산식은

전압을 $\dot{E}$, 전류를 $\dot{I}$, 역률을 $\cos\phi$라고 하면 유효전력은

$$P = EI\cos\phi$$

무효전력은

$$Q = EI\sin\phi$$

로 표현된다.

$$\dot{E} = E\angle\phi_1, \quad \dot{I} = I\angle\phi_2$$

라고 할 때 유도부하인 경우 $\phi_1 > \phi_2$이므로 상차각 ϕ는 $\phi = \phi_1 - \phi_2$로 된다.

그러므로 전류를 공액복소수를 취하여 복소전력을 구하면 다음과 같다.

$$\dot{W} = \dot{E}\dot{I}^* = E\angle\phi_1 \cdot I\angle -\phi_2 = EI\angle\phi_1 - \phi_2$$

송전단의 전압 전류를 4단자 정수로 표현하면

$$\dot{E}_s = \dot{A}\dot{E}_r + \dot{B}\dot{I}_r, \quad \dot{I}_s = \dot{C}\dot{E}_r + \dot{D}\dot{I}_r$$

로 된다. 따라서

$$\dot{I}_s = \frac{\dot{D}}{\dot{B}}\dot{E}_s - \frac{1}{\dot{B}}\dot{E}_r$$

$$\dot{I}_r = \frac{1}{\dot{B}}\dot{E}_s - \frac{\dot{A}}{\dot{B}}\dot{E}_r$$

지금 수전단 전압 $\dot{E}_r$을 기준 벡터로 잡고, 또한 $\dot{E}_s$는 $\dot{E}_r$보다 위상이 θ만큼 앞선 경우는

$$\dot{E}_r = E_r \angle 0$$

$$\dot{E}_s = E_s \angle \theta$$

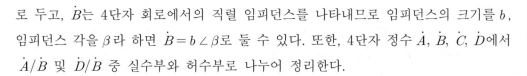

로 두고, $\dot{B}$는 4단자 회로에서의 직렬 임피던스를 나타내므로 임피던스의 크기를 b, 임피던스 각을 β라 하면 $\dot{B} = b \angle \beta$로 둘 수 있다. 또한, 4단자 정수 $\dot{A}$, $\dot{B}$, $\dot{C}$, $\dot{D}$에서 $\dot{A}/\dot{B}$ 및 $\dot{D}/\dot{B}$ 중 실수부와 허수부로 나누어 정리한다.

$$\frac{\dot{A}}{\dot{B}} = m - jn$$

$$\frac{\dot{D}}{\dot{B}} = m' - jn'$$

$$\frac{1}{\dot{B}} = \frac{1}{b} \angle -\beta$$

그러므로

$$\dot{I}_s = (m' - jn')E_s \angle \theta - \frac{E_r}{b} \angle -\beta$$

$$\dot{I}_r = \frac{1}{b}E_s \angle \theta - \beta - (m - jn)E_r$$

송전단 전력은 전류를 공액한 경우는

$$\dot{W}_s = \dot{E}_s \dot{I}_s^* = E_s \underline{/\theta} \left\{ (m' + jn')E_s \angle -\theta - \frac{E_r}{b} \angle \beta \right\}$$

$$= (m' + jn')E_s^2 - \frac{E_s E_r}{b} \angle \theta + \beta$$

$$= (m' + jn')E_s^2 - \rho \angle \theta + \beta$$

여기서 $\rho = \dfrac{E_s E_r}{b}$

수전단 전력은 전류를 공액한 경우

$$\dot{W}_r = \dot{E}_r \dot{I}_r^* = E_r \angle 0 \left\{ \frac{1}{b}E_s \angle \beta - \theta - (m + jn)E_r \right\}$$

$$= \frac{E_s E_r}{b} \angle \beta - \theta - (m + jn)E_r^2$$

$$= \rho \angle \beta - \theta - (m + jn)E_r^2$$

가 된다. 그러므로

$$\dot{W}_s = P_s + jQ_s = (m' + jn')E_s^2 - \rho \angle \theta + \beta$$

$$\dot{W}_r = P_r + jQ_r = -(m + jn)E_r^2 + \rho \angle \beta - \theta$$

가 된다. 이것을 유효와 무효로 정리하면 다음과 같다.

$$(P_s - m'E_s^2) + j(Q_s - n'E_s^2) = -\rho \angle \theta + \beta$$

$$(P_r + mE_r^2) + j(Q_r + nE_r^2) = \rho \angle \beta - \theta$$

정리하면

$$(P_s - m'E_s^2)^2 + (Q_s - n'E_s^2)^2 = \rho^2$$
$$(P_r + mE_r^2)^2 + (Q_r + nE_r^2)^2 = \rho^2$$

이 식은 원의 방정식과 같은 형식이므로, 원의 중심과 반지름을 찾아서 원선도를 그릴 수 있게 된다.

[참고자료 끝]

선로의 송·수전단 전압의 크기는 일정하다는 가정 아래 송전계통의 여러 가지 특성을 파악할 수 있도록 하는 것이 전력원선도 이다.

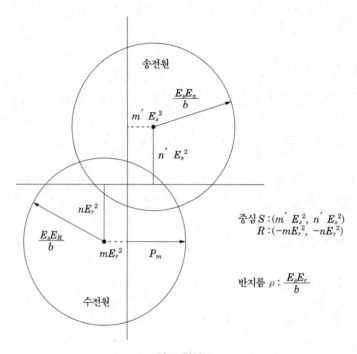

그림 6 원선도

그림 6의 전력원선로도부터 다음 값을 구할 수 있다.

① 최대 수전전력($P_{r,\max} = \rho - mE_r^2$)

② 필요한 전력을 보내기 위한 송전단 전압과 수전단 전압 사이의 상차각 θ

③ 필요한 조상용량 Q_c

④ 무효전력 조정 후 새로운 수전단의 역률 $\cos\phi'$

⑤ 선로손실($P_l = P_s - P_r$)과 송전효율

그림과 같은 송전선의 수전단 전력 원선도에 있어서 역률 $\cos\theta$의 부하가 갑자기 감소하여 조상 설비를 필요로 하게 되었을 때 필요한 조상기의 용량을 나타내는 부분은?

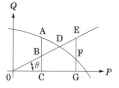

① $\overline{AB}$
② $\overline{BD}$
③ $\overline{EF}$
④ $\overline{FC}$

해설

운전점은 항상 원선도의 원주상에 존재한다. 부하 곡선의 E점에서 운전하게 되면 $\overline{EF}$의 조상 용량이 필요하나 부하가 갑자기 감소하여 부하 곡선의 B점에서 운전하게 되면 원주상 A점으로 무효 전력을 $\overline{AB}$만큼 조상 용량(지상 무효 전력)이 필요하게 된다.

답 : ①

전력 원선도에서 알 수 없는 것은?

① 전력 ② 손실 ③ 역률 ④ 코로나 손실

해설

원선도에서 알 수 있는 사항

① 정태 안정 극한 전력 ② 송수전단 전압간의 상차각
③ 조상설비 용량 ④ 수전단 역률
⑤ 선로 손실과 송전 효율

답 : ④

5. 송전용량의 산출

송전용량을 산출할 경우 다음의 내용을 고려하여 산출한다.

① 장기간에 걸쳐 전력 공급신뢰도를 확보할 수 있을 것
② 송·수전단 전압 사이의 상차각 θ가 적당할 것(장거리 송전선로의 경우 30~40°에서 운전)
③ 조상설비 용량이 적당할 것(수전전력의 75 [%]를 넘지 않을 것)
④ 송전효율이 양호할 것(90 [%] 이상)

5.1 고유부하법

수전단에 선로의 특성 임피던스와 같은 임피던스를 가지는 부하를 고유부하라 하며 이를 연결하여 송전할 수 있는 전력을 산출한다.

$$P = V_r\,I = \frac{V_r^2}{Z_c} \ [\text{MW}]$$

여기서, V_r : 수전단 선간전압 [kV], Z_c : 특성 임피던스 [Ω]

5.2 용량계수법

송전용량을 결정하는 것은, 송전전력은 전압의 제곱에 비례하고 송전거리에 반비례하므로 비례계수를 도입하여 다음과 같은 근사법으로 구한다.

$$P = k\frac{V_r^2}{l} \ [\text{kw}]$$

여기서, V_r : 수전단 선간전압 [kV] , l : 송전거리 [km], k : 송전용량 계수

표 1 송전용량 계수

전압계급	송전용량 계수 k
60 [kV]	600
100 [kV]	800
140 [kV] 이상	1,200

5.3 송전전력의 계산

송수전단 전압과 선로의 리액턴스 및 송수전단의 위상차를 이용하여 송전전력을 산출한다.

$$P = \frac{V_s V_r}{X}\sin\delta \ [\text{MW}]$$

여기서, V_S, V_R : 송수전단 전압 [kV], δ : 송수전단 전압의 위상차, X : 선로의 리액턴스 [Ω]

5.4 Alfred Still의 식에 의한 송전용량의 계산

Still의 식에서 P를 산출한다.

$$V_S = 5.5 \sqrt{0.6l + \frac{P}{100}} \quad [\text{kV}]$$

여기서, l : 송전거리[km], P : 송전전력[kW]

예제문제 14

송전선로의 송전 용량을 결정할 때 송전 용량 계수법에 의한 수전 전력을 나타낸 식은?

① 수전 전력 $= \dfrac{송전용량 \ 계수 \times (수전단 \ 선간 \ 전압)^2}{송전 \ 거리}$

② 수전 전력 $= \dfrac{송전용량 \ 계수 \times 수전단 \ 선간 \ 전압}{송전 \ 거리}$

③ 수전 전력 $= \dfrac{송전용량 \ 계수 \times (송전 \ 거리)^2}{수전단 \ 선간 \ 전압}$

④ 수전 전력 $= \dfrac{송전용량 \ 계수 \times (수전단 \ 전류)^2}{송전 \ 거리}$

해설

용량계수법 : $P = K \dfrac{V^2}{l} \ [\text{kW}]$

　여기서, K : 용량계수, V : 송전 전압, l : 송전 거리

답 : ①

예제문제 15

송전 선로의 송전단 전압을 E_S, 수전단 전압을 E_R, 송수전단 전압 사이의 위상차를 δ, 선로의 리액턴스를 X라 하고, 선로 저항을 무시할 때 송전 전력 P는 어떤 식으로 표시되는가?

① $P = \dfrac{E_S - E_R}{X}$ 　　　　　　② $P = \dfrac{(E_S - E_R)^2}{X}$

③ $P = \dfrac{E_S E_R}{X} \sin \delta$ 　　　　　④ $P = \dfrac{E_S E_R}{X} \tan \delta$

해설

송전전력 : $P = \dfrac{E_S E_R}{X} \sin \delta \ [\text{MW}]$

답 : ③

예제문제 16

송전단 전압 161 [kV], 수전단 전압 154 [kV], 상차각 40°, 리액턴스 45 [Ω]일 때 선로 손실을 무시하면 전송 전력은 약 몇 [MW]인가?

① 323　　　　② 443　　　　③ 354　　　　④ 623

해설

송전전력 : $P = \dfrac{V_s V_r}{X} \sin\delta = \dfrac{161 \times 154}{45} \sin 40 = 354 \, [\text{MW}]$

답 : ③

6. 조상설비

조상설비(調相設備)는 무효전력을 조정하는 설비를 말하며, 동기 조상기, 전력용 콘덴서, 분로리액터 및 정지형 무효전력 보상 장치(SVC) 등이 조상설비에 해당된다.

6.1 동기조상기(Synchronous Phase Modifier)

동기조상기는 동기전동기를 무부하로 회전시켜 직류 계자전류 I_f 의 크기를 조정하여 전기자에 흐르는 무효전력 I_a 을 진상 또는 지상으로 제어할 수 있다.

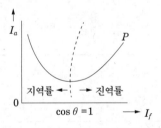

그림 7 동기조상기의 위상특성곡선

6.2 분로리액터(Shunt Reactor)

무효전력의 양을 적정수준으로 조정하기 위한 조상설비의 일종으로 전력용 콘덴서와 반대기능을 수행한다. 분로리액터는 무효전력의 증가를 흡수(상쇄)함으로써 전압을 낮추는 역할을 한다. 경부하 시간대에는 부하측의 유도성 리액턴스가 감소하나 송전선로에선 용량성 리액턴스가 증가하여 계통전압이 상승하기 때문에 이를 억제하기 위하여 장거리 초고압 송전선로나 지중선로가 집중되어 있는 지점에 분로리액터를 설치하여 운영하고 있다.

6.3 전력용콘덴서(Static Condenser)

무효전력을 발생하여 전압을 높여주는 역할을 하는 설비이다. 콘덴서는 전압보다 $90°$ 위상이 빠른 진상무효전류를 공급함으로써 역률의 개선, 송전손실의 감소, 전압조정의 기능을 수행하며 주로 무효전력 소비가 많은 변전소의 모선에 설치하여 운영하고 있다.

그림 8 전력용콘덴서

6.4 정지형 무효전력 보상장치(Static Var Compensator)

무효전력을 조정하여 전압불안정을 해소하기 위한 장치를 말한다. 전력계통에서의 전압은 무효전력의 과부족에 따라 변화되는데 무효전력의 소비는 주로 부하와 송전계통 (송전설비, 변압기 등)에서 이루어지고, 무효전력의 생산은 발전기와 송전선로에서 이루어진다. 무효전력을 계통에 공급하면 전압은 상승하고 반대로 이를 흡수하면 전압이 낮아지게 된다. 리액터는 무효전력을 흡수하며, 커패시터는 무효전력을 공급하는 역할을 한다.

정지형 무효전력 보상장치는 종래의 커패시터 및 리액터를 고속스위칭 소자(Thyristor) 와 결합한 것이며 지상, 진상 무효전력의 연속적인 조정이 가능하며 전압변동에 대해 매우 빠른 동작을 할 수 있어 전압불안정을 완화시키기 위해 적용된다. 송전계통에서 전압안정도, 과도안정도 저하와 같은 문제는 전압동요에 의해 일어나므로 전압이 변동되는 지점에 정지형 무효전력 보상장치를 설치하면 불안정이 감소된다.

표 2 여러 가지 조상설비의 비교

구분	동기조상기	전력용 콘덴서	분로 리액터
전력손실	많음(1.5~2.5 [%])	적음(0.3 [%] 이하)	적음 (0.6 [%] 이하)
가격	비싸다(전력용 콘덴서, 분로 리액터의 1.5~2.5배)	저렴	저렴
무효전력 조정	진상, 지상 양용 연속적	진상전용 계단적	지상전용 계단적
사고시 전압유지	큼	작음	작음
시송전	가능	불가능	불가능
보수	손질필요	용이	용이

예제문제 **17**

초고압 장거리 송전선로에 접속되는 1차 변전소에 분로 리액터를 설치하는 목적은?

① 송전용량의 증가
② 전력 손실의 경감
③ 과도 안정도의 증진
④ 페란티 효과의 방지

해설
진상전류는 계통에 페란티 현상 발생 → 분로 리액터로 페란티 현상 방지

답 : ④

예제문제 **18**

다음 표는 리액터의 종류와 그 목적을 나타낸 것이다. 바르게 짝지어진 것은?

① ①-ⓑ
② ②-ⓐ
③ ③-ⓓ
④ ④-ⓒ

종 류	목 적
① 병렬 리액터	ⓐ 지락 아크의 소멸
② 한류 리액터	ⓑ 송전 손실 경감
③ 직렬 리액터	ⓒ 차단기의 용량 경감
④ 소호 리액터	ⓓ 제 5 고조파 제거

해설
① 병렬 리액터 : 페란티 현상 방지
② 한류 리액터 : 단락 전류 경감
③ 직렬 리액터 : 제 5 고조파 제거
④ 소호 리액터 : 지락시 아크 소멸

답 : ③

7. 페란티 현상

장거리 송전선로가 무부하시에는 분포 정전용량으로 인한 충전전류의 영향이 커져서 전압보다 전류가 앞선 진상전류로 된다. 이때 수전단 전압 $\dot{E}_r$ 은 오히려 송전단 전압 $\dot{E}_s$ 보다 높아지는 현상을 페란티 현상(Ferranti phenomena)이라 한다. 페란티 현상은 송전선의 단위길이당의 정전용량이 클수록 또 송전선로의 길이가 길수록 심해진다.

페란티 현상을 방지하기 위하여 변전소 모선에 분로 리액터(shunt reactor)를 설치하여 진상전류를 감소시키는 방법을 사용한다.

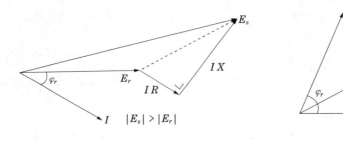

그림 9 페란티 현상의 벡터도

예제문제 **19**

페란티 현상이 발생하는 원인은?

① 선로의 과도한 저항 때문이다.　　　② 선로의 정전용량 때문이다.

③ 선로의 인덕턴스 때문이다.　　　　④ 선로의 급격한 전압 강하 때문이다.

해설

장거리 송전선로가 무부하시에는 분포 정전용량으로 인한 충전전류의 영향이 커져서 전압보다 전류가 앞선 진상전류로 된다. 이로 인해 수전단 전압이 송전단 전압보다 높아지는 현상을 페란티 현상이라 한다.

답 : ②

예제문제 **20**

수전단 전압이 송전단 전압보다 높아지는 현상을 무슨 효과라 하는가?

① 페란티 효과　　　　　　　　　　② 표피 효과

③ 근접 효과　　　　　　　　　　　④ 도플러 효과

해설

장거리 송전선로가 무부하시에는 분포 정전용량으로 인한 충전전류의 영향이 커져서 전압보다 전류가 앞선 진상전류로 된다. 이로 인해 수전단 전압이 송전단 전압보다 높아지는 현상을 페란티 현상이라 한다.

• 표피 효과 : 교류전류의 경우에는 도체 중심보다 도체 표면에 전류가 많이 흐르는 현상

• 근접 효과 : 같은 방향의 전류는 바깥쪽으로 다른 방향의 전류는 안쪽으로 모이는 현상

• 도플러 효과 : 어떤 파동의 파동원과 관찰자의 상대 속도에 따라 진동수와 파장이 바뀌는 현상

답 : ①

핵심과년도문제

3·1

3상 3선식 선로에서 수전단 전압 6.6 [kV], 역률 80 [%](지상), 600 [kVA]의 3상 평형부하가 연결되어 있다. 선로 임피던스 $R = 3$ [Ω], $X = 4$ [Ω]인 경우 송전단 전압은 몇 [V]인가?

① 6957　　　　　② 7037　　　　　③ 6852　　　　　④ 7543

해설 송전단 전압 : $V_S = V_R + \sqrt{3}\,I(R\cos\theta + X\sin\theta)$

$$= 6600 + \sqrt{3} \times \frac{600 \times 10^3}{\sqrt{3} \times 6600}(3 \times 0.8 + 4 \times 0.6) = 7037\ [\text{V}]$$

【답】 ②

3·2

송전단 전압이 6600 [V], 수전단 전압은 6100 [V]였다. 수전단의 부하를 끊은 경우 수전단 전압이 6300 [V]라면 이 회로의 전압 강하율과 전압 변동률은 각각 몇 [%]인가?

① 3.28, 8.2　　　　② 8.2, 3.28　　　　③ 4.14, 6.8　　　　④ 6.8, 4.14

해설 전압 강하율 : $\epsilon = \dfrac{V_s - V_r}{V_r} \times 100 = \dfrac{6600 - 6100}{6100} \times 100 = 8.2\ [\%]$

전압 변동률 : $\delta = \dfrac{V_{r0} - V_r}{V_r} \times 100 = \dfrac{6300 - 6100}{6100} \times 100 = 3.28\ [\%]$

【답】 ②

3·3

송전선의 전압 변동률은 다음 식으로 표시된다. 이 식에서 V_{R1}은 무엇인가?

$$(\text{전압 변동률}) = \frac{V_{R1} - V_{R2}}{V_{R2}} \times\ [\%]$$

① 무부하시 송전단 전압　　　　② 부하시 송전단 전압
③ 무부하시 수전단 전압　　　　④ 부하시 수전단 전압

해설 전압 변동률 $= \dfrac{\text{무부하시 수전단 전압} - \text{수전단 정격 전압}}{\text{수전단 정격 전압}} \times 100\,[\%]$

【답】 ③

3·4

수전단 전압 60,000 [V], 전류 200 [A], 선로의 저항 $R = 7.61$ [Ω], 리액턴스 $X = 11.85$ [Ω]일 때, 전압 강하율은 몇 [%]인가? 단, 수전단 역률은 0.8이라 한다.

① 약 7.00   ② 약 7.41

③ 약 7.61   ④ 약 8.00

해설 전압 강하율 : $\epsilon = \dfrac{V_s - V_r}{V_r} \times 100 = \dfrac{\sqrt{3}\,I(R\cos\theta + X\sin\theta)}{V_r} \times 100$

$$= \dfrac{\sqrt{3} \times 200(7.61 \times 0.8 + 11.85 \times 0.6)}{60,000} \times 100 = 7.61\,[\%]$$

【답】③

3·5

송전선의 단면적 A [mm^2]와 송전 전압 V [kV]와의 관계로 옳은 것은?

① $A \propto V$ ② $A \propto V^2$

③ $A \propto \dfrac{1}{V^2}$ ④ $A \propto \dfrac{1}{\sqrt{V}}$

해설 전력손실 : $P_l = 3I^2R = \dfrac{P^2\rho l}{V^2\cos^2\theta A}$

$\therefore A = \dfrac{P^2\rho l}{P_l V^2\cos^2\theta}$ 에서 전선의 단면적 $A \propto \dfrac{1}{V^2}$ 한다.

【답】③

3·6

전압과 역률이 일정할 때 전력을 몇 [%] 증가시키면 전력 손실이 2배로 되는가?

① 31   ② 41

③ 51   ④ 61

해설 전력 손실 $P_l = 3I^2R = \dfrac{P^2R}{V^2\cos^2\theta}$ 에서 $P_l = KP^2$ 이므로 $\therefore P = \dfrac{1}{K}\sqrt{P_l}$

전력 손실을 두 배 한 경우의 전력 : $\dfrac{P'}{P} = \dfrac{\dfrac{1}{K}\sqrt{2P_l}}{\dfrac{1}{K}\sqrt{P_l}} = \sqrt{2}$

$\therefore$ 전력 증가율 $= \dfrac{\sqrt{2}\,P - P}{P} \times 100 = \dfrac{\sqrt{2}-1}{1} \times 100 = 41\,[\%]$

【답】②

3·7

3상 3선식 전선에서 일정한 거리에 일정한 전력을 송전할 경우 전로에서의 저항손은?

① 선간 전압의 제곱에 비례한다.   ② 선간 전압의 제곱에 반비례한다.

③ 선간 전압에 비례한다.   ④ 선간 전압에 반비례한다.

해설 전력손실 : $P_l = 3I^2R = \dfrac{P^2R}{V^2\cos^2\theta}$

$\therefore P_l \propto \dfrac{1}{V^2}$ 이므로 저항손은 전압의 제곱에 반비례한다. 【답】②

3·8

부하 전력 및 역률이 같을 때 전압을 n배 승압하면 전압 강하율과 전력 손실은 어떻게 되는가?

	전압 강하율	전력 손실		전압 강하율	전력 손실
①	$\dfrac{1}{n}$	$\dfrac{1}{n^2}$	②	$\dfrac{1}{n^2}$	$\dfrac{1}{n}$
③	$\dfrac{1}{n}$	$\dfrac{1}{n}$	④	$\dfrac{1}{n^2}$	$\dfrac{1}{n^2}$

해설 ① 전압 강하 : $e = \dfrac{P}{V}(R + X\tan\theta)$

전압 강하율 : $\epsilon = \dfrac{e}{V} = \dfrac{P}{V^2}(R + X\tan\theta)$

n배 승압하였을 때의 전압 강하율 : $\dfrac{\epsilon'}{\epsilon} = \dfrac{\dfrac{P}{nV^2}(R + X\tan\theta)}{\dfrac{P}{V^2}(R + X\tan\theta)} = \dfrac{1}{n^2}$

② 전력 손실 : $P_l = 3I^2R = \dfrac{P^2R}{V^2\cos^2\theta}$

n배 승압하였을 때의 전력 손실 : $\dfrac{P_l'}{P_l} = \dfrac{\dfrac{P^2R}{n^2V^2\cos^2\theta}}{\dfrac{P^2R}{V^2\cos^2\theta}} = \dfrac{1}{n^2}$ 배 【답】④

3·9

송전 전압을 높일 때 발생하는 경제적 문제 중 옳지 않은 것은?

① 송전 전력과 전선의 단면적이 일정하면 선로의 전력 손실이 감소한다.

② 절연 애자의 개수가 증가한다.

③ 변전소에 시설할 기기의 값이 고가로 된다.

④ 보수 유지에 필요한 비용이 적어진다.

해설 전압을 높일 경우는 전압강하와 전압강하율 및 전력손실은 감소한다. 그러나 절연 비용등 보수 유지에 필요한 비용이 많아진다. 【답】④

3·10

154 [kV]의 송전 선로의 전압을 345 [kV]로 승압하고 같은 손실률로 송전한다고 가정하면 송전 전력은 승압 전의 몇 배인가?

① 2   ② 3   ③ 4   ④ 5

해설 송전 전력은 전압의 제곱에 비례한다. $\therefore$ $P \propto V^2$ 이므로 $P \propto \left(\dfrac{345}{154}\right)^2 = 5$배   【답】④

3·11

송전선로의 일반 회로 정수가 $A = 1.0$, $B = j190$, $D = 1.0$이라면 C의 값은 얼마인가?

① 0   ② $-j0.00526$ ③ $j0.00526$ ④ $j190$

해설 4단자 정수에서 $AD - BC = 1$ 이므로 $C = \dfrac{AD-1}{B} = \dfrac{1 \times 1 - 1}{j190} = 0$ 【답】①

3·12

그림 중 4단자 정수 A, B, C, D는? 여기서 E_S, I_S 는 송전단 전압, 전류 E_R, I_R는 수전단 전압, 전류이고 Y는 병렬 어드미턴스이다.

① 1, 0, Y, 1   ② 1, Y, 0, 1

③ 1, Y, 1, 0   ④ 1, 0, 0, 1

해설 송전단 전압 : $E_S = E_R$, 송전단 전류 : $I_S = Y E_R + I_R$

$\therefore A = 1$ $B = 0$ $C = Y$ $D = 1$ 【답】①

3·13

그림과 같이 정수가 서로 같은 평행 2회선의 4단자 정수 중 C_0는?

① $\dfrac{C_1}{4}$ ② $\dfrac{C_1}{2}$

③ $2C_1$ ④ $4C_1$

해설 1회선 송전선로에 대해서

$$E_s = A_1 E_r + B_1 \cdot \frac{1}{2} I_r \quad \frac{1}{2} I_s = C_1 E_r + D_1 \cdot \frac{1}{2} I_r \text{ 이므로 } I_s = 2C_1 E_r + D_1 \cdot I_r \text{로 된다.}$$

2회선 송전선로의 경우

$$E_s = A E_r + B I_r, \quad I_s = C E_r + D I_r \text{ 이므로 } A = A_1, \ B = \frac{1}{2}B_1, \ C = 2C_1, \ D = D_1 \text{이 된다.}$$

【답】③

3·14

일반 회로 정수가 같은 평행 2회선에서 A, B, C, D는 1회선인 경우의 몇 배로 되는가?

① $A : 2$, $B : 2$, $C : \dfrac{1}{2}$, $D : 1$ 　② $A : 1$, $B : 2$, $C : \dfrac{1}{2}$, $D : 1$

③ $A : 1$, $B : \dfrac{1}{2}$, $C : 2$, $D : 1$ 　④ $A : 1$, $B : \dfrac{1}{2}$, $C : 2$, $D : 2$

[해설] 1회선 송전선로에 대해서

$$E_s = A_1 E_r + B_1 \cdot \frac{1}{2} I_r$$

$\dfrac{1}{2} I_s = C_1 E_r + D_1 \cdot \dfrac{1}{2} I_r$ 이므로 $I_s = 2C_1 E_r + D_1 \cdot I_r$ 로 된다.

2회선 송전선로의 경우

$E_s = A E_r + B I_r$, 　$I_s = C E_r + D I_r$ 이므로

$A = A_1$, 　$B = \dfrac{1}{2} B_1$, 　$C = 2C_1$, 　$D = D_1$이 된다.　　　　【답】③

3·15

그림과 같은 회로에 있어서의 합성 4단자 정수에서 B_0의 값은?

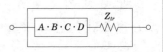

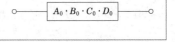

① $B_0 = B + Z_{tr}$ 　　② $B_0 = A + B Z_{tr}$

③ $B_0 = B + A Z_{tr}$ 　　④ $B_0 = C + D Z_{tr}$

[해설] 새로운 4단자 정수는 행렬에 의해 구하면 $\begin{bmatrix} A_0 & B_0 \\ C_0 & D_0 \end{bmatrix} = \begin{bmatrix} A & B \\ C & D \end{bmatrix} \begin{bmatrix} 1 & Z_{tr} \\ 0 & 1 \end{bmatrix} = \begin{bmatrix} A & B + A Z_{tr} \\ C & D + C Z_{tr} \end{bmatrix}$

$\therefore B_0 = B + A Z_{tr}$　　　　【답】③

3·16

그림과 같이 회로 정수 A, B, C, D인 송전 선로에 변압기 임피던스 Z_r를 수전단에 접속했을 때 변압기 임피던스 Z_r를 포함한 새로운 회로 정수 D_0는? 단, 그림에서 E_S, I_S는 송전단 전압, 전류이고 E_R, I_R는 수전단의 전압, 전류이다.

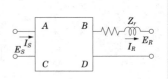

① $B + A Z_r$ 　　② $B + C Z_r$ 　　③ $D + A Z_r$ 　　④ $D + C Z_r$

[해설] 새로운 4단자 정수는 행렬에 의해 구하면 $\begin{bmatrix} A_0 & B_0 \\ C_0 & D_0 \end{bmatrix} = \begin{bmatrix} A & B \\ C & D \end{bmatrix} \begin{bmatrix} 1 & Z_r \\ 0 & 1 \end{bmatrix} = \begin{bmatrix} A & A Z_r + B \\ C & C Z_r + D \end{bmatrix}$

$\therefore D_0 = D + C Z_r$　　　　【답】④

3·17

그림에서와 같이 일반 회로 정수 A, B, C, D의 송전 선로의 길이가 2배로 되면 그 전체의 일반 회로 정수 A_0, B_0, C_0, D_0는?

```
○─┤          ├─┤          ├─○
   │ A, B, C, D │ │ A, B, C, D │
○─┤          ├─┤          ├─○
```

① $A_0 = A^2 + BC$, $B_0 = AB + BD$, $C_0 = CA + DC$, $D_0 = CB + D^2$

② $A_0 = 2A$, $B_0 = 2B$, $C_0 = 2C$, $D_0 = 2D$

③ $A_0 = A^2$, $B_0 = B^2$, $C_0 = C^2$, $D_0 = D^2$

④ $A_0 = A^2 + B_0$, $B_0 = CB + D^2$, $C_0 = CA + DC$, $D_0 = AB + BD$

해설 종속연결 이므로 행렬에 의해 구하면 $\begin{bmatrix} A_0 & B_0 \\ C_0 & D_0 \end{bmatrix} = \begin{bmatrix} A & B \\ C & D \end{bmatrix}\begin{bmatrix} A & B \\ C & D \end{bmatrix} = \begin{bmatrix} A^2+BC & AB+BD \\ CA+CD & CB+D^2 \end{bmatrix}$

【답】 ①

3·18

일반 회로 정수가 A, B, C, D이고 송전단 상전압이 E_S인 경우 무부하시의 충전 전류(송전단 전류)는?

① $\dfrac{C}{A}E_S$ ② $\dfrac{A}{C}E_S$ ③ ACE_S ④ CE_S

해설 송전단 전압 : $E_S = AE_R + BI_R$

무부하$(I_R = 0)$이므로 $E_S = AE_R$에서 $E_R = \dfrac{E_S}{A}$

송전단 전류 : $I_S = CE_R + DI_R$

무부하$(I_R = 0)$이므로 $I_s = CE_R$

$\therefore E_R = \dfrac{E_S}{A}$를 대입하면 $I_s = CE_R = \dfrac{C}{A}E_S$

【답】 ①

3·19

3상 3선식 송전선로 1선 1[km]의 임피던스를 Z, 어드미턴스를 Y라 하면 특성 임피던스는?

① $\sqrt{\dfrac{Y}{Z}}$ ② $\sqrt{\dfrac{Z}{Y}}$ ③ $\sqrt{ZY}$ ④ $\sqrt{Z+Y}$

해설 특성 임피던스 : $Z_0 = \sqrt{\dfrac{Z}{Y}} \fallingdotseq \sqrt{\dfrac{L}{C}}$ [Ω]

【답】 ②

3·20

우리나라에서 현재 사용되고 있는 송전 전압에 해당되는 것은?

① 150 [kV] ② 220 [kV] ③ 345 [kV] ④ 500 [kV]

해설 현재 우리나라에서 사용하는 대표적인 송전전압 : 154 [kV], 345 [kV], 765 [kV]

【답】③

3·21

송전선로의 수전단을 단락한 경우 송전단에서 본 임피던스는 300 [Ω]이고, 수전단을 개방한 경우에는 1200 [Ω]일 때 이 선로의 특성 임피던스는 몇 [Ω]인가?

① 600 ② 750 ③ 1000 ④ 1200

해설 특성 임피던스 : $Z_0 = \sqrt{\dfrac{Z}{Y}} = \sqrt{\dfrac{300}{1/1200}} = 600 \, [\Omega]$

【답】①

3·22

무손실 전기회로에서 $C = 0.009 \, [\mu F/km]$, $L = 1 \, [mH/km]$일 때 특성 임피던스는 몇 [Ω]인가?

① $\dfrac{10}{3}$ ② $\dfrac{100}{3}$ ③ $\dfrac{1000}{3}$ ④ $\dfrac{10000}{3}$

해설 특성 임피던스 : $Z_0 = \sqrt{\dfrac{L}{C}} = \sqrt{\dfrac{1 \times 10^{-3}}{0.009 \times 10^{-6}}} = \sqrt{\dfrac{10^6}{9}} = \dfrac{1000}{3} \, [\Omega]$

【답】③

3·23

송전선로의 특성 임피던스와 전파정수는 무슨 시험에 의해서 구할 수 있는가?

① 무부하시험과 단락시험 ② 부하시험과 단락시험
③ 부하시험과 충전시험 ④ 충전시험과 단락시험

해설 • 특성 임피던스 : $Z_0 = \sqrt{\dfrac{Z}{Y}} \, [\Omega]$

• 전파정수 : $\gamma = \sqrt{YZ} \, [rad/km]$

단락 시험에서는 Z를 구하고, 무부하 시험으로 Y를 구한다. 따라서 단락 시험과 무부하 시험으로 특성 임피던스와 전파정수를 구할 수 있다.

【답】①

3·24

장거리 송전선로의 특성은 무슨 회로로 다루는 것이 가장 좋은가?

① 특성 임피던스 회로　　　　　　② 집중정수 회로
③ 분포정수 회로　　　　　　　　④ 분산부하 회로

해설 • 단거리 송전 선로 : R과 L만의 직렬 회로로 다룬다.
　　• 중거리 송전 선로 : R과 L과 C만의 회로로 다룬다. T와 π회로 두 가지의 4단자정수로 해석한다.
　　• 장거리 송전 선로 : R, L, C, G 모두 다루며, 분포 정수 회로로 해석한다.

【답】③

3·25

선로의 특성 임피던스는?

① 선로의 길이가 길어질수록 값이 커진다.
② 선로의 길이가 길어질수록 값이 작아진다.
③ 선로의 길이보다는 부하전력에 따라 값이 변한다.
④ 선로의 길이에 관계없이 일정하다.

해설 특성임피던스는 $Z_0 = \sqrt{\dfrac{L}{C}}$ [Ω] 이므로 길이에 무관하다.

【답】④

3·26

송전선의 파동 임피던스를 Z_0 [Ω], 전파속도를 v라 할 때, 이 송전선의 단위길이에 대한 인덕턴스는 몇 [H]인가?

① $L = \dfrac{v}{Z_0}$　　　　　　　　② $L = \dfrac{Z_0}{v}$

③ $L = \sqrt{Z_0}\,v$　　　　　　　④ $L = \dfrac{Z_0{}^2}{v}$

해설 특성(파동) 임피던스 : $Z_0 = \sqrt{\dfrac{L}{C}}$ [Ω]

　　전파속도 : $v = \sqrt{\dfrac{1}{LC}}$ [rad/km]

　　$\therefore \dfrac{Z_0}{v} = \sqrt{\dfrac{\dfrac{L}{C}}{\dfrac{1}{LC}}} = L$

【답】②

3·27

전력 손실이 없는 송전선로에서 서지파(진행파)가 진행하는 속도는 어떻게 표시되는가? 단, L은 단위 선로 길이당 인덕턴스, C는 단위 선로 길이당 커패시턴스

① $\sqrt{\dfrac{L}{C}}$ ② $\sqrt{\dfrac{C}{L}}$ ③ $\dfrac{1}{\sqrt{LC}}$ ④ $\sqrt{LC}$

해설 진행파의 속도 : $v = \dfrac{\omega}{\beta} = \dfrac{\omega}{\omega\sqrt{LC}} = \dfrac{1}{\sqrt{LC}}$

【답】③

3·28

조상(調相) 설비라고 할 수 없는 것은?

① 분로 리액터   ② 동기 조상기   ③ 비동기 조상기   ④ 상순(相順) 표시기

해설 조상설비 : 위상을 제어할 수 있는 설비로 동기 조상기, 진상 콘덴서, 분로 리액터 등이 있다.

【답】④

3·29

동기 조상기에 대한 설명 중 맞는 것은?

① 무부하로 운전되는 동기 발전기로 역률을 개선한다.
② 무부하로 운전되는 동기 전동기로 역률을 개선한다.
③ 전부하로 운전되는 동기 발전기로 위상을 조정한다.
④ 전부하로 운전되는 동기 전동기로 위상을 조정한다.

해설 동기 조상기 : 무부하 운전중인 동기 전동기를 원리로 한다. 과여자(콘덴서로 작용) 또는 부족여자(리액터로 작용) 운전하여 역률을 제어할 수 있다.

【답】②

3·30

전력계통의 전압조정 설비의 특징에 대한 설명 중 틀린 것은?

① 병렬 콘덴서는 진상능력만을 가지며 병렬 리액터는 진상능력이 없다.
② 동기조상기는 무효전력의 공급과 흡수가 모두 가능하여 진상 및 지상용량을 갖는다.
③ 동기조상기는 조정의 단계가 불연속적이나 직렬 콘덴서 및 병렬 리액터는 그것이 연속적이다.
④ 병렬 리액터는 장거리 초고압 송전선 또는 지중선 계통의 충전용량 보상용으로 주요 발변전소에 설치된다.

구분	동기조상기	전력용 콘덴서	분로 리액터
전력손실	많음(1.5~2.5 [%])	적음(0.3 [%] 이하)	적음(0.6 [%] 이하)
가격	비싸다	저렴	저렴
무효전력	진상, 지상 양용	진상전용	지상전용
조정	연속적	계단적	계단적
사고시전압유지	큼	작음	작음
시송전	가능	불가능	불가능
보수	손질필요	용이	용이

【답】③

3·31

동기 조상기에 대한 설명으로 옳은 것은?

① 정지기의 일종이다.　　　　　② 연속적인 전압조정이 불가능하다.
③ 계통의 안정도를 증진시키기가 어렵다.　　④ 송전선의 시송전에 이용할 수 있다.

해설

구분	동기조상기	전력용 콘덴서	분로 리액터
전력손실	많음(1.5~2.5 [%])	적음(0.3 [%] 이하)	적음(0.6 [%] 이하)
가격	비싸다	저렴	저렴
무효전력	진상, 지상 양용	진상전용	지상전용
조정	연속적	계단적	계단적
사고시전압유지	큼	작음	작음
시송전	가능	불가능	불가능
보수	손질필요	용이	용이

【답】④

3·32

동기 조상기와 전력용 콘덴서를 비교할 때 전력용 콘덴서의 이점으로 옳은 것은?

① 진상과 지상의 전류 공용이다.
② 단락고장이 일어나도 고장전류가 흐르지 않는다.
③ 송신선의 시송전에 이용 가능하다.
④ 전압조정이 연속적이다.

해설

구분	동기조상기	전력용 콘덴서	분로 리액터
전력손실	많음(1.5~2.5 [%])	적음(0.3 [%] 이하)	적음(0.6 [%] 이하)
가격	비싸다	저렴	저렴
무효전력	진상, 지상 양용	진상전용	지상전용
조정	연속적	계단적	계단적
사고시전압유지	큼	작음	작음
시송전	가능	불가능	불가능
보수	손질필요	용이	용이

【답】②

3·33

전력용 콘덴서를 변전소에 설치할 때 직렬 리액터를 설치하려고 한다. 직렬 리액터의 용량을 결정하는 식은? 단, f_0는 전원의 기본 주파수, C는 역률개선용 콘덴서의 용량, L은 직렬 리액터의 용량이다.

① $2\pi f_0 L = \dfrac{1}{2\pi f_0 C}$ ② $2\pi(3f_0)L = \dfrac{1}{2\pi(3f_0)C}$

③ $2\pi(5f_0)L = \dfrac{1}{2\pi(5f_0)C}$ ④ $2\pi(7f_0)L = \dfrac{1}{2\pi(7f_0)C}$

해설 직렬 리액터는 제5고조파 제거를 목적으로 사용하면 제5고조파 공진조건에 의해 리액터 용량을 구한다.

제5고조파 공조건 : $2\pi 5fL = \dfrac{1}{2\pi 5fC}$ 【답】③

3·34

1상당의 용량 150 [kVA]의 콘덴서에 제5고조파를 억제시키기 위하여 필요한 직렬 리액터의 기본파에 대한 용량 [kVA]은?

① 3   ② 4.5   ③ 6   ④ 7.5

해설 제5고조파 공조건 : $2\pi 5fL = \dfrac{1}{2\pi 5fC}$

$\therefore 2\pi fL = \dfrac{1}{2\pi 5^2 fC} = \dfrac{1}{2\pi fC} \times 0.04$

직렬 리액터의 용량은 계산상 콘덴서 용량의 4 [%], 주파수 변동 등의 여유를 봐서 실제로는 약 5~6 [%]인 것이 사용된다.

$\therefore 150 \times 0.05 = 7.5 \,[\text{kVA}]$ 【답】④

3·35

송전계통에서 콘덴서와 리액터를 직렬로 연결하여 제거시키는 고조파는?

① 제2고조파   ② 제3고조파

③ 제4고조파   ④ 제5고조파

해설 직렬 리액터는 제5고조파 제거를 목적으로 사용하면 제5고조파 공진조건에 의해 리액터 용량을 구한다. 【답】④

3·36

전력용 콘덴서 회로에 방전 코일을 설치하는 주목적은?

① 합성 역률의 개선
② 전원 개방시 잔류 전하를 방전시켜 인체의 위험 방지
③ 콘덴서의 등가 용량 증대
④ 전압의 개선

해설 방전 코일 : 콘덴서 개로시 잔류 전하를 방전시켜 잔류 전하에 의한 위험을 방지하기 위하여 사용한다. 【답】②

3·37

직렬 축전기를 선로에 삽입할 때의 이점이 아닌 것은?

① 선로의 인덕턴스를 보상한다.   ② 수전단의 전압 변동률을 줄인다.
③ 정태 안정도를 증가한다.   ④ 역률을 개선한다.

해설 직렬 콘덴서 : 선로의 유도 리액턴스만 상쇄시키는 것이므로 선로의 전압 강하를 줄일 수는 있다. 콘덴서 용량이 선로의 유도 리액턴스에 의해 결정되고, 용량이 작으므로 전력 계통의 역률을 개선시킬 정도는 못된다. 직렬 콘덴서는 선로의 유도 리액턴스를 상쇄시키므로 선로의 정태 안정도를 증가시킨다. 【답】④

3·38

전력계통의 전압을 조정하는 가장 보편적인 방법은?

① 발전기의 유효 전력 조정   ② 부하의 유효 전력 조정
③ 계통의 주파수 조정   ④ 계통의 무효 전력 조정

해설 •무효 전력 조정 : 전압 조정   •유효 전력 조정 : 주파수 조정 【답】④

3·39

주변압기 등에서 발생하는 제5고조파를 줄이는 방법은?

① 콘덴서에 직렬 리액터 삽입   ② 변압기 2차측에 분로 리액터 연결
③ 모선에 방전 코일 연결   ④ 모선에 공심 리액터 연결

해설 수전설비의 주 변압기 등에서 발생하는 제5고조파를 제거하기 위하여 전력용 콘덴서에 직렬로 리액터를 접속시킨다. 제3고조파는 변압기의 1차 △결선으로 제거 시킨다. 【답】①

3·40

송전 선로에서 사용하는 변압기 결선에 △결선이 포함되어 있는 이유는?

① sin파의 제거 ② 제3고조파의 제거
③ 제5고조파의 제거 ④ 제7고조파의 제거

해설 수전설비의 주 변압기 등에서 발생하는 제5고조파를 제거하기 위하여 전력용 콘덴서에 직렬로 리액터를 접속시킨다. 제3고조파는 변압기의 1차 △결선으로 제거 시킨다. 【답】②

3·41

안정권선(△권선)을 가지고 있는 대용량 고전압의 변압기가 있다. 조상용 전력용 콘덴서는 주로 어디에 접속되는가?

① 주변압기의 1차 ② 주변압기의 2차
③ 주변압기의 3차(안정권선) ④ 주변압기의 1차와 2차

해설 안정권선(△권선)의 설치 목적
① △권선에 조상 설비 설치 ② 제3고조파의 제거 ③ 변전소 구내용 전원 공급
【답】③

3·42

1차 변전소에서는 어떤 결선의 3권선 변압기가 가장 유리한가?

① △-Y-Y ② Y-△-△ ③ Y-Y-△ ④ △-Y-△

해설 Y-Y 결선의 경우는 제3고조파가 존재하므로 안정권선인 △권선을 3차 권선으로 설치하는 3권선 변압기를 사용한다. 【답】③

3·43

변압기 결선에 있어서 1차에 제3고조파가 있을 때 2차 전압에 제3고조파가 나타나는 결선은?

① △-△ ② △-Y ③ Y-Y ④ Y-△

해설 제3고조파 : 변압기의 △결선에 의하여 순환되어 선간에는 나타나지 않는다. 그러나 Y결선에서는 2차측에 나타난다. 【답】③

3·44

154 [kV] 송전선로에서 송전거리가 154 [km]라 할 때 송전용량 계수법에 의한 송전용량은? 단, 송전용량 계수는 1200으로 한다.

① 61600 [kW]   ② 92400 [kW]

③ 123200 [kW]   ④ 184800 [kW]

해설 용량계수법 : 송전용량 $P = K\dfrac{V^2}{l}$ [kW] $\begin{cases} K : \text{용량계수} \\ V : \text{송전전압} \\ l : \text{송전거리} \end{cases}$

$\therefore P = 1200 \times \dfrac{154^2}{154} = 184800$ [kW]   【답】 ④

3·45

송전 선로의 송전 용량 결정과 관계가 먼 것은?

① 송수전단 전압의 상차각   ② 조상기 용량

③ 송전 효율   ④ 송전선의 충전 전류

해설 송전 용량의 결정 요인

$$P = \frac{E_S E_R}{X}\sin\delta\text{에 의해면}$$

① 송·수전단 전압의 상차각

② 송·수전단의 리액턴스

③ 송·전단 전압

$P = K\dfrac{V^2}{l}$ 에 의하면 송전 전압 및 송전 거리

$P = V_r I = \dfrac{V_r^2}{Z_c}$ 에 의하면 특성 임피던스와 수전전압 등에 의해 결정된다.

그 외 송전 효율, 조상기 용량 등이 고려된다.   【답】 ④

3·46

송수전단의 전압을 E_s, E_r 이라고 하고 4단자 정수를 A, B, C, D라 할 때 전력 원선도를 그릴 때의 반지름은?

① $E_r E_S / A$ ② $E_r E_S / B$

③ $E_r E_S / C$ ④ $E_r E_S / D$

해설 전력 원선도의 반지름 $\rho = \dfrac{E_S E_r}{B}$ 【답】 ②

3·47

교류 송전에서 송전 거리가 멀어질수록 동일 전압에서의 송전 가능 전력이 적어진다. 그 이유는?

① 선로의 어드미턴스가 커지기 때문이다.
② 선로의 유도성 리액턴스가 커지기 때문이다.
③ 코로나 손실이 증가하기 때문이다.
④ 저항 손실이 커지기 때문이다.

해설 $P = \dfrac{E_S E_R}{X} \sin \delta$에 의해 선로의 유도 리액턴스가 커지기 때문에 송전 가능 전력은 적어진다.

교류 송전 선로에서 송전 거리가 멀어지면 선로 정수가 모두 증가한다. 그러나 초고압 장거리 송전 선로에서는 저항과 정전 용량은 유도성 리액턴스에 비해서 적으므로 그다지 크게 영향을 미치지 못한다. 【답】②

3·48

정전압 송전 방식에서 전력 원선도를 그리려면 무엇이 주어져야 하는가?

① 송수전단 전압, 선로의 일반회로정수
② 송수전단 전류, 선로의 일반회로정수
③ 조상기 용량, 수전단 전압
④ 송전단 전압, 수전단 전류

해설 전력 원선도 작성시 필요한 것

① 송전단 전압 : E_S
② 수전단 전압 : E_r
③ 선로정수 : A, B, C, D 【답】①

3·49

전력 원선도의 가로축과 세로축은 각각 다음 중 어느 것을 나타내는가?

① 전압과 전류 　　　　② 전압과 전력
③ 전류와 전력 　　　　④ 유효 전력과 무효 전력

해설 가로축 : 유효 전력, 세로축 : 무효 전력 【답】④

심화학습문제

01 3상 3선식 송전선로에서 선전류가 144 [A]이고, 1선당의 저항이 7.12 [Ω]이라면 이 선로의 전력손실은 몇 [kW]인가? 단, 이 선로의 수전단 전압은 60 [kV], 역률은 0.8 이라 한다.

① 148   ② 296

③ 443   ④ 587

해설

전력손실
$$P_l = 3I^2R = 3 \times 144^2 \times 7.12 \times 10^{-3} ≒ 443 \,[\text{kW}]$$

【답】③

02 단일 부하 배전선에서 부하 역률 $\cos\theta$, 부하 전류 I, 선로 저항 r, 리액턴스를 x라 하면 배전선에서 최대 전압강하가 생기는 조건은?

① $\cos\theta ≒ \dfrac{r}{x}$ ② $\sin\theta ≒ \dfrac{x}{r}$

③ $\tan\theta ≒ \dfrac{x}{r}$ ④ $\tan\theta ≒ \dfrac{r}{x}$

해설

전압강하 $\Delta E = I(r\cos\theta + x\sin\theta)$ 에서 전압강하가 최소가 되기 위해서는

$\dfrac{\Delta E}{\partial\theta} = I(-r\sin\theta + x\cos\theta) = 0$ 조건에 의해

$x\cos\theta = r\sin\theta$

$\therefore \tan\theta = \dfrac{x}{r}$

【답】③

03 그림과 같은 회로에서 송전단의 전압 및 역률 E_1, $\cos\phi_1$, 수전단의 전압 및 역률 E_2, $\cos\phi_2$일 때 전류 I는?

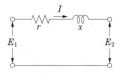

① $(E_1\cos\phi_1 + E_2\sin\phi_2)/r$

② $(E_1\cos\phi_1 - E_2\cos\phi_2)/r$

③ $(E_1\sin\phi_1 + E_2\cos\phi_2)/\sqrt{r^2 + x^2}$

④ $(E_1\cos\phi_1 - E_2\cos\phi_2)/\sqrt{r^2 + x^2}$

해설

손실 전력은 송전단 전력과 수전단 전력의 차를 의미 하므로 다음과 같이 계산한다.

전력손실 : $P_l = I^2 r = P_1 - P_2 = E_1 I\cos\phi_1 - E_2 I\cos\phi_2$

$\therefore I^2 r = I(E_1\cos\phi_1 - E_2\cos\phi_2)$

$\therefore I = (E_1\cos\phi_1 - E_2\cos\phi_2)/r$

【답】②

04 그림과 같이 4단자 정수가 A_1, B_1, C_1, D_1 인 송전선로의 양단에 Z_S, Z_r의 임피던스를 갖는 변압기가 연결된 경우의 합성 4단자 정수 중 A의 값은?

Z_s $A_1B_1C_1D_1$ Z_r

E_s E_r

① $A = C_1$

② $A = B_1 + A_1 Z_r$

③ $A = A_1 + C_1 Z_s$

④ $A = D_1 + C_1 Z_r$

해설

종속 결합 이므로

$$\begin{bmatrix} A & B \\ C & D \end{bmatrix} = \begin{bmatrix} 1 & Z_s \\ 0 & 1 \end{bmatrix} \begin{bmatrix} A_1 & B_1 \\ C_1 & D_1 \end{bmatrix} \begin{bmatrix} 1 & Z_r \\ 0 & 1 \end{bmatrix}$$

$$= \begin{bmatrix} A_1 + C_1 Z_s & B_1 + D_1 Z_s \\ C_1 & D_1 \end{bmatrix} \begin{bmatrix} 1 & Z_r \\ 0 & 1 \end{bmatrix}$$

$$= \begin{bmatrix} A_1 + C_1 Z_s & (A_1 + C_1 Z_s) Z_r + (B_1 + D_1 Z_s) \\ C_1 & C_1 Z_r + D_1 \end{bmatrix}$$

【답】③

05 송전선로의 특성 임피던스를 Z_0 [Ω], 전파정수를 α라 할 때, 이 선로의 직렬 임피던스는 어떻게 표현되는가?

① $Z_0 \cdot \alpha$ ② Z_0 / α

③ α / Z_0 ④ $1 / Z_0 \alpha$

해설

특성 임피던스 : $Z_0 = \sqrt{\dfrac{Z}{Y}}$

전파 정수 : $\alpha = \sqrt{Z \cdot Y}$

∴ $Z_0 \cdot \alpha = \sqrt{\dfrac{Z}{Y} \cdot ZY} = Z$

【답】①

06 각 전력계통을 연락선으로 상호 연결하면 여러 가지 장점이 있다. 옳지 않은 것은?

① 각 전력계통의 신뢰도가 증가한다.
② 경계급전이 용이하다.
③ 배후전력(back power)이 크기 때문에 고장이 적으며 그 영향의 범위가 작아진다.
④ 주파수의 변화가 작아진다.

해설

전력계통의 연계방식의 장단점

[장점] ① 전력의 융통으로 설비용량이 절감된다.
        ② 건설비 및 운전 경비를 절감하므로 경제 급전이 용이하다.
        ③ 계통 전체로서의 신뢰도가 증가한다.
        ④ 부하 변동의 영향이 작아져서 안정된 주파수 유지가 가능하다.

[단점] ① 연계설비를 신설해야 한다.
        ② 사고시 타계통에의 파급 확대될 우려가 있다.
        ③ 병렬회로 수가 많아지므로 %임피던스가 감소하여 단락전류가 증대하고 통신선의 전자유도 장해도 커진다.

【답】③

07 전력 계통을 연계시킴으로써 얻는 이득이 아닌 것은?

① 배후전력이 커져서 단락용량이 작아진다.
② 첨두부하가 시간적으로 다르기 때문에 부하율이 향상된다.
③ 공급예비력이 절감된다.
④ 공급신뢰도가 향상된다.

해설

전력계통의 연계방식의 장단점

[장점] ① 전력의 융통으로 설비용량의 절감된다.
        ② 건설비, 운전 경비를 절감하므로 경제 급전이 가능하다.
        ③ 계통 전체로서의 신뢰도가 향상된다.
        ④ 부하 변동의 영향이 작아져서 안정된 주파수 유지가 가능하다.

[단점] ① 연계설비를 신설해야 한다.
        ② 사고시 타 계통에의 사고의 파급이 확대될 우려가 있다.
        ③ 병렬회로 수가 많아지므로 %임피던스가 감소하여 단락전류가 증대하고 통신선의 전자유도 장해도 커진다.

【답】①

08 대 전력계통에 연계되어 있는 작은 발전소 발전기의 여자 전류를 증가했을 때, 어떠한 현상이 일어나는가?

① 출력이 증가한다.
② 단자전압이 상승한다.
③ 무효전력이 감소한다.
④ 역률이 나빠진다.

해설

연계 운전은 병렬운전 이므로 병렬 운전 중인 발전기 여자를 증가시키면 뒤진 무효전류가 흐르므로 역률이 저하된다.

【답】④

09 콘덴서용 차단기의 정격 전류는 콘덴서군 전류의 몇 [%] 이상의 것을 선정하는 것이 바람직한가?

① 120   ② 130

③ 140   ④ 150

해설

• 일반 회로 : 120 [%] 이상
• 콘덴서 회로 : 150 [%] 이상

【답】④

10 조상설비가 있는 1차 변전소에서 주변압기로 주로 사용되는 변압기는?

① 승압용 변압기   ② 중권 변압기
③ 3권선 변압기   ④ 단상 변압기

해설

조상설비를 설치하기 위한 변압기는 Y-Y-Δ의 3권선 변압기를 사용한다.

【답】③

11 송배전 선로의 도중에 직렬로 삽입하여 선로의 유도성 리액턴스를 보상함으로써 선로 정수 그 자체를 변화시켜서 선로의 전압 강하를 감소시키는 직렬 콘덴서 방식의 특성에 대한 설명으로 옳은 것은?

① 최대 송전 전력이 감소하고 정태 안정도가 감소된다.
② 부하의 변동에 따른 수전단의 전압 변동률은 증대된다.

③ 장거리 선로의 유도 리액턴스를 보상하고 전압 강하를 감소시킨다.
④ 송수 양단의 전달 임피던스가 증가하고 안정 극한 전력이 감소한다.

해설

직렬 콘덴서 : 선로의 유도 리액턴스만 상쇄시키는 것이므로 선로의 전압 강하를 줄일 수 있다. 콘덴서 용량이 선로의 유도 리액턴스에 의해 결정되고, 용량이 작으므로 전력 계통의 역률을 개선시킬 정도는 못된다. 직렬 콘덴서는 선로의 유도 리액턴스를 상쇄시키므로 선로의 정태 안정도를 증가시킨다.

【답】③

12 전력계통의 전압 조정과 무관한 것은?

① 발전기의 조속기
② 발전기의 전압 조정 장치
③ 전력용 콘덴서
④ 전력용 분로 리액터

해설

발전기의 조속기 : 증기의 유입량을 조절하여 터빈의 회전속도를 일정하게 해주는 장치이다.

【답】①

13 전압이 다른 송전선로를 루프로 사용하여 조류제어를 할 때 필요한 기기는?

① 동기 조상기   ② 3권선 변압기
③ 분로 리액터   ④ 위상조정 변압기

해설

위상조정 변압기 : 유효 전류의 분포를 제어하기 위해 성형 전압과 직각이 되는 위상의 조정 전압을 공급하는 변압기를 말한다. 환상 계통의 전력 조류 제어에 사용된다.

【답】④

14 전력선 반송전화 장치를 송전선에 연락하는 장치로 사용되는 것은?

① 분로 리액터 ② 분배기
③ 중계선륜 ④ 결합 콘덴서

해설
결합 콘덴서(Coupling콘덴서) : 전력선 반송전파 장치와 송전선의 연결에 사용한다.
【답】 ④

15 직류 송전방식에 비교할 때 교류 송전방식의 이점은?

① 선로의 리액턴스에 의한 전압강하가 없으므로 장거리 송전에 적합하다.
② 변압이 쉬워 고압송전을 하는데 유리하다.
③ 같은 절연에서는 송전전력이 크게 된다.
④ 지중송전의 경우 충전전류와 유전체손을 고려하지 않아도 되므로 절연이 쉽다.

해설
교류 송전방식은 직류 송전방식에 비하여 변압이 변압기로 쉽게 가능하므로 고압송전에 유리하다.
【답】 ②

16 자기 여자 방지를 위하여 충전용의 발전기 용량이 구비하여야 할 조건은?

① 발전기 용량 < 선로의 충전 용량
② 발전기 용량 < 3×선로의 충전 용량
③ 발전기 용량 > 선로의 충전 용량
④ 발전기 용량 > 3×선로의 충전 용량

해설
발전기에 자기 여자를 일으키지 않고 선로측의 차단기를 투입하여서 선로를 충전하기 위한 조건
① 발전기 용량이 선로의 충전 용량보다 커야 한다.
② 병렬 리액터를 사용한다.
③ 송전 선로는 3상 3선식이므로 선로의 충전 용량 ×3보다 발전기 용량이 커야 한다.
【답】 ④

17 전력 계통 주파수가 기준값보다 증가하는 경우 어떻게 하는 것이 타당한가?

① 발전 출력 [kW]을 증가시켜야 한다.
② 발전 출력 [kW]을 감소시켜야 한다.
③ 무효 전력 [kVar]을 증가시켜야 한다.
④ 무효 전력 [kVar]을 감소시켜야 한다.

해설
부하가 증가하면 주파수는 감소하며, 부하가 감소하면 주파수는 증가한다. 따라서 주파수가 증가하는 경우는 부하가 감소하는 경우 이므로 발전기 출력을 감소 시켜야 한다.
【답】 ②

18 조상기에 대하여 수소 냉각 방식이 공기 방식보다 좋은 점을 열거하였다. 옳지 않은 것은?

① 용량을 증가시킬 수 있다.
② 풍손이 작다.
③ 권선의 수명이 길어진다.
④ 냉각수가 적어도 된다.

해설
수소 냉각 방식의 특징
① 냉각 효과가 좋으므로 용량이 증가하고 풍손이 감소한다.
② 코로나가 수소 중에서 발생하기가 어려워 권선의 수명이 길어진다.
③ 수소의 순도와 압력을 일정하게 유지하기 위한 냉각 및 제어 설비가 복잡하고 폭발의 위험이 있다.
④ 보수, 점검시시 수소의 교환에 시간이 걸리다.
⑤ 수소는 열전도율이 높기 때문에 냉각수는 오히려 증가한다.
【답】 ④

19 전자 계산기에 의한 전력조류 계산에서 슬랙(slack) 모선의 지정값은? 단, 슬랙 모선을 기준 모선으로 한다.

① 유효 전력과 무효 전력
② 전압 크기와 유효 전력
③ 전압 크기와 무효 전력
④ 전압 크기와 위상각

해설

슬랙(Slack)이라는 어원적 의미는 꼭 매여져 있지 않은(Not Tight) 느슨함을 의미하며 전력계통에서는 계통상황에 변화하는 송전선로 손실의 조정기능을 담당한다는 의미로 사용된다. 즉, 계통상황에 따라 송전손실은 변화하며 이러한 송전손실은 미지량이므로 유효전력이 발전기 및 부하모선에서 지정될 경우 이 송전손실 때문에 계통 전체로서의 유효전력에 과부족이 생기게 되어 수학적인 조류계산이 불가하게 된다. 그러므로 조류계산에서는 발전기모선 중 유효전력 조정용 모선을 선정(주로 계통의 중심이 될 대용량 발전기를 선정함)하여 유효전력과 전압크기를 지정하는 대신에 전압의 크기와 그 위상각(일반적으로 $\delta = 0°$)을 지정하도록 하고 있다. 이와 같은 모선을 일반적으로 슬랙(Slack)모선 또는 스윙(Swing)모선이라 한다.

【답】 ④

20 전파 정수 r, 특성 임피던스 Z_0, 길이 l인 분포 정수 회로가 있다. 수전단에 이 선로의 특성 임피던스와 같은 임피던스 Z_0를 부하로 접속하였을 때 송전단에서 부하측을 본 임피던스는?

① Z_0 ② $\dfrac{1}{Z_0}$

③ $Z_0 \tanh rl$ ④ $Z_0 \coth rl$

해설

특성 임피던스와 같은 부하를 연결하면 무한장 선로와 같아진다. 이 경우 송전단에서 본 임피던스는 특성 임피던스와 같은 값이 된다.

【답】 ①

21 송전 선로의 수전단을 단락할 경우, 송전단 전류 I_S는 어떤 식으로 표시되는가? 단, 송전단 전압을 V_S, 선로의 임피던스 및 어드미턴스를 Z 및 Y라 한다.

① $I_S = \sqrt{\dfrac{Y}{Z}} \tanh \sqrt{ZY} \, V_S$

② $I_S = \sqrt{\dfrac{Z}{Y}} \tanh \sqrt{ZY} \, V_S$

③ $I_S = \sqrt{\dfrac{Y}{Z}} \coth \sqrt{ZY} \, V_S$

④ $I_S = \sqrt{\dfrac{Z}{Y}} \coth \sqrt{ZY} \, V_S$

해설

송전단 전압 : $V_S = V_R \cosh rl + \sqrt{3} Z_0 I_R \sinh rl$

송전단 전류 : $I_S = \dfrac{1}{Z_0} V_R \sinh rl + \sqrt{3} I_R \cosh rl$

수전단 단락시 $V_R = 0$이므로 이를 대입하면

수전단 단락시 송전단 전압 : $V_S = \sqrt{3} Z_0 I_R \sinh rl$

$\therefore I_R = \dfrac{V_S}{\sqrt{3} Z_0 \sinh rl}$

수전단 단락시 송전단 전류

$: I_S = \sqrt{3} \dfrac{V_S}{\sqrt{3} Z_0 \sinh rl} \cosh rl = \dfrac{1}{Z_0} \coth rl \cdot V_S$

특성 임피던스 $Z_0 = \sqrt{\dfrac{Z}{Y}}$, 전파정수 $r = \sqrt{ZY}$ 를 대입하면

$\therefore I_S = \sqrt{\dfrac{Y}{Z}} \coth \sqrt{ZY} \cdot V_S$

【답】 ③

22 송전선 중간에 전원이 없을 경우에 송전단의 전압 $\dot{E}_S = \dot{A}\dot{E}_R + \dot{B}\dot{I}_R$이 된다. 수전단의 전압 $\dot{E}_R$의 식으로 옳은 것은? 단, $\dot{I}_S, \dot{I}_R$는 송전단 및 수전단의 전류이다.

① $\dot{E}_R = \dot{A}\dot{E}_S + \dot{C}\dot{I}_S$ ② $\dot{E}_R = \dot{B}\dot{E}_S + \dot{A}\dot{I}_S$

③ $\dot{E}_R = \dot{C}\dot{E}_S - \dot{D}\dot{I}_S$ ④ $\dot{E}_R = \dot{D}\dot{E}_S - \dot{B}\dot{I}_S$

해설

송전단 전압 : $E_S = AE_R + BI_R$ …… ①

송전단 전류 : $I_S = CE_R + DI_R$ …… ②

$AD - BC = 1$ 에서

①$\times D$ - ②$\times B$: $DE_S - BI_S = (AD - BC)E_R = E_R$

①$\times C$ - ②$\times A$: $CE_S - AI_S = (BC - AD)I_R = -I_R$ 이므

로 $I_R = -CE_S + AI_S$

【답】 ④

23 송전 선로의 수전단을 개방할 경우, 송전
단 전류 I_S는 어떤 식으로 표시되는가? 단,
송전단 전압을 V_S, 선로의 임피던스를 Z,
선로의 어드미턴스를 Y 라 한다.

① $I_S = \sqrt{\dfrac{Y}{Z}} \tanh \sqrt{ZY} \, V_S$

② $I_S = \sqrt{\dfrac{Z}{Y}} \tanh \sqrt{ZY} \, V_S$

③ $I_S = \sqrt{\dfrac{Y}{Z}} \coth \sqrt{ZY} \, V_S$

④ $I_S = \sqrt{\dfrac{Z}{Y}} \coth \sqrt{ZY} \, V_S$

해설

송전단 전압 : $V_S = V_R \cosh rl + \sqrt{3} Z_0 I_R \sinh rl$

송전단 전류 : $I_S = \dfrac{1}{Z_0} V_R \sinh rl + \sqrt{3} I_R \cosh rl$

수전단을 개방할 경우 $I_R = 0$이므로 이를 대입하면

수전단 개방시 송전단 전압 : $V_S = V_R \cosh rl$

$\therefore V_R = \dfrac{V_S}{\cosh rl}$

수전단 개방시 송전단 전류

: $I_S = \dfrac{1}{Z_0} V_R \sinh rl = \dfrac{1}{Z_0} \dfrac{V_S}{\cosh rl} \sinh rl = \dfrac{V_S}{Z_0} \tanh rl$

특성 임피던스 $Z_0 = \sqrt{\dfrac{Z}{Y}}$, 전파정수 $r = \sqrt{ZY}$를 대
입하면

$\therefore I_s = \sqrt{\dfrac{Y}{Z}} \tanh \sqrt{ZY} \, V_S$

【답】 ①

24 그림에서 ①, ②는 모선(bus), 번호 ⓪은 기
준 노드(reference node), Z_a, Z_b, Z_c를 선로
임피던스(line impedance)라 할 때 모선 어드
미턴스 행렬(bus admittance matrix)은?

①

$\dfrac{1}{Z_a} + \dfrac{1}{Z_c}$	$\dfrac{1}{Z_c}$
$\dfrac{1}{Z_c}$	$\dfrac{1}{Z_b} + \dfrac{1}{Z_c}$

②

$\dfrac{1}{Z_a}$	$\dfrac{1}{Z_c}$
$\dfrac{1}{Z_c}$	$\dfrac{1}{Z_b}$

③

$\dfrac{1}{Z_a}$	$-\dfrac{1}{Z_c}$
$-\dfrac{1}{Z_c}$	$\dfrac{1}{Z_b}$

④

$\dfrac{1}{Z_a} + \dfrac{1}{Z_c}$	$-\dfrac{1}{Z_c}$
$-\dfrac{1}{Z_c}$	$\dfrac{1}{Z_b} + \dfrac{1}{Z_c}$

해설

어드미턴스 파라미터

$Y_{11} = y_{11} + y_{12}$

$Y_{12} = Y_{21} = -y_{12} = -y_{21}$

$Y_{22} = y_{21} + y_{22}$

$\therefore \begin{bmatrix} Y_{11} & Y_{12} \\ Y_{21} & Y_{22} \end{bmatrix} = \begin{bmatrix} y_a + y_c & -y_c \\ -y_c & y_b + y_c \end{bmatrix} = \begin{bmatrix} \dfrac{1}{Z_a} + \dfrac{1}{Z_c} & -\dfrac{1}{Z_c} \\ -\dfrac{1}{Z_c} & \dfrac{1}{Z_b} + \dfrac{1}{Z_c} \end{bmatrix}$

【답】 ④

25 송전 전압 154 [kV], 주파수 60 [Hz], 선
로의 작용 정전 용량 0.01 [μF/km], 길이
150 [km]인 1회선 송전선을 충전시킬 때 자
기 여자를 일으키지 않는 발전기의 최소 용
량 [kVA]은? 단, 발전기의 단락비는 1.1, 포
화율은 0.1이라고 한다.

① 약 8900   ② 약 12,300

③ 약 13,400   ④ 약 15,200

충전 전압으로서 충전했을 때의 충전 용량[kVA]

$$Q' = 3 \times 2\pi f\, CE^2$$

$$= 3 \times 2\pi \times 60 \times 0.01 \times 150 \times 10^{-6} \times \left(\frac{154,000}{\sqrt{3}}\right)^2 \times 10^{-3}$$

$$= 13,411 \,[\text{kVA}]$$

단락비 $K_s \geq \dfrac{Q'}{Q}\left(\dfrac{V}{V'}\right)^2 (1+\sigma)$

윗식에서 $V = V'$ 라면

$$K_s = \frac{Q'}{Q}(1+\sigma)$$

단, K_s : 단락비

　Q : 정격 전압[kVA]

　Q' : 충전 전압으로서 충전했을 때의 충전 용량[kVA]

　V : 정격 전압

　V' : 충전 전압

　σ : 포화율

$$\therefore Q = \frac{Q'}{K_s}(1+\sigma) = \frac{13,411}{1.1}(1+0.1)$$

$$= 13,411 \fallingdotseq 13,400 \,[\text{kVA}]$$

【답】③

26 그림에서 수전단이 단락된 경우의 송전단의 단락 용량과 수전단이 개방된 경우의 송전단의 충전 용량의 비는?

① $\left|1 + \dfrac{1}{\dot{B}\dot{C}}\right|$

② $\left|1 - \dfrac{1}{\dot{B}\dot{C}}\right|$

③ $\left|\dfrac{\dot{A}\dot{B}}{\dot{C}\dot{D}}\right|$

④ $\left|\dfrac{\dot{C}\dot{D}}{\dot{A}\dot{B}}\right|$

송전단　$\begin{bmatrix}\dot{A} & \dot{B}\\ \dot{C} & \dot{D}\end{bmatrix}$　수전단

4단자 회로

송전단 전압 : $E_S = AE_R + BI_R$

송전단 전류 : $I_S = CE_R + DI_R$

수전단 단락시 $E_R = 0$

$$\dot{E_S} = \dot{B}\dot{I_R}, \quad I_{SS} = \dot{D}\dot{I_R} \qquad \therefore I_{SS} = \frac{\dot{D}}{\dot{B}}\dot{E_S}$$

수전단 개방시 $I_R = 0$

$$\dot{E_S} = \dot{A}\dot{E_R}, \quad I_{SO} = \dot{C}\dot{E_R} \qquad \therefore I_{SO} = \frac{\dot{C}}{\dot{A}}\dot{E_S}$$

송전단 전압은 일정하므로 단락 용량 W_{SS}와 충전 용량 W_{SO}의 비는

$$\frac{W_{SS}}{W_{SO}} = \left|\frac{\dot{E_S}I_{SS}}{\dot{E_S}I_{SO}}\right| = \left|\frac{I_{SS}}{I_{SO}}\right| = \left|\frac{\dot{D}/\dot{B}}{\dot{C}/\dot{A}}\right| = \left|\frac{\dot{A}\dot{D}}{\dot{B}\dot{C}}\right|$$

윗식에 $\dot{A}\dot{D} - \dot{B}\dot{C} = 1$ 에서 $\dot{A}\dot{D} = \dot{B}\dot{C}+1$ 을 대입하여 정리한다.

$$\frac{W_{SS}}{W_{SO}} = \left|\frac{\dot{A}\dot{D}}{\dot{B}\dot{C}}\right| = \left|\frac{\dot{B}\dot{C}+1}{\dot{B}\dot{C}}\right| = \left|1 + \frac{1}{\dot{B}\dot{C}}\right|$$

【답】①

27 전력 계통의 전력 손실을 무시할 경우, 각 발전소 출력의 경제적 배분을 위한 조건은? 단, 제 i발전소의 출력 및 연료비는 P_i 및 F_i 이며 발전소 개수는 n이다.

① $\dfrac{F_1^2}{P_1} = \dfrac{F_2^2}{P_2} = \cdots = \dfrac{F_i^2}{P_i} = \cdots = \dfrac{F_n^2}{P_n}$

② $\dfrac{F_1}{P_1^2} = \dfrac{F_2}{P_2^2} = \cdots = \dfrac{F_i}{P_i^2} = \cdots = \dfrac{F_n}{P_n^2}$

③ $\dfrac{F_1}{P_1} = \dfrac{F_2}{P_2} = \cdots = \dfrac{F_i}{P_i} = \cdots = \dfrac{F_n}{P_n}$

④ $\dfrac{dF_1}{dP_1} = \dfrac{dF_2}{dP_2} = \cdots = \dfrac{dF_i}{dP_i} = \cdots = \dfrac{dF_n}{dP_n}$

경제적 배분 조건

$$\frac{dF_1}{dP_1} = \frac{dF_2}{dP_2} = \cdots = \frac{dF_i}{dP_i} = \cdots = \frac{dF_n}{dP_n}$$

【답】④

4 중성점 접지방식

중성점 접지방식의 종류는 중성점에 접지되는 임피던스의 크기에 따라 결정된다.

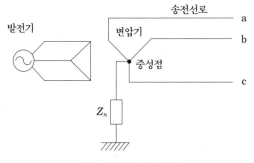

그림 1 중성점 접지방식

① 비접지 방식$(Z_N = \infty)$

② 직접접지 방식$(Z_N = 0)$

③ 저항접지 방식$(Z_N = R)$

④ 소호 리액터 접지방식$(Z_N = jX)$

예제문제 01

송전계통의 중성점을 접지하는 목적은?

① 전압 강하의 감소　　　　　　② 이상 전압의 방지
③ 송전 용량의 증가　　　　　　④ 유도 장해의 감소

해설
송전 선로의 중성점 접지의 목적
① 이상 전압의 발생을 방지한다.
② 1선 지락시 건전상 전압 상승 억제 및 기기나 선로의 절연 절감한다.
③ 보호 계전기 동작 확실을 확보한다.
④ 소호 리액터 계통에서의 1선 지락시 아크 소멸한다.

답 : ②

---

1. 중성점 비접지방식

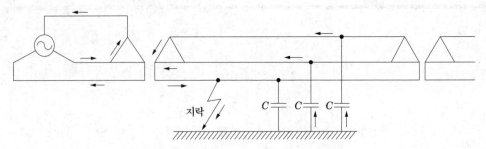

그림 2 중성점 비접지방식의 지락고장시 전류

비접지 방식은 변압기의 결선을 △-△로 하고, 이에 대한 중성점을 접지하지 않는 방식이다. 이러한 선로에서는 1선 지락사고가 일어나면 건전상의 전위가 상전압에서 선간전압으로 상승하게 된다. 이 경우 대지 정전용량(C_s)이 작기 때문에 대지 충전전류는 크지 않은 것이 보통이며 1선지락전류는 다음과 같다.

$$\dot{I}_g = j3\omega\, C_s \dot{E}\,[\text{A}]$$

여기서, C_s : 1상당 대지 정전용량[F], $\dot{E}$: 고장발생 직전의 고장점 대지전위[V]

예제문제 02

중성점 비접지 방식을 이용하는 것이 적당한 것은?

① 고전압 장거리　　② 고전압 단거리　　③ 저전압 장거리　　④ 저전압 단거리

해설

비접지 방식은 고전압 계통에 사용하면 1선 지락시 지락전류가 커지므로 저전압 단거리 선로에 적합하다.

답 : ④

예제문제 03

중성점 비접지방식에서 가장 많이 사용되는 변압기의 결선방법은?

① △-△　　　　　　② △-Y　　　　　　③ Y-Y　　　　　　④ Y-V

해설

△-△결선의 이점 : 파형에 고조파를 포함하지 않으며 또한 1상분의 고장시에도 V결선으로 일부 송전이 가능하다.

답 : ①

예제문제 04

△결선의 3상 3선식 배전 선로가 있다. 1선이 지락하는 경우 건전상의 전위 상승은 지락 전의 몇 배가 되는가?

① $\frac{\sqrt{3}}{2}$ ② 1   ③ $\sqrt{2}$ ④ $\sqrt{3}$

해설

△결선은 비접지 계통이므로 1선 지락시 중성점 이동현상으로 건전상 전위 상승은 $\sqrt{3}$ 배로 된다.

답 : ④

2. 직접접지방식

중성점을 직접 도선으로 접지하는 방식으로서 초고압 송전선로에서 절연 레벨(insul
-ation level)을 저감하는 데 유용한 접지 방식이다.

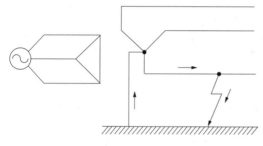

그림 3 직접접지방식의 지락전류

직접 접지 방식중 유효 접지 방식(effective grounding)은 지락사고 시 건전상의 전위상승이 상규대지 전압의 1.3배 이하가 되도록 하는 접지방식으로 전위상승이 최소가 된다.

$$\frac{R_0}{X_1} \leq 1$$

$$0 \leq \frac{X_0}{X_1} \leq 3$$

여기서, R_0 : 영상저항, X_1 : 정상리액턴스, X_0 : 영상리액턴스

직접접지방식의 특징은 다음과 같다.

① 1선 지락 시 건전상의 대지전압 상승이 최소이다.
② 선로 및 기기의 절연레벨을 낮출 수 있다.
③ 지락보호계전기 동작이 확실하다.
④ 과도 안정도가 나빠진다.
⑤ 지락고장 시 지락전류가 크므로 통신선에 전자유도 장해가 크다.
⑥ 지락 전류가 매우 크기 때문에 기기에 큰 기계적 충격을 주기 쉽다.

예제문제 05

중성점 직접 접지방식에 대한 설명으로 틀린 것은?

① 지락시의 지락전류가 크다.　　② 계통의 절연을 낮게 할 수 있다.
③ 지락고장시 중성점 전위가 높다.　　④ 변압기의 단절연을 할 수 있다.

해설
직접 접지방식의 특징
① 1선 지락 시 건전상의 대지전압 상승이 최소이다.
② 선로 및 기기의 절연레벨을 낮출 수 있다.
③ 지락보호계전기 동작이 확실하다.
④ 과도 안정도가 나빠진다.
⑤ 지락고장 시 지락전류가 크므로 통신선에 전자유도 장해가 크다.
⑥ 지락 전류가 매우 크기 때문에 기기에 큰 기계적 충격을 주기 쉽다.

답 : ③

예제문제 06

송전계통의 중성점 접지 방식에서 유효접지라 하는 것은?

① 소호 리액터 접지방식
② 1선 접지시에 건전상의 전압이 상규 대지전압의 1.3배 이하로 중성점 임피던스를 억제시키는 중성점 접지
③ 중성점에 고저항을 접지시켜 1선 지락시에 이상전압의 상승을 억제시키는 중성점 접지
④ 송전선로에 사용되는 변압기의 중성점을 저 리액턴스로 접지시키는 방식

해설
직접 접지 방식중 유효 접지 방식(effective grounding)은 지락사고 시 건전상의 전위상승이 상규대지 전압의 1.3배 이하가 되도록 하는 접지방식으로 전위상승이 최소가 된다.

답 : ②

예제문제 07

1선 지락시 전압 상승을 상규 대지 전압의 1.3배 이하로 억제하기 위한 유효 접지에서는 다음과 같은 조건을 만족하여야 한다. 다음 중 옳은 것은? 단, R_0 : 영상 저항, X_0 : 영상 리액턴스, X_1 : 정상 리액턴스이다.

① $\dfrac{R_0}{X_1} \leq 1, \ 0 \geq \dfrac{X_1}{X_0} \geq 3$ ② $\dfrac{R_0}{X_1} \leq 1, \ 0 \geq \dfrac{X_0}{X_1} \geq 3$

③ $\dfrac{R_0}{X_1} \leq 1, \ 0 \leq \dfrac{X_0}{X_1} \leq 3$ ④ $\dfrac{R_0}{X_1} \geq 1, \ 0 \leq \dfrac{X_0}{X_1} \leq 3$

해설

유효 접지 조건 : ① $\dfrac{R_0}{X_1} \leq 1$ ② $0 \leq \dfrac{X_0}{X_1} \leq 3$

답 : ③

3. 소호 리액터 접지방식

송전선로의 대지 정전용량과 병렬 공진하는 리액터를 이용하여 중성점을 접지하는 방식을 소호 리액터 접지 방식이라 한다. 접지되는 리액터를 Petersen 코일 또는 소호 리액터(arc suppressing reactor)라고 하며, 소호리액터 접지 방식을 PC접지 방식이라 한다.

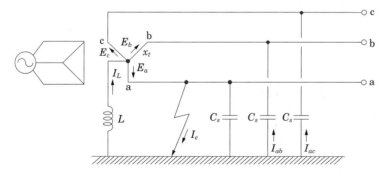

그림 4 소호 리액터 접지 계통의 지락 고장

a상이 지락 되었다고 하면 지락전류 I_e 는 L을 흐르는 지상전류 $\dot{I}_L$과 b상 및 c상의 대지 정전용량 C를 흐르는 진상전류 $\dot{I}_{ab}$ 및 $\dot{I}_{ac}$로 된다. 병렬공진이 되면 지락전류는 0으로 되어 소호작용(消弧作用)을 하게 된다.

소호리액터 크기를 구하면

$$\omega L = \frac{1}{3\omega C} [\Omega], \quad L = \frac{1}{3\omega^2 C} \ [\text{H}]$$

가 된다. 또 중성점에서 바라본 변압기의 합성 임피던스는 변압기 3상이 병렬이므로 $x_t/3$라 하면

$$\omega L + \frac{x_t}{3} = \frac{1}{3\omega C}$$

가 된다. 따라서,

$$\omega L = \frac{1}{3\omega C} - \frac{x_t}{3} \; [\Omega]$$

이 소호리액터의 크기가 된다. 소호리액터 접지방식은 합조도를 가지고 공진의 정도를 나타낸다.

$$합조도 = \frac{I_L - I_C}{I_C} \times 100 \; [\%]$$

여기서, I_L : 소호 리액터에 흐르는 탭 전류, I_C : 전 대지 충전전류

합조도가 (+)인 때는 소호 리액터에 흐르는 지상전류가 대지 충전전류보다 많은 경우로 이것을 과보상(over compensation)이라 한다. 합조도가 (−)일 때는 소호 리액터 전류가 대지 충전전류보다 적은 경우로 부족보상(under compensation)이라 한다.

표 1 중성접 접지방식의 비교

방식	다중고장 확대 가능성	보호 계전기 동작	지락 전류	고장중 운전	전위 상승	과도 안정도	유도 장해	특징
직접 접지 (22.9, 154, 345 [kV])	최소	확실	최대	×	1.3	최소	최대	중성점영전위, 단절연 가능
저항 접지	보통	↑	↑	×	$\sqrt{3}$	↓	↑	
비접지 (3.3, 6.6 [kV])	최대	×	↑	가능	$\sqrt{3}$	↓	↑	저전압 단거리에 적용
소호 리액터 접지 (66 [kV])	보통	불확실	최소	가능	$\sqrt{3}$ 이상	최대	최소	병렬공진, 고장전류 최소

예제문제 08

우리나라에서 소호 리액터 접지방식이 사용되고 있는 계통은 어느 전압 [kV] 계급인가?

① 22.9 　　　　② 66 　　　　③ 154 　　　　④ 345

해설
154 및 345 [kV] : 직접 접지 (유효접지)
66 [kV] : 소호 리액터 접지
22.9 [kV] : 중성점 다중접지

답 : ②

예제문제 09

소호 리액터 접지방식에서 10 [%] 정도의 과보상을 한다고 할 때 사용되는 탭의 크기로 일반적인 것은?

① $\omega L > \dfrac{1}{3\omega C}$ 　　　　　　② $\omega L < \dfrac{1}{3\omega C}$

③ $\omega L > \dfrac{1}{3\omega^2 C}$ 　　　　　　④ $\omega L < \dfrac{1}{3\omega^2 C}$

해설
합조도 $P = \dfrac{I - I_c}{I_c} \times 100 \, [\%]$

단, I : 소호 리액터 사용 탭 전류, I_c : 전 대지 충전 전류이다.

$\omega L < \dfrac{1}{3\omega C}$: 과보상, 합조도 +

$\omega L > \dfrac{1}{3\omega C}$: 부족 보상, 합조도 −

$\omega L = \dfrac{1}{3\omega C}$: 완전 공진, 합조도 0

답 : ②

예제문제 10

1상의 대지 정전 용량 0.53 [μF], 주파수 60 [Hz]의 3상 송전선의 소호 리액터의 공진탭(리액턴스)는 몇 [Ω]인가? 단, 접지시키는 변압기의 1상당의 리액턴스는 9 [Ω]이다.

① 1466 　　　　② 1566 　　　　③ 1666 　　　　④ 1686

해설
소호 리액터의 크기

$$\omega L = \frac{1}{3\omega C_s} - \frac{x_t}{3} = \frac{1}{3 \times 2\pi \times 60 \times 0.53 \times 10^{-6}} - \frac{9}{3} = 1666 \, [\Omega]$$

답 : ③

4. 중성점 잔류전압

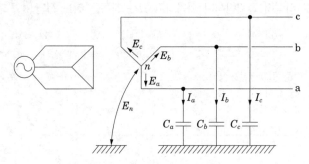

그림 5 중성점 잔류 전압

보통의 운전 상태에서 중성점을 접지하지 않을 경우 중성점에 나타나게 될 전위를 잔류 전압이라 한다. 잔류 전압의 발생 원인은 여러 가지가 있을 수 있으나 그 중 가장 주된 것은 송전선의 연가가 불충분하여 3상 각상 대지정전 용량의 불평형에 의해 발생한다.

$$I_a = j\omega C_a(E_n + E_a)$$
$$I_b = j\omega C_b(E_n + E_b)$$
$$I_c = j\omega C_c(E_n + E_c)$$

중성점 전압은 비접지의 경우 존재하므로 $I_a + I_b + I_c = 0$가 된다.

이를 정리하여 E_n 구하면

$$j\omega C_a(\dot{E}_a + \dot{E}_n) + j\omega C_b(\dot{E}_b + \dot{E}_n) + j\omega C_c(\dot{E}_c + \dot{E}_n) = 0$$

$$\dot{E}_n = -\frac{C_a\dot{E}_a + C_b\dot{E}_b + C_c\dot{E}_c}{C_a + C_b + C_c}$$

여기서, $\dot{E}_a = E$, $\dot{E}_b = a^2E$, $\dot{E}_c = aE$ 이므로 다음과 같다.

$$E_n = \frac{\sqrt{C_a(C_a - C_b) + C_b(C_b - C_c) + C_c(C_c - C_a)}}{C_a + C_b + C_c} \times \frac{V}{\sqrt{3}} \, [\text{V}]$$

여기서, E_n : 중성점 잔류전압

소호 리액터 계통에 있어서는

$$\omega L = \frac{1}{\omega(C_a + C_b + C_c)}$$

이므로

$$\dot{I}_L = \frac{\dot{E}_n}{R'}$$

$$\dot{E}_{nL} = \frac{\omega L \dot{E}_n}{R'} = \frac{\dot{E}_n}{R' \omega (C_a + C_b + C_c)}$$

여기서, E_n : 중성점 잔류전압, I_L : 리액터에 흐르는 전류, R' : 중성점 저항

이 된다. 소호 리액터 접지계통의 직렬공진(series resonance)이 되면 비교적 낮은 잔류전압에서도 많은 전류가 흘러서 변압기의 중성점에 높은 전압이 나타나게 된다.

예제문제 11

66 [kV] 송전선에서 연가 불충분으로 각 선의 대지 용량이 $C_a = 1.1\,[\mu F]$, $C_b = 1\,[\mu F]$, $C_c = 0.9\,[\mu F]$가 되었다. 이때 잔류 전압 [V]은?

① 1500　　　　② 1800　　　　③ 2200　　　　④ 2500

해설

중성점 잔류전압

$$E_n = \frac{\sqrt{C_a(C_a - C_b) + C_b(C_b - C_c) + C_c(C_c - C_a)}}{C_a + C_b + C_c} \times \frac{V}{\sqrt{3}}$$

$$= \frac{\sqrt{1.1(1.1-1) + 1(1-0.9) + 0.9(0.9-1.1)}}{1.1+1+0.9} \times \frac{66,000}{\sqrt{3}} = 2200\,[V]$$

답 : ③

핵심과년도문제

4·1

송전선의 중성점을 접지하는 이유가 되지 못하는 것은?

① 코로나 방지 ② 지락전류의 감소
③ 이상 전압의 방지 ④ 지락 사고선의 선택차단

해설 코로나 방지 : 복도체를 이용하면 전선의 등가 반지름이 증가하므로 인덕턴스는 감소하고
정전용량은 증가하여 안정도를 증가시키고, 코로나 발생을 억제한다.　　　　　【답】①

4·2

중성점 비접지 방식을 이용하는 것이 적당한 것은?

① 고전압 장거리 ② 고전압 단거리
③ 저전압 장거리 ④ 저전압 단거리

해설 비접지 방식은 고전압 계통에 사용하면 1선 지락시 지락전류가 커지므로 저전압 단거리 선
로에 적합하다.　　　　　【답】④

4·3

배전선로에 3상 3선식 비접지 방식을 채용할 경우 장점에 해당되지 않는 것은?

① 1선 지락 고장시 고장전류가 작다.
② 1선 지락 고장시 인접 통신선의 유도장해가 작다.
③ 고저압 혼촉고장시 저압선의 전위상승이 작다.
④ 1선 지락 고장시 건전상의 대지 전위상승이 작다.

해설 비접지방식은 중성점을 접지하지 않는 방식으로 이 방식은 고전압 장거리 송전선로에 적용
하면 지락전류 등이 커져 부적당하며 저전압 단거리선로에 적합하다.　　　　　【답】④

4·4

비접지 방식을 직접 접지 방식과 비교한 것 중 옳지 않은 것은?

① 전자 유도 장해가 경감된다. ② 지락 전류가 작다.
③ 보호 계전기의 동작이 확실하다. ④ △결선을 하여 영상 전류를 흘릴 수 있다.

해설 직접접지방식과 비교한 비접지의 특징

① 지락 전류가 비교적 적다.

② 보호 계전기 동작이 불확실하다.

③ 단상 변압기 3대를 △–△ 운전시 1대 고장이 생긴 경우 V—V결선 가능

④ 저전압 단거리에 적합 【답】③

4·5

비접지식 송전로에 있어서 1선 지락고장이 생겼을 경우 지락점에 흐르는 전류는?

① 직류

② 고장상의 전압보다 90도 늦은 전류

③ 고장상의 전압보다 90도 빠른 전류

④ 고장상의 전압과 동상의 전류

해설 지락전류 : 충전전류(대지 정전용량에 의한 90° 앞선 전류)

단락전류 : 유도전류(선로 리액턴스에 의해 90° 뒤진 전류) 【답】③

4·6

송전계통에서 1선 지락고장시 인접통신선의 유도장해가 가장 큰 중성점 접지방식은?

① 비접지방식 ② 직접 접지방식

③ 고저항 접지방식 ④ 소호 리액터 접지방식

해설 통신선의 유도 장해는 전자 유도 장해가 많으며 전자 유도 장해는 지락 전류의 대소에 비례하므로 지락 전류가 가장 큰 직접 접지방식이 전자 유도 장해가 크다. 【답】②

4·7

이상전압 발생의 우려가 가장 적은 중성점 접지방식은?

① 직접 접지방식 ② 저항 접지방식

③ 소호 리액터 접지방식 ④ 비접지방식

해설 직접 접지방식의 특징

① 1선 지락 시 건전상의 대지전압 상승이 최소이다.

② 선로 및 기기의 절연레벨을 낮출 수 있다.

③ 지락보호계전기 동작이 확실하다.

④ 과도 안정도가 나빠진다.

⑤ 지락고장 시 지락전류가 크므로 통신선에 전자유도 장해가 크다.

⑥ 지락 전류가 매우 크기 때문에 기기에 큰 기계적 충격을 주기 쉽다. 【답】①

4·8

송전계통에 있어서 지락보호계전기의 동작이 가장 확실한 방식은?

① 비접지식
② 고저항접지식
③ 직접접지식
④ 소호 리액터 접지식

해설 직접 접지방식의 특징

① 1선 지락 시 건전상의 대지전압 상승이 최소이다.
② 선로 및 기기의 절연레벨을 낮출 수 있다.
③ 지락보호계전기 동작이 확실하다.
④ 과도 안정도가 나빠진다.
⑤ 지락고장 시 지락전류가 크므로 통신선에 전자유도 장해가 크다.
⑥ 지락 전류가 매우 크기 때문에 기기에 큰 기계적 충격을 주기 쉽다.　　　【답】③

4·9

송전계통의 접지에 대하여 기술하였다. 다음 중 옳은 것은?

① 소호 리액터 접지 방식은 선로의 정전용량과 직렬공진을 이용한 것으로 지락전류가 타 방식에 비해 좀 큰 편이다.
② 고저항 접지 방식은 이 중 고장을 발생시킬 확률이 거의 없으며 비접지식보다는 많은 편이다.
③ 직접 접지 방식을 채용하는 경우 이상전압이 낮기 때문에 변압기 선정시 단절연이 가능 하다.
④ 비접지 방식을 택하는 경우 지락전류차단이 용이하고 장거리 송전을 할 경우 이중고장 의 발생을 예방하기 좋다.

해설 접지방식비교

방식	다중고장 확대 가능성	보호 계전기 동작	지락 전류	전위 상승	과도 안정도	유도 장해	특징
직접 접지 (22.9, 154, 345 [kV])	최소	확실	최대	1.3	최소	최대	중성점영전위, 단절연가능
저항 접지	보통	↑	↑	$\sqrt{3}$	↓	↑	
비접지 (3.3, 6.6 [kV])	최대	×	↑	$\sqrt{3}$	↓	↑	저전압 단거리에 적용
소호 리액터 접지 (66 [kV])	보통	불확실	최소	$\sqrt{3}$ 이상	최대	최소	병렬공진, 고장전류최소

【답】③

4·10

직접 접지 방식이 초고압 송전선에 채용되는 이유 중 가장 적당한 것은?

① 지락고장시 병행 통신선에 유기되는 유도전압이 작기 때문에
② 지락시의 지락전류가 적으므로
③ 계통의 절연을 낮게 할 수 있으므로
④ 송전선의 안정도가 높으므로

[해설] 유효 접지 방식이 초고압 송전계통에 채용되는 이유 : 1선 지락시 전위 상승이 낮기 때문에 계통의 절연비용이 절감된다. 【답】③

4·11

소호 리액터 접지 계통에서 리액터의 탭을 완전 공진 상태에서 약간 벗어나도록 하는 이유는?

① 전력 손실을 줄이기 위하여
② 선로의 리액턴스분을 감소시키기 위하여
③ 접지 계전기의 동작을 확실하게 하기 위하여
④ 직렬 공진에 의한 이상 전압의 발생을 방지하기 위하여

[해설] 직렬 공진에 의한 이상 전압을 억제하기 위하여 10 [%] 정도 과보상하여 적용한다.
【답】④

4·12

송전선로에 있어서 1선 지락의 경우 지락전류가 가장 작은 중성점 접지방식은?

① 비접지   ② 직접 접지   ③ 저항 접지   ④ 소호 리액터 접지

[해설] 접지방식비교

방식	다중고장 확대 가능성	보호 계전기 동작	지락 전류	전위 상승	과도 안정도	유도 장해	특징
직접 접지 (22.9, 154, 345 [kV])	최소	확실	최대	1.3	최소	최대	중성점영전위, 단절연가능
저항 접지	보통	↑	↑	$\sqrt{3}$	↓	↑	
비접지 (3.3, 6.6 [kV])	최대	×	↑	$\sqrt{3}$	↓	↑	저전압 단거리에 적용
소호 리액터 접지 (66 [kV])	보통	불확실	최소	$\sqrt{3}$ 이상	최대	최소	병렬공진, 고장전류최소

【답】④

4·13

소호 리액터를 송전 계통에 쓰면 리액터의 인덕턴스와 선로의 정전 용량이 다음의 어느 상태가 되어 지락 전류를 소멸시키는가?

① 병렬 공진   ② 직렬 공진   ③ 고임피던스   ④ 저임피던스

해설 소호리액터 접지방식은 지락점을 중심으로 하여 소호 리액터의 리액턴스와 건전상의 대지 정전 용량과의 병렬 공진의 특성에 의해 지락 전류를 소멸시킨다.   【답】①

4·14

소호 리액터 접지에 대해서 틀리는 것은?

① 지락전류가 작다.   ② 과도안정도가 높다.
③ 전자유도장애가 경감한다.   ④ 선택 지락 계전기의 동작이 용이하다.

해설 소호 코일은 피터슨 코일(peterson coil)이라고도 하며, 대지 정전용량과 병렬 공진시켜 접지하므로, 접지사고시 소호가 신속하고 통신선에 대한 유도장애가 작다. 또, 지락사고는 무효분만 존재하므로 선택 지락 계전기 동작이 어려운 단점이 있다.   【답】④

4·15

송전 계통의 중성점 접지용 소호 리액터의 인덕턴스 L은? 단, 선로 한 선의 대지 정전 용량을 C라 한다.

① $L = \dfrac{1}{l}$

② $L = \dfrac{C}{2\pi f}$

③ $L = \dfrac{1}{2\pi f C}$

④ $L = \dfrac{1}{3(2\pi f)^2 C}$

해설 소호 리액터의 크기 : ① $X = \dfrac{1}{3\omega C}$ ② $L = \dfrac{1}{3\omega^2 C}$ 【답】④

4·16

1상의 대지 정전 용량 0.5 [μF], 주파수 60 [Hz]인 3상 송전선이 있다. 이 선로에 소호 리액터를 설치하려 한다. 소호 리액터의 공진 리액턴스 [Ω]값은?

① 약 565   ② 약 1370   ③ 약 1770   ④ 약 3570

해설 소호 리액터의 크기 : $\omega L = \dfrac{1}{3\omega C_s} = \dfrac{1}{3 \times 2\pi \times 60 \times 0.5 \times 10^{-6}} = 1768 \, [\Omega]$ 【답】③

심화학습문제

01 6.6 [kV], 60 [Hz] 3상 3선식 비접지식에서 선로의 길이가 10 [km]이고 1선의 대지 정전 용량이 0.005 [μF/km]일 때 1선 지락 시의 고장전류 I_g [A]의 범위로 옳은 것은?

① $I_g < 1$

② $1 \leq I_g < 2$

③ $2 \leq I_g < 3$

④ $3 \leq I_g < 4$

해설

비접지 방식의 지락전류

$$I_g = \frac{E}{Z/3} = j\omega 3CE$$

$$= j\omega 3CE = 6\pi \times 60 \times 0.005 \times 10^{-6} \times \frac{6600}{\sqrt{3}} \times 10 \gg \fallingdotseq 0.215$$

$$\therefore I_g < 1$$

【답】①

02 ㉠ 직접 접지 3상 3선 방식, ㉡ 저항 접지 3상 3선 방식, ㉢ 리액터 접지 3상 3선 방식, ㉣ 다중 접지 3상 4선식 중, 1선 지락 전류가 큰 순서대로 배열된 것은?

① ㉣ ㉠ ㉡ ㉢

② ㉣ ㉡ ㉠ ㉢

③ ㉠ ㉣ ㉡ ㉢

④ ㉡ ㉠ ㉢ ㉣

해설

지락 전류가 큰 순서
직접 접지>저항 접지>비접지>소호 리액터 접지

【답】①

03 154 [kV], 60 [Hz], 선로의 길이 200 [km] 인 평행 2회선 송전선에 설치한 소호 리액터의 공진탭의 용량은 약 몇 [MVA]인가? 단, 1선의 대지 정전 용량은 $j0.0043$ [μF/km]이다.

① 7.7

② 10.3

③ 15.4

④ 18.6

해설

3상 2회선 소호 리액터 용량

$$P = 2 \times 3 \times 2\pi fl CE^2 \times 10^{-9}$$

$$= 2 \times 3 \times 2\pi \times 60 \times 0.0043 \times 200 \times \left(\frac{154000}{\sqrt{3}}\right)^2 \times 10^{-9}$$

$$= 15370 \fallingdotseq 15.3 \text{ [MVA]}$$

【답】③

04 어떤 선로의 양단에 같은 용량의 소호 리액터를 설치한 3상 1회선 송전선로에서 전원 측으로부터 선로 길이의 1/4지점에 1선 지락 고장이 일어났다면 영상전류의 분포는 대략 어떠한가?

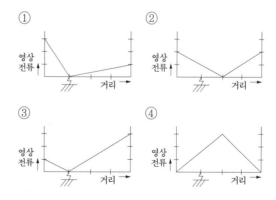

해설

같은 용량의 소호 리액터를 설치한 경우 고장점의 위치에 관계없이 선로의 2등분점에서 공진이 발생한다.

【답】②

05 3상 1회선 송전 선로의 소호 리액터의 용량 [kVA]은?

① 선로 충전 용량과 같다.
② 3선 일괄의 대지 충전 용량과 같다.
③ 선간 충전 용량의 1/2이다.
④ 1선과 중성점 사이의 충전 용량과 같다.

해설
3상 1회선 소호 리액터 용량
$$P = 3 \times 2\pi f\, CE^2 \times 10^{-6} \times 10^6 \times 10^{-3}\,[\text{kVA}]$$
$$= 3 \times 2\pi f\, CE^2 \times 10^{-3}\,[\text{kVA}]$$

【답】②

06 3상 3선식 단일 소호 리액터 접지 방식에서 1선 지락 고장시에 영상 전류의 분포는?

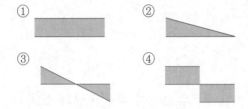

해설
① 직접 접지 방식 영상 전류 분포
② 단일 소호 리액터 접지 방식 영상 전류 분포
③ 양단 소호 리액터 접지 방식 영상 전류 분포
④ 저항 접지 방식 영상 전류 분포

【답】②

07 가공 지선의 접지 저항 최대값 [Ω]은?

① 10 　　　　　② 75
③ 100 　　　　　④ 500

해설
가공지선의 접지 : 이상 전압 방지를 위하여 설치하므로 제1종 접지 공사를 한다.

【답】①

08 접지봉을 사용하여 희망하는 접지 저항값까지 줄일 수 없을 때 사용하는 선은?

① 차폐선 　　　　② 가공지선
③ 크로스본드선 　　④ 매설지선

해설
매설지설 : 철탑의 탑각 접지 저항을 낮추어 역섬락을 방지하기 위한 것으로 지하 30~60 [cm] 정도의 깊이에 30~50 [m] 정도의 아연 도금 철선을 매설한다.

【답】④

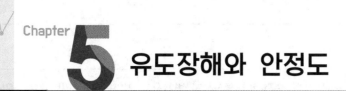

5 유도장해와 안정도

1. 유도장해

통신선에 일어나는 유도장해로서는 정전유도, 전자유도 및 고조파 유도가 있다. 정전유도는 송전선과 통신선과의 상호 정전용량에 의해 발생하며, 전자유도는 송전선과 통신선과의 상호 인덕턴스에 의해 발생한다.

평상시에는 정전유도(electro static induction)가 문제로 되고 지락 사고시는 전자유도(electro magnetic induction)가 문제로 된다.

1.1 전자유도

송전선에 1선 지락사고가 발생해서 영상전류가 흐르면 통신선과의 전자적인 결합에 의해서 통신선에 전압이 유도된다.

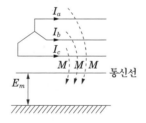

그림 1 전자유도장해

$$E_m = -j\omega l(M_1 \dot{I}_a + M_2 \dot{I}_b + M_3 \dot{I}_c)$$

$$M_1 = M_2 = M_3 = M$$

$$E_m = -j\omega l M(\dot{I}_a + \dot{I}_b + \dot{I}_c)$$
$$= -j\omega Ml \times 3I_0$$

예제문제 01

66 [kV], 60 [Hz] 3상 3선식 1회 송전선이 통신선과 병행하고 있다. 1선 지락 사고로 영상 전류가 60 [A] 흐를 때 통신선에 유기하는 전자 유도 전압은 약 몇 [V]인가? 단, 병행 거리 $L = 40$ [km], 상호 인덕턴스 $M = 0.05$ [mH/km]이다.

① 136   ② 150   ③ 181   ④ 200

해설

$$E_m = (-j\omega M l I_a - j\omega M l I_b - j\omega M l I_c)$$
$$= -j\omega M l (I_a + I_b + I_c)$$
$$= -j\omega M l\, 3I_0$$
$$= -j2\pi \times 60 \times 0.05 \times 10^{-3} \times 40 \times 3 \times 60$$
$$= 136\,[\text{V}]$$

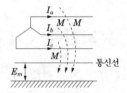

답 : ①

1.2 정전유도장해

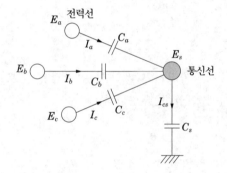

그림 2 정전 유도장해

전력선과 통신선간의 정전용량이 모두 다른 경우 중성점 전위에 의해 정전 유도 전압을 결정한다. 3상 각 전선의 대지전압을 $\dot{E}_a$, $\dot{E}_b$, $\dot{E}_c$ 통신선의 유도전압을 $\dot{E}_s$, 송전선과 통신선의 상호 정전용량을 C_a, C_b, C_c 통신선의 대지 정전용량을 C_s 라고 하면 $\dot{I}_a + \dot{I}_b + \dot{I}_c = \dot{I}_{cs}$로 된다.

$$\omega C_a(\dot{E}_a - \dot{E}_s) + \omega C_b(\dot{E}_b - \dot{E}_s) + \omega C_c(\dot{E}_c - \dot{E}_s) = \omega C_s \dot{E}_s$$

그러므로 통신선에 유도되는 전압 $\dot{E}_s$는 다음과 같다.

$$\dot{E}_s = \frac{C_a \dot{E}_a + C_b \dot{E}_b + C_c \dot{E}_c}{C_a + C_b + C_c + C_s}$$

여기서, $\dot{E}_a = E$, $\dot{E}_b = a^2 E$, $\dot{E}_c = aE$ 이므로 다음과 같다.

$$|E_s| = \frac{\sqrt{C_a(C_a - C_b) + C_b(C_b - C_c) + C_c(C_c - C_a)}}{C_a + C_b + C_c + C_s} \times E$$

여기서, E 는 송전선의 대지전압

$C_a = C_b = C_c$ 로 완전히 연가되면 유도전압이 0이 되므로 정전유도를 방지할 수 있다. 대부분 정전유도를 방지하기 위해서는 통신선 차폐 케이블을 사용하고, 차폐층을 접지한다.

예제문제 02

전력선 a의 충전 전압을 E, 통신선 b의 대지 정전 용량을 C_b, ab 사이의 상호 정전 용량을 C_{ab} 라고 하면 통신선 b의 정전 유도 전압 E_s 는?

① $\dfrac{C_{ab} + C_b}{C_b} E$ 　② $\dfrac{C_{ab} + C_a}{C_{ab}} E$

③ $\dfrac{C_b}{C_{ab} + C_b} E$ 　④ $\dfrac{C_{ab}}{C_{ab} + C_b} E$

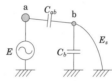

해설

정전 유도 전압 : 전압분배법칙에 의해 $E_s = \dfrac{C_{ab}}{C_{ab} + C_b} E$

답 : ④

예제문제 03

3상 송전 선로와 통신선이 병행되어 있는 경우에 통신 유도 장해로서 통신선에 유도되는 정전 유도 전압은?

① 통신선의 길이에 비례한다.　　　② 통신선의 길이의 자승에 비례한다.

③ 통신선의 길이에 반비례한다.　　④ 통신선의 길이에 관계없다.

해설

전자 유도 전압 : $E_m = 2\pi f Ml \cdot 3I_0$ 이므로 주파수 및 통신선의 길이에 비례한다.

정전 유도 전압 : $E = \left(\dfrac{\sqrt{C_a(C_a - C_b) + C_b(C_b - C_c) + C_c(C_c - C_a)}}{C_a + C_b + C_c + C_0} \times \dfrac{V}{\sqrt{3}} \right)$ 이므로

주파수 및 통신선 병행 길이와는 관계가 없다.

답 : ④

1.3 고조파 유도장해

사이리스터(thyrister)는 현재 널리 사용되고 있고 이것으로 인한 고조파 발생으로 통신선에 잡음 장애를 주고 있다.

이러한 고조파를 제거하기 위해서는 필터를 설치하며, 고조파 발생부하를 분리시켜 운용하고, 고조파가 발생하는 전력설비와는 충분히 이격하는 등 대책을 세워야 한다.

2. 유도장해 경감대책

2.1 전력선 측 대책

① 송전선의 경과지(route)를 통신선로로부터 멀리 떨어지도록 하여 송전선로와 통신선로사이의 상호 인덕턴스 M을 줄일 수 있다.

② 중성점 접지 저항값을 가능한 크게 한다.

③ 고속도 차단방식(0.1초 이내 차단)을 채용하여 중성점 직접접지 계통에서는 사고시 고장 지속시간이 단축된다.

④ 가공 송전선을 지중 케이블로 매설하고 케이블의 금속외피를 접지한다.

⑤ 철탑의 정상부분에 가공지선을 설치하여 가공지선에 도전율이 좋은 전선을 사용하면 낙뢰보호 외에 통신선에 대한 유도장해에 대한 차폐효과가 있다.

⑥ 송전선과 통신선 사이에 차폐선 가설(M 의 저감)한다. 차폐선 설치하면 30~50% 경감할 수 있다.

2.2 통신선측 대책

① 통신선의 도중에 중계코일 설치(병행길이의 단축)

② 연피 통신케이블 사용(M 의 저감)

③ 통신선에 우수한 피뢰기 설치(유도전압을 강제적으로 저감)

④ 배류코일(drainage coil)을 사용한다. 배류코일은 상용주파수의 유도전압에 대해서는 저임피던스로 작용하여 접지점을 통하여 방전되며, 주파수가 높은 통신신호에 대해서는 고임피던스로 작용하여 통신설비로 보내 준다.

⑤ 통신선에 광섬유(optical fiber) 케이블을 사용한다.

예제문제 04

송전선의 통신선에 대한 유도 장해 방지 대책이 아닌 것은?

① 전력선과 통신선과의 상호 인덕턴스를 크게 한다.

② 전력선의 연가를 충분히 한다.

③ 고장 발생시의 지락 전류를 억제하고 고장 구간을 빨리 차단한다.

④ 차폐선을 설치한다.

해설
전력선측의 유도장해 대책
① 전력선과 통신선과의 상호 거리를 크게 하여 상호 인덕턴스를 작게한다.
② 연가를 충분히 하여 선로 정수를 평형시켜 중성점 잔류 전압을 적게 한다.
③ 케이블을 사용하여 유도장해를 차폐한다.
④ 고주파의 발생을 방지한다.
⑤ 통신선과의 교차시 직각으로 교차한다.
⑥ 소호 리액터 접지방식을 채용하여 지락 전류를 적게한다. 이 경우 전자 유도를 적게 된다.
⑦ 고장 회선의 고속도 차단한다.
⑧ 차폐선의 시설한다.

답 : ①

예제문제 05

유도 장해의 방지책으로 차폐선을 이용하면 유도전압을 몇 [%] 정도 줄일 수 있는가?

① 30~50　　　　② 60~70　　　　③ 80~90　　　　④ 90~100

해설
차폐선에 의한 유도전압의 감쇄율 : 30~50 [%] 정도

답 : ①

3. 안정도(stability)

송전선로는 전력을 무한대로 보낼 수 없으며 이로 인하여 보낼 수 있는 전력에 송전계통에 임피던스에 의해 제한된다. 송전전력은 송수전 양단의 상차각이 점점 벌어져서 90° 가까이 되면 극한전력(power limit)에 이른다. 이 극한전력 이상의 전력을 송전하면 수전할 수 있는 전력은 감소하기 때문에 탈조(step out)가 일어난다.

안정도란 탈조에 이르지 않고 극한전력에 가까운 상태에서 안정하게 전력을 공급할 수 있는 능력을 말한다. 실제 송전계통에서는 송전단과 수전단 전압 사이의 상차각이 30~40° 정도 되도록 운전하고 있다.

3.1 정태 안정도(static stability)

송전 계통이 불변 부하 또는 극히 서서히 증가하는 부하에 대하여 계속적으로 송전할 수 있는 능력을 정태 안정도로 하고, 안정도를 유지할 수 있는 극한의 송전 전력을 정태 안정 극한 전력이라고 한다.

3.2 과도 안정도(transient stability)

계통에 갑자기 고장 사고와 같은 급격한 외란이 발생하였을 때에도 탈조하지 않고 새로운 평형 상태를 회복하여 송전을 계속할 수 있는 능력을 과도 안정도라 하고 이 경우의 극한 전력을 과도 안정 극한 전력이라고 한다.

3.3 동태 안정도(dynamic stability)

고속 자동 전압 조정기로 동기기의 여자 전류를 제어 할 경우의 정태 안정도를 특히 동태 안정도라 한다.
안정도를 향상시키는 방법은 다음과 같다.

(1) 직렬 리액턴스(X)를 작게 한다.

① 발전기나 변압기의 리액턴스를 작게 한다.
② 선로의 병행 회선수를 늘리거나 복도체 또는 다도체 방식을 사용한다.
③ 직렬 콘덴서(series condenser) 방식을 채용한다.

(2) 전압 변동을 작게 한다.

① 속응 여자 방식(quick response exciting system)의 채용
② 계통 안정화 장치의 채용(PSS, Power System Stabilizer)
③ 계통연계
④ 중간 조상기방식 채용한다. 선로 중간에 동기조상기를 연결하는 방식을 중간조상방식이라 한다.

(3) 고장 전류를 줄이고 고장 구간을 신속하게 차단한다.

① 적당한 중성점 접지 방식(소호리액터 접지방식)을 채용하여 지락 전류를 줄인다.
② 고속도 계전기, 고속도 차단기를 채용한다.
③ 고속도 재폐로 방식을 채용한다.

(4) 고장시 발전기 입·출력의 불평형을 작게 한다.

① 조속기의 동작을 빠르게 한다.

② 고장 발생과 동시에 발전기 회로의 저항을 직렬 또는 병렬로 삽입하여 발전기 입·출력의 불평형을 작게 한다.

(5) 송전전압을 높인다.

송전전력은

$$P = \frac{E_G E_M}{X} \sin\delta \, [\text{MW}]$$

와 같이 송·수전단의 전압을 높이면 크게 된다. 따라서 동일출력에 대해서는 상차각 δ도 작아지므로 정태 및 과도안정도의 향상된다. 대전력의 장거리 송전에 있어서 송전전압을 높이는 이유이다.

예제문제 06

송전선의 안정도를 증진시키는 방법으로 맞는 것은?

① 발전기의 단락비를 작게 한다.　　② 선로의 회선수를 감소시킨다.

③ 전압 변동을 작게 한다.　　④ 리액턴스가 큰 변압기를 사용한다.

해설

안정도 향상 대책

(1) 유도 리액턴스를 작게 한다.
　① 발전기나 변압기의 리액턴스를 작게 한다.
　② 선로의 병행 회선수를 늘리거나 복도체 또는 다도체 방식을 사용한다.
　③ 직렬 콘덴서를 삽입하여 선로의 리액턴스를 보상한다.

(2) 전압 변동을 작게 한다.
　① 속응 여자 방식의 채용한다.
　② 계통 연계를 한다.

(3) 고장 전류를 줄이고 고장 구간을 신속하게 차단한다.
　① 적당한 중성점 접지 방식을 채용하여 지락 전류를 줄인다.
　② 고속도 계전기, 고속도 차단기를 채용한다.
　③ 고속도 재폐로 방식을 채용한다.

(4) 고장시 발전기 입·출력의 불평형을 작게 한다.
　① 조속기의 동작을 빠르게 한다.
　② 고장 발생과 동시에 발전기 회로의 저항을 직렬 또는 병렬로 삽입하여 발전기 입·출력의 불평형을 작게 한다.

(5) 중간 조상 방식을 채용한다.

답 : ③

핵심과년도문제

5·1

송전선로에 근접한 통신선에 유도장해가 발생하였다. 정전유도의 원인은?

① 영상 전압　　　　　　　　　② 역상 전압
③ 역상 전류　　　　　　　　　④ 정상 전류

[해설] 정전 유도 전압 : $E_s = \dfrac{C_m}{C_m + C_0} \times E_0$　　　　　【답】①

5·2

전력선에 의한 통신 선로의 전자 유도 장해의 발생 요인은 주로 어느 것인가?

① 영상 전류가 흘러서
② 전력선의 전압이 통신 선로보다 높기 때문에
③ 전력선의 연가가 충분하여
④ 전력선과 통신 선로 사이의 차폐 효과가 충분할 때

[해설] 전자 유도 전압 : $E_m = j\omega Ml3I_0$　　　　　【답】①

5·3

송전 선로에 관한 설명 중 옳지 않은 것은?

① 송전 선로의 유도 장해를 억제하기 위해서 접지 저항은 보호 장치가 허용할 수 있는 범위에서 작게 하여야 한다.
② 송전 선로에 발생하는 내부 이상 전압은 그 대부분이 사용 대지 전압의 파고값의 약 4배 이하이다.
③ 송전 계통의 안정도를 높이기 위해 복도체 방식을 택하거나 직렬 콘덴서 등을 설치한다.
④ 결합 콘덴서는 반송 전화 장치를 송전선에 결합시키기 위해 사용하는 것으로 그 용량은 $0.001 \sim 0.002\,[\mu F]$ 정도이다.

[해설] 접지 저항이 작게하면 지락전류가 증가 하므로 전자 유도 장해가 증가된다.　　　　　【답】①

5·4

유도 장해를 방지하기 위한 전력선측의 대책으로 옳지 않은 것은?

① 소호 리액터를 채용한다.
② 차폐선을 설치한다.
③ 중성점 전압을 가능한 한 높게 한다.
④ 중성점 접지에 고저항을 넣어서 지락전류를 줄인다.

[해설] 전력선측의 유도장해 대책

① 전력선과 통신선과의 상호 거리를 크게 하여 상호 인덕턴스를 작게 한다.
② 연가를 충분히 하여 선로 정수를 평형시켜 중성점 잔류 전압을 적게 한다.
③ 케이블을 사용하여 유도장해를 차폐한다.
④ 고주파의 발생을 방지한다.
⑤ 통신선과의 교차시 직각으로 교차한다.
⑥ 소호 리액터 접지방식을 채용하여 지락 전류를 적게 한다. 이 경우 전자 유도를 적게 된다.
⑦ 고장 회선의 고속도 차단한다.
⑧ 차폐선의 시설한다. 【답】③

5·5

송전 선로의 안정도 향상 대책과 관계가 없는 것은?

① 속응 여자 방식 채용   ② 재폐로 방식의 채용
③ 역률의 신속한 조정   ④ 리액턴스 조정

[해설] 안정도 향상 대책

(1) 유도 리액턴스를 작게 한다.
  ① 발전기나 변압기의 리액턴스를 작게 한다.
  ② 선로의 병행 회선수를 늘리거나 복도체 또는 다도체 방식을 사용한다.
  ③ 직렬 콘덴서를 삽입하여 선로의 리액턴스를 보상한다.
(2) 전압 변동을 작게 한다.
  ① 속응 여자 방식의 채용한다.
  ② 계통 연계를 한다.
(3) 고장 전류를 줄이고 고장 구간을 신속하게 차단한다.
  ① 적당한 중성점 접지 방식을 채용하여 지락 전류를 줄인다.
  ② 고속도 계전기, 고속도 차단기를 채용한다.
  ③ 고속도 재폐로 방식을 채용한다.
(4) 고장시 발전기 입·출력의 불평형을 작게 한다.
  ① 조속기의 동작을 빠르게 한다.
  ② 고장 발생과 동시에 발전기 회로의 저항을 직렬 또는 병렬로 삽입하여 발전기 입·출력의 불평형을 작게 한다.
(5) 중간 조상 방식을 채용한다. 【답】③

5·6

차단기의 고속도 재폐로의 목적은?

① 고장의 신속한 제거 　　　　② 안정도 향상
③ 기기의 보호 　　　　　　　　④ 고장전류 억제

해설 고속도 재폐로(recloser) 차단기 : 고장전류를 신속하게 차단 및 투입함으로써 안정도를 증진시킨다. 　　　　　　　　　　　　　　　　　　　　　　　　　　　　　　【답】②

5·7

다음 중 송전 계통의 안정도를 증진시키는 방법이 아닌 것은?

① 전압 변동을 적게 한다. 　　　　② 직렬 리액턴스를 크게 한다.
③ 제동 저항기를 설치한다. 　　　　④ 중간 조상기 방식을 채용한다.

해설 안정도 향상 대책
　(1) 유도 리액턴스를 작게 한다.
　　① 발전기나 변압기의 리액턴스를 작게 한다.
　　② 선로의 병행 회선수를 늘리거나 복도체 또는 다도체 방식을 사용한다.
　　③ 직렬 콘덴서를 삽입하여 선로의 리액턴스를 보상한다.
　(2) 전압 변동을 작게 한다.
　　① 속응 여자 방식의 채용한다.
　　② 계통 연계를 한다.
　(3) 고장 전류를 줄이고 고장 구간을 신속하게 차단한다.
　　① 적당한 중성점 접지 방식을 채용하여 지락 전류를 줄인다.
　　② 고속도 계전기, 고속도 차단기를 채용한다.
　　③ 고속도 재폐로 방식을 채용한다.
　(4) 고장시 발전기 입·출력의 불평형을 작게 한다.
　　① 조속기의 동작을 빠르게 한다.
　　② 고장 발생과 동시에 발전기 회로의 저항을 직렬 또는 병렬로 삽입하여 발전기 입·출력의 불평형을 작게 한다.
　(5) 중간 조상 방식을 채용한다. 　　　　　　　　　　　　　　　　　　　　　【답】②

5·8

중간 조상 방식(intermediate phase modifying system)이란?

① 송전선로의 중간에 동기 조상기 연결
② 송전선로의 중간에 직렬 전력 콘덴서 삽입
③ 송전선로의 중간에 병렬 전력 콘덴서 연결
④ 송전선로의 중간에 개폐소 설치, 리액터와 전력 콘덴서 병렬 연결

해설 중간 조상 방식 : 전압조정을 위해서 송전선로의 중간에 동기 조상기를 연결하는 방식을 말한다. 【답】①

5·9

송전 계통에서의 안정도 증진과 관계없는 것은?

① 리액턴스 감소　　　　　　　② 재폐로 방식의 채용
③ 속응 여자 방식의 채용　　　　④ 차폐선의 채용

해설 차폐선 : 송전 선로의 유도 장해 방지 대책 목적으로 사용한다. 【답】④

5·10

전력계통의 안정도 향상 대책으로 옳지 않은 것은?

① 계통의 직렬 리액턴스를 낮게 한다.
② 고속도 재폐로 방식을 채용한다.
③ 지락 전류를 크게 하기 위하여 직접 접지 방식을 채용한다.
④ 고속도 차단 방식을 채용한다.

해설 안정도 향상 대책

　　① 유도 리액턴스를 작게 한다.
　　② 전압 변동을 작게 한다.
　　③ 고장 전류를 줄이고 고장 구간을 신속하게 차단한다.
　　④ 고장시 발전기 입·출력의 불평형을 작게 한다.
　　⑤ 중간 조상 방식을 채용한다. 【답】③

5·11

송전 선로의 정상 상태 극한(최대) 송전 전력은 선로 리액턴스와 대략 어떤 관계가 성립하는가?

① 송수전단 사이의 선로 리액턴스에 비례한다.
② 송수전단 사이의 선로 리액턴스에 반비례한다.
③ 송수전단 사이의 선로 리액턴스의 제곱에 비례한다.
④ 송수전단 사이의 선로 리액턴스의 제곱에 반비례한다.

해설 정태 극한 전력 : $P = \dfrac{E_s E_r}{X} \sin\delta$ 【답】②

5·12

과도 안정 극한 전력이란?

① 부하가 서서히 감소할 때의 극한 전력
② 부하가 서서히 증가할 때의 극한 전력
③ 부하가 갑자기 사고가 났을 때의 극한 전력
④ 부하가 변하지 않을 때의 극한 전력

해설 과도 안정 극한 전력 : 과도 상태와 같이 갑자기 사고가 났을 때의 최고전력을 과도 안정 극한 전력이라 한다. 【답】 ③

심화학습문제

01 66000 [V] 평형 대칭 3상 송전선의 정상 운전시 건전상의 대지전위는?

① 66000 [V] ② $66000\sqrt{3}$ [V]

③ $\dfrac{66000}{\sqrt{3}}$ [V] ④ $\dfrac{66000}{\sqrt{2}}$ [V]

송전 선로는 중성점 접지 방식이므로
- 접지식 선로의 대지 전위 : 전선과 대지 사이의 전압
- 비접지식 선로의 대지 전위 : 전선과 그 전로 중 임의의 다른 전선 사이의 전압

그러므로 66000 [V]의 경우 대지 전압은 $66000/\sqrt{3}$ [V]가 된다.

【답】③

02 그림에서 B 및 C상의 대지정전용량을 C [μF], A상의 정전용량을 0, 선간전압을 V [V]라 할 때 중성점과 대지 사이의 잔류전압 E_n은 몇 [V]인가? 단, 선로의 직렬 임피던스는 무시한다.

① $\dfrac{V}{2}$

② $\dfrac{V}{\sqrt{3}}$

③ $\dfrac{V}{2\sqrt{3}}$

④ $2V$

중성점 잔류 전압

$$E_n = \dfrac{\sqrt{C_a(C_a-C_b)+C_b(C_b-C_c)+C_c(C_c-C_a)}}{C_a+C_b+C_c}\times\dfrac{V}{\sqrt{3}}$$

$C_a = 0$
$C_b = C_c = C$

이므로 $E_n = \dfrac{C}{2C}\times\dfrac{V}{\sqrt{3}} = \dfrac{V}{2\sqrt{3}}$

【답】③

03 과도 안정도 해석에서 회전체의 관성 효과를 나타내기 위한 단위 관성 정수는? 단, I는 관성 모멘트, ω는 회전체의 각속도이다.

① $\dfrac{I\omega^2}{\text{기준 정격 출력[kW]}}$

② $\dfrac{\frac{1}{2}\omega^2}{\text{기준 정격 출력[kW]}}$

③ $\dfrac{\text{기준 정격 출력}}{I\omega^2}$

④ $I\omega^2\times\text{기준 정격 출력[kW]}$

해설

단위 관성 정수 $= \dfrac{I\omega^2}{\text{기준정격출력[kW]}}$

【답】①

04 통신 유도 장해 방지 대책의 일환으로 전자 유도 전압을 계산함에 이용되는 인덕턴스 계산식은?

① Peek 식

② Peterson 식

③ Carson—Pollaczek 식

④ Still 식

해설

Still식 : 송전 전압을 결정할 때
Peek식 : 코로나 손실 측정
Carson-Pollaczek 식 : 전자 유도 전압의 계산

【답】③

05 전력선과 통신선 사이에 그림과 같이 차폐선을 설치하며, 각선 사이의 상호 임피던스를 각각 Z_{12}, Z_{1s}, Z_{2s}라 하고 차폐선 자기 임피던스를 Z_s라 할 때 저감계수를 나타낸 식은?

① $\left| 1 - \dfrac{Z_{1s} Z_{2s}}{Z_s Z_{12}} \right|$

② $\left| 1 - \dfrac{Z_{12} Z_{1s}}{Z_s Z_{2s}} \right|$

③ $\left| 1 - \dfrac{Z_s Z_{2s}}{Z_{12} Z_{1s}} \right|$

④ $\left| 1 - \dfrac{Z_s Z_{12}}{Z_{1s} Z_{2s}} \right|$

해설

$$V_2 = -Z_{12} I_0 + Z_{2s} I_1$$
$$= -Z_{12} I_0 + Z_{2s} \frac{Z_{1s} I_0}{Z_s} = -Z_{12} I_0 \left(1 - \frac{Z_{1s} Z_{2s}}{Z_s Z_{12}} \right)$$

【답】①

1. %법

단락전류 계산법에는 임피던스를 이용하는 방법(Ω의 단위를 가짐) %임피던스법(%
의 단위를 가짐)이 있다.

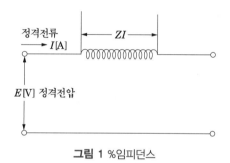

정격전류
→ I[A]   ZI

E[V] 정격전압

그림 1 %임피던스

%임피던스는 Ω의 단위를 가지는 임피던스를 %단위로 나타낸 값이다. 그림 1에 나타
낸 바와 같이 임피던스 Z [Ω]이 접속되고 E [V]의 정격전압이 인가되어 있는 회로
에 정격전류 I [A]가 흐를 경우, Z [Ω]의 임피던스는 회로의 전체 임피던스(E/I)의
몇 [%]에 해당하는가 하는 관점으로 나타내는 것이 %Z이다.

$$\% Z = \frac{Z\ [\Omega]}{\dfrac{E\ [\text{V}]}{I\ [\text{A}]}} \times 100 = \frac{Z \times I}{E} \times 100\ [\%]$$

이것은 정격전압에 대하여 임피던스 전압강하가 몇 %인가를 의미한다. %임피던스의
특징은 모든 회로의 임피던스가 %로 표현되므로 전압에 대한 환산이 필요 없어 계통
해석에서는 매우 유리하게 적용된다. 다음식은 1차와 2차의 %임피던스가 같음을 보
여준다.

$$\% Z_1 = \frac{Z_1 I_1}{E_1} \times 100 = \frac{n^2 Z_2 \times \frac{2}{n} I_2}{n E_2} \times 100$$

$$= \frac{Z_2 I_2}{E_2} \times 100 = \% Z_2$$

%임피던스를 정리하면 다음과 같다.

$$\% Z = \frac{\sqrt{3}\, V[\mathrm{V}] \times I_n[\mathrm{A}] \times Z[\Omega]}{\sqrt{3}\, V[\mathrm{V}] \times V[\mathrm{V}]} \times 100[\%] = \frac{P[\mathrm{VA}] \times Z[\Omega]}{V^2[\mathrm{V}]} \times 100[\%]$$

$$= \frac{P[\mathrm{kVA}] \times 10^3 \times Z[\Omega]}{V^2 \times 10^6[\mathrm{kV}]} \times 100[\%] = \frac{P[\mathrm{kVA}] \times Z[\Omega]}{10\, V^2[\mathrm{kV}]} [\%]$$

여기서, P : 용량, Z : 임피던스, V : 선간전압

따라서 %임피던스는 용량에 비례하게 되므로

$$\text{기준용량}\% Z = \text{정격용량}\% Z \times \frac{\text{기준용량}}{\text{정격용량}}$$

가 된다.

%임피던스는 [kVA] 용량이 다를 경우에는 우선 먼저 $\% Z$를 기준용량(basic capa-city)에 대하여 환산하여 구한다.

%임피던스를 이용한 3상단락전류는 다음과 같다.

$$Z[\Omega] = \frac{\% Z \times E}{100\, I}\, [\Omega]$$

$$I_s = \frac{E}{Z} = \frac{E}{\dfrac{\% Z \times E}{100\, I}} = \frac{100}{\% Z} \times I\, [\mathrm{A}]$$

여기서, I_s : 단락전류, 고장전류 $\% Z$: %임피던스, I : 기준전류, 정격전류

이 식은 단락사고가 일어나면 정격전류 I에 비하여 $\dfrac{100}{\% Z}$배의 전류가 흐름을 알 수 있다. 또, 양변에 $\sqrt{3}\, V$을 곱하면 ($V=$선간전압 [kV]) 단락용량을 구할 수 있다.

$$\sqrt{3}\,V I_s = \frac{100}{\% Z}\times \sqrt{3}\,V I$$

$$P_s = \frac{100}{\% Z}\times P_n \ [\text{kVA}]$$

여기서, P_s : 단락용량, P_n : 기준용량, $\% Z$: %임피던스

예제문제 **01**

3상 송전 선로의 선간 전압을 100 [kV], 3상 기준 용량을 10,000 [kVA]로 할 때, 선로 리액턴스(1선당) 100 [Ω]을 % 임피던스로 환산하면 얼마인가?

① 1   ② 10   ③ 0.33   ④ 3.33

해설

%임피던스 : $\% Z = \dfrac{PZ}{10\,V^2} = \dfrac{100\times 10,000}{10\times 100^2} = 10\ [\%]$

답 : ②

예제문제 **02**

154/22.9 [kV], 40 [MVA] 3상 변압기의 % 리액턴스가 14 [%]라면 고압측으로 환산한 리액턴스는 몇 [Ω]인가?

① 95   ② 83   ③ 75   ④ 61

해설

임피던스 : $Z = \dfrac{\% Z\times 10\times V^2}{P} = \dfrac{14\times 10\times 154^2}{40000} = 83\ [\Omega]$

답 : ②

예제문제 **03**

20,000 [kVA], % 임피던스 8 [%]인 3상 변압기가 2차측에서 3상 단락되었을 때 단락 용량 [kVA]은?

① 160,000   ② 200,000   ③ 250,000   ④ 320,000

해설

단락 용량 : $P_s = \dfrac{100}{\% Z}P_n = \dfrac{100}{8}\times 20,000 = 250,000\ [\text{kVA}]$

답 : ③

예제문제 **04**

그림과 같은 3상 3선식 전선로의 단락점에 있어서의 3상 단락 전류[A]는? 단, 22[kV]에 대한 % 리액턴스는 4[%], 저항분은 무시한다.

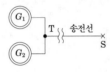

① 5560　　　② 6560　　　③ 7560　　　④ 8560

해설

단락 전류 : $I_s = \dfrac{100}{\%Z}I_n = \dfrac{100}{4}\dfrac{10,000}{\sqrt{3}\times 22} = 6560\,[\mathrm{A}]$

답 : ②

예제문제 **05**

그림에 표시하는 무부하 송전선의 S점에 있어서 3상 단락이 일어났을 때의 단락 전류[A]는?

단, G_1 : 15[MVA], 11[kV], $\%Z = 30$[%]
　　G_2 : 15[MVA], 11[kV], $\%Z = 30$[%]
　　T : 30[MVA], 11[kV]/154[kV], $\%Z = 8$[%]
　　송전선 TS 사이 50[km], $Z = 0.5$[Ω/km]

① 12.7　　　② 151.3　　　③ 273　　　④ 383.3

해설

정격 전류 : $I_n = \dfrac{P}{\sqrt{3}\,V} = \dfrac{30,000\times 10^3}{\sqrt{3}\times 154,000}$

송전선의 단락점까지 %Z : $\%Z = \dfrac{ZP}{10\,V^2} = \dfrac{0.5\times 50\times 30,000}{10\times 154^2} = 3.16$[%]

발전기에서 단락점까지의 총%Z : 30[MVA] 기준으로 $\%Z = \dfrac{60\times 60}{60+60} + 8 + 3.16 = 41.16$[%]

∴ 단락 전류 $I_s = \dfrac{100}{\%Z}I_n = \dfrac{100}{41.16}\times\dfrac{30,000\times 10^3}{\sqrt{3}\times 154,000} = 273\,[\mathrm{A}]$

답 : ③

---

2. 대칭좌표법

2.1 대칭좌표법

일반적인 전원의 상태는 평형상태를 유지한다. 그러나, 발전기가 고장(1선지락, 2선지락, 선간단락 등)이 생긴 경우는 불평형 상태가 되며, 이러한 경우의 고장을 해석하기는 매우 어렵게 된다. 이 경우 불평형 상태의 전압을 평형상태로 등가하여 고장해석하는데 이것을 대칭좌표법이라 한다. 대칭좌표법(Symmetrical Coordinates Method)은 대칭분법(Symmetrical Components Method)라고도 불리며 3상 전력계통의 불평형 문제를 해결하는데 아주 유용하게 사용되는 수학적인 기법이다.

그림 2의 불평형성분을 평형성분으로 분해할 경우 페이서 오퍼레이터 "a"를 이용한 분해를 한다.

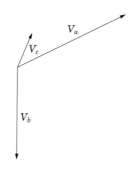

그림 2 불평형 3상교류

그림 2를 페이서 오퍼레이터a를 이용해서 분해하면 그림 3과 같이 된다.

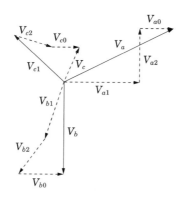

그림 3 대칭성분의 분해

그림 3을 각각의 대칭성분으로 분해하면 그림 4와 같다.

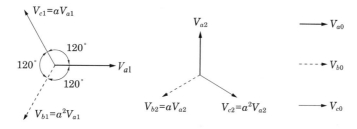

그림 4 대칭성분

그림 4는 불평형성분을 정상분, 역상분, 영상분으로 분해한 것을 나타낸 것이다.

① 정상분은 상순 a-b-c로 120°의 위상차를 갖는 전압
② 역상분은 상순 a-c-b로 120°의 위상차를 갖는 전압

③ 영상분은 전압의 크기가 같고 위상이 동상인 성분으로 접지선 또는 중성선에 존재한다.

2.2 대칭좌표법의 영상, 정상, 역상전압

각 상의 전압을 V_a, V_b, V_c라 하고 이 전압을 각각 1/3을 한 후 페이서 오퍼레이터 a 적용하여 영상분 정상분 역상분을 구한다. 여기서 페이서 오퍼레이터는 $a = 1 \angle 120°$ 를 의미하며, a를 곱하면 $120°$의 위상차가 생긴다.

$$a = 1 \angle 120° = \cos 120° + j \sin 120° = -\frac{1}{2} + j\frac{\sqrt{3}}{2}$$

$$a^2 = 1 \angle 240° = \cos 240° + j \sin 240° = -\frac{1}{2} - j\frac{\sqrt{3}}{2}$$

$$a^3 = 1 \angle 360° = 1$$

$$\text{영상 전압} \quad V_0 = \frac{V_a}{3} + \frac{V_b}{3} + \frac{V_c}{3} = \frac{1}{3}(V_a + V_b + V_c)$$

$$\text{정상 전압} \quad V_1 = \frac{V_a}{3} + a\frac{V_b}{3} + a^2\frac{V_c}{3} = \frac{1}{3}(V_a + aV_b + a^2V_c)$$

$$\text{역상 전압} \quad V_2 = \frac{V_a}{3} + a^2\frac{V_b}{3} + a\frac{V_c}{3} = \frac{1}{3}(V_a + a^2V_b + aV_c)$$

2.3 대칭좌표법의 불평형 3상전압

영상 전압, 정상 전압, 역상 전압을 구하여 각각 중첩의 원리에 의해 회로를 해석하고 다시 불평형 성분을 구하여야 한다. 이때 페이서 오퍼레이터를 제거하면 불평형 3상 전압을 구할 수 있다.

V_a는 다음과 같다.

$$\text{영상 전압} \quad V_0 = \frac{V_a}{3} + \frac{V_b}{3} + \frac{V_c}{3}$$

$$\text{정상 전압} \quad V_1 = \frac{V_a}{3} + a\frac{V_b}{3} + a^2\frac{V_c}{3}$$

$$\text{역상 전압} \quad V_2 = \frac{V_a}{3} + a^2\frac{V_b}{3} + a\frac{V_c}{3}$$

위 전압을 모두 더하면

$$\frac{V_a}{3} + \frac{V_a}{3} + \frac{V_a}{3} = V_a$$

$$\frac{V_b}{3} + a\frac{V_b}{3} + a^2\frac{V_b}{3} = (1 + a + a^2)V_b = 0$$

$$\frac{V_b}{3} + a^2\frac{V_b}{3} + a\frac{V_b}{3} = (1 + a^2 + a)V_b = 0$$

따라서, $V_a = V_0 + V_1 + V_2$의 관계가 성립한다. V_b, V_c도 동일한 방법으로 구하면 다음과 같다.

$$V_b = V_0 + a^2V_1 + aV_2$$

$$V_c = V_0 + aV_1 + a^2V_2$$

2.4 교류발전기 기본식

발전기가 고장(1선지락, 2선지락, 선간단락 등)이 생긴 경우는 불평형 상태가 되므로 교류 발전기의 고장해석을 할 경우는 대칭좌표법을 이용한다. 이때 교류발전기의 기본식을 대칭좌표법으로 표시하여야 한다.

발전기의 기본식을 사용하면 어떤 불평형 전류가 주어지더라도 쉽게 회로계산을 할 수 있다. 가령 어떤 불평형 전류가 주어지면 먼저 그것으로부터 전류의 대칭성분 전류를 구할 수 있고, 이것을 발전기 기본식에 대입하면 발전기의 단자전압의 대칭성분 전압을 각각 얻을 수 있다.

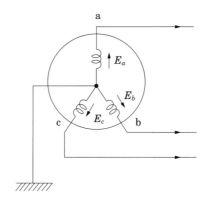

그림 5 교류발전기

교류 발전기는 대칭이고 유도전압은 3상 평형인 상태에서 교류 발전기 각 상의 기전력을 E_a, E_b, E_c라 할 경우

$$V_0 = Z_0 I_0$$

$$V_1 = E_a - Z_1 I_1$$

$$V_2 = -Z_2 I_2$$

를 교류발전기의 기본식이라 한다.

2.5 1선지락고장

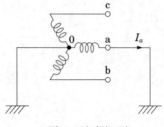

그림 6 1선지락고장

그림 6과 같이 1선지락고장이 발행하면 $V_a = 0$, $I_b = I_c = 0$이 된다.

이때

$$I_0 = I_1 = I_2 = \frac{1}{3} I_a$$

가 된다.

또,
$$V_a = V_0 + V_1 + V_2 = 0$$
$$= -Z_0 I_0 + E_a - Z_1 I_1 - Z_2 I_2$$
$$\therefore I_0 = I_1 = I_2 = \frac{E_a}{Z_0 + Z_1 + Z_2}$$
$$\therefore I_a = I_0 + I_1 + I_2 = \frac{3E_a}{Z_0 + Z_1 + Z_2} = 3I_0$$

a상의 전류는 지락전류가 된다. 1선 지락전류 계산은 a상의 유도기전력을 3 배해서 대칭분 임피던스의 세성분의 합으로 나눔으로써 가능하다. 또 대칭분 전류를 발전기의 기본식에 대입해서 전압의 대칭성분 $\dot{V}_0$, $\dot{V}_1$, $\dot{V}_2$는 다음과 같다.

$$V_0 = -Z_0 I_0 = -\frac{Z_0}{Z_0 + Z_1 + Z_2} E_a$$

$$V_1 = E_a - Z_1 I_1 = \frac{Z_0 + Z_2}{Z_0 + Z_1 + Z_2} E_a$$

$$V_2 = -Z_2 I_2 = -\frac{Z_2}{Z_0 + Z_1 + Z_2} E_a$$

이것으로부터 b, c상의 전압 $\dot{V}_b$, $\dot{V}_c$는 다음과 같이 된다.

$$V_b = V_0 + a^2 V_1 + a V_2 = \frac{(a^2-1)Z_0 + (a^2-a)Z_2}{Z_0 + Z_1 + Z_2} E_a$$

$$V_c = V_0 + a V_1 + a^2 V_2 = \frac{(a-1)Z_0 + (a-a^2)Z_2}{Z_0 + Z_1 + Z_2} E_a$$

2.6 2선 지락 고장

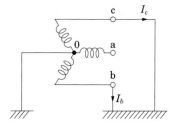

그림 7 2선지락고장

그림 7에서 $V_b = V_c = 0$, $I_a = 0$인 조건에서 대칭분 전류는

$$I_0 = \frac{-Z_2 E_a}{Z_0 Z_1 + Z_1 Z_2 + Z_2 Z_0}$$

$$I_1 = \frac{(Z_0 + Z_2) E_a}{Z_0 Z_1 + Z_1 Z_2 + Z_2 Z_0}$$

$$I_2 = \frac{-Z_0 E_a}{Z_0 Z_1 + Z_1 Z_2 + Z_2 Z_0}$$

대칭분 전압은,

$$V_0 = V_1 = V_2 = \frac{Z_0 Z_2}{Z_1 Z_2 + Z_0(Z_1 + Z_2)} E_a$$

건전상 전압과 b, c상 전류는,

$$I_b = I_0 + a^2 I_1 + a I_2 = \frac{(a^2-a)Z_0 + (a^2-1)Z_2}{Z_0 Z_1 + Z_1 Z_2 + Z_2 Z_0} E_a$$

$$I_c = I_0 + a I_1 + a^2 I_2 = \frac{(a-a^2)Z_0 + (a-1)Z_2}{Z_0 Z_1 + Z_1 Z_2 + Z_2 Z_0} E_a$$

$$V_a = V_0 + V_1 + V_2$$

$$= 3V_0 = -3E_0 I_0 = \frac{3Z_0 Z_2}{Z_0 Z_1 + Z_1 Z_2 + Z_2 Z_0} E_a$$

2.7 선간 단락 고장

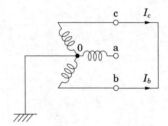

그림 8 선간단락고장

그림 8에서, $I_a = 0$, $I_b = -I_c$, $V_b = V_c$의 조건에서 대칭분 전류는,

$$I_0 = \frac{1}{3}(I_a + I_b + I_c) = 0$$

$$I_1 = -I_2 = \frac{E_a}{Z_1 + Z_2}$$

대칭분 전압은,

$$V_0 = 0$$

$$V_1 = V_2 = \frac{Z_2 E_a}{Z_1 + Z_2}$$

단락 전류 I_b, I_c와 V_a, V_b 및 V_c는,

$$I_b = -I_c = \frac{a^2 - a}{Z_1 + Z_2} E_a$$

$$V_a = \frac{2Z_2}{Z_1 + Z_2} E_a$$

$$V_b = V_c = \frac{-Z_2}{Z_1 + Z_2} E_a$$

예제문제 06

그림과 같은 회로의 영상, 정상 및 역상 임피던스 Z_0, Z_1, Z_2는?

① $Z_0 = \dfrac{Z+3Z_n}{1+j\omega C(Z+3Z_n)}$, $Z_1 = Z_2 = \dfrac{Z}{1+j\omega CZ}$

② $Z_0 = \dfrac{3Z_n}{1+j\omega C(3Z+Z_n)}$, $Z_1 = Z_2 = \dfrac{3Z_n}{1+j\omega CZ}$

③ $Z_0 = \dfrac{Z+Z_n}{1+j\omega C(Z+Z_n)}$, $Z_1 = Z_2 = \dfrac{Z}{1+j3\omega CZ_n}$

④ $Z_0 = \dfrac{3Z}{1+j\omega C(Z+Z_n)}$, $Z_1 = Z_2 = \dfrac{3Z_n}{1+j3\omega CZ}$

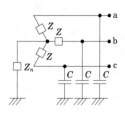

해설

영상 임피던스 : $Z_0 = \dfrac{1}{j\omega C + \dfrac{1}{Z+3Z_n}} = \dfrac{Z+3Z_n}{1+j\omega C(Z+3Z_n)}$

변압기의 정상 임피던스와 역상 임피던스는 회전기가 아니므로 같다.

$Z_1 = Z_2 = \dfrac{1}{j\omega C + \dfrac{1}{Z}} = \dfrac{Z}{1+j\omega CZ}$

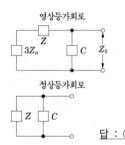

답 : ①

예제문제 07

그림과 같은 3상 발전기가 있다. a상이 지락한 경우 지락 전류는 얼마인가? 단, Z_0 : 영상 임피던스, Z_1 : 정상 임피던스, Z_2 : 역상 임피던스이다.

① $\dfrac{E_a}{Z_0 + Z_1 + Z_2}$ ② $\dfrac{3E_a}{Z_0 + Z_1 + Z_2}$

③ $\dfrac{2Z_0 E_a}{Z_0 + Z_1 + Z_2}$ ④ $\dfrac{2Z_2 E_a}{Z_1 + Z_2}$

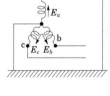

해설

대칭 좌표법과 발전기의 기본식을 이용하여 풀면

$V_a = 0$, $I_b = I_c = 0$이 된다.

이때 $I_0 = I_1 = I_2 = \dfrac{1}{3}I_a$가 된다.

또, $V_a = V_0 + V_1 + V_2 = 0$

$\quad = -Z_0 I_0 + E_a - Z_1 I_1 - Z_2 I_2$

$\therefore I_0 = I_1 = I_2 = \dfrac{E_a}{Z_0 + Z_1 + Z_2}$

$\therefore I_a = I_0 + I_1 + I_2 = \dfrac{3E_a}{Z_0 + Z_1 + Z_2} = 3I_0$

답 : ②

핵심과녁도문제

6·1

고장점에서 구한 전 임피던스를 Z, 고장점의 성형전압을 E 라 하면 단락전류는?

① $\dfrac{E}{Z}$ ② $\dfrac{ZE}{\sqrt{3}}$ ③ $\dfrac{\sqrt{3}\,E}{Z}$ ④ $\dfrac{3E}{Z}$

해설 옴법(Ohm method)에 의한 단상 단락전류 : $I_s = \dfrac{E}{Z} = \dfrac{E}{Z_g + Z_t + Z_l}$ [A]이다.

【답】①

6·2

단락점까지의 전선 한줄의 임피던스가 $Z = 6 + j8$(전원 포함), 단락전의 단락점 전압이 22.9 [kV]인 단상 전선로의 단락용량은 몇 [kVA]인가? 단, 부하전류는 무시한다.

① 13110   ② 26220   ③ 39330   ④ 52440

해설 옴법에 의한 단락전류 : $I_s = \dfrac{E}{Z_S} = \dfrac{22900}{2\sqrt{6^2 + 8^2}}$

단락용량 : $P_s = \sqrt{3}\,VI_s = 22900 \times \dfrac{22900}{2 \times 10} \times 10^{-3} = 26220$ [kVA]

【답】②

6·3

그림과 같은 3상 송전계통에서 송전단 전압은 3300 [V]이다. 지금 1점 P에서 3상 단락사고가 발생했다면 발전기에 흐르는 전류는 몇 [A]가 되는가?

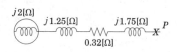

① 320   ② 330   ③ 380   ④ 410

해설 옴법에 의한 단락전류 : $I_S = \dfrac{E}{Z} = \dfrac{\dfrac{3300}{\sqrt{3}}}{\sqrt{0.32^2 + (2 + 1.25 + 1.75)^2}} = 380$ [A]

【답】③

6·4

3상 변압기의 임피던스 $Z\,[\Omega]$, 선간 전압이 $V\,[\text{kV}]$, 변압기의 용량 $P\,[\text{kVA}]$일 때 이 변압기의 % 임피던스는?

① $\dfrac{PZ}{10\,V^2}$　　　② $\dfrac{10PZ}{V}$　　　③ $\dfrac{10\,VZ}{ZP}$　　　④ $\dfrac{VZ}{P}$

해설 %임피던스 : $\%Z = \dfrac{ZI}{E}\times 100\,[\%] = \dfrac{PZ}{10E^2}\,[\%] = \dfrac{PZ}{10\,V^2}\,[\%]$　　　【답】①

6·5

합성 % 임피던스를 Z_p라 할 때, $P\,[\text{kVA}]$(기준)의 위치에 설치할 차단기의 용량 [MVA]은?

① $\dfrac{100P}{Z_p}$　　　② $\dfrac{100Z_p}{P}$　　　③ $\dfrac{0.1P}{Z_p}$　　　④ $10Z_pP$

해설 단락 용량 : $P_s = \dfrac{100}{\%Z}P_n = \dfrac{100}{Z_p}P\,[\text{kVA}] = \dfrac{0.1}{Z_p}P\,[\text{MVA}]$　　　【답】③

6·6

66 [kV], 3상 1회선 송전선로의 1선의 리액턴스가 20 [Ω], 전류가 350 [A]일 때 % 리액턴스는?

① 18.4　　　② 19.7　　　③ 23.2　　　④ 26.7

해설 %리액턴스 : $\%X = \dfrac{I_n X}{E}\times 100 = \dfrac{350\times 20}{\dfrac{66\times 10^3}{\sqrt{3}}}\times 100 ≒ 18.4\,[\%]$　　　【답】①

6·7

정격 전압 66 [kV], 1선의 유도 리액턴스 10 [Ω]인 3상 3선식 송전선의 10000 [kVA]를 기준으로 한 % 리액턴스는 얼마인가?

① 3.1　　　② 2.8　　　③ 2.3　　　④ 1.8

해설 %리액턴스 : $\%X = \dfrac{PX}{10\,V^2} = \dfrac{10000\times 10}{10\times 66^2} = 2.3\,[\%]$　　　【답】③

6·8

단락 용량 5000 [MVA]인 모선의 전압이 154 [kV]라면 등가모선 임피던스는 몇 [Ω]인가?

① 2.54   ② 4.74   ③ 6.34   ④ 8.24

[해설] 단락용량 : $P_s = \dfrac{V^2}{Z}$,   임피던스 : $Z = \dfrac{V^2}{P_s} = \dfrac{154000^2}{5000 \times 10^6} = 4.74\,[\Omega]$ 【답】②

6·9

단락 전류는 다음 중 어느 것을 말하는가?

① 앞선 전류   ② 뒤진 전류   ③ 충전 전류   ④ 누설 전류

[해설] ① 단락 전류 : 유도 전류(지상전류), ② 지락 전류 : 충전 전류(진상전류)   【답】②

6·10

정격 전압 7.2 [kV], 정격 차단 용량 250 [MVA]인 3상용 차단기의 정격 차단 전류는 약 몇 [kA]인가?

① 10   ② 20   ③ 30   ④ 40

[해설] 정격차단용량 = $\sqrt{3}$ ×정격전압×정격차단전류 [MVA]

∴ 단락전류 $I_s = \dfrac{250 \times 10^3}{\sqrt{3} \times 7.2} \times 10^{-3} = 20.05\,[\text{kA}]$ 【답】②

6·11

3상 회로에서 Y전압을 E, 정격 전류를 I_n, % 임피던스를 Z_P라 할 때 3상 단락 전류는?

① E/Z_P ② EI_n/Z_P ③ $100I_n/Z_P$ ④ $100EI_n/Z_P$

[해설] 단락전류 : $I_s = \dfrac{100}{\%Z}I_n = \dfrac{100}{Z_p} \cdot I_n$ 【답】③

6·12

합성 임피던스가 0.4 [%](10000 [kVA] 기준)인 발전소에 시설할 차단기의 필요한 차단 용량은 몇 [MVA]인가?

① 1,000   ② 1,500   ③ 2,000   ④ 2,500

해설 단락용량 : $P_s = \frac{100}{\%Z}P_n = \frac{100}{0.4} \times 10000 \times 10^{-3}$ [MVA] $= 2,500$ [MVA] 【답】④

6·13

전압 V_1 [kV]에 대한 $\%Z$값이 x_{p1}이고, 전압 V_2 [kV]에 대한 $\%Z$값이 x_{p2}일 때, 이들 사이에는 다음 중 어떤 관계가 있는가?

① $x_{p1} = \frac{V_1^2}{V_2}x_{p2}$ ② $x_{p1} = \frac{V_1}{V_2^2}x_{p2}$

③ $x_{p1} = \frac{V_2^2}{V_1^2}x_{p2}$ ④ $x_{p1} = \frac{V_2}{V_1^2}x_{p2}$

해설 $\%$임피던스는 전압의 제곱에 반비례 한다.

$\%Z = \frac{PZ}{10V^2}$ 에서 $\%Z \propto \frac{1}{V^2}$ 이므로 $x_{p1} = \frac{V_2^2}{V_1^2}x_{p2}$ 【답】③

6·14

선로의 3상 단락 전류는 대개 다음과 같은 식으로 구한다.

$$I_s = \frac{100}{\%Z_r + \%Z_L} \cdot I_N$$

여기서 I_N은 무엇인가?

① 그 선로의 평균전류 ② 그 선로의 최대전류
③ 전원변압기의 선로측 정격전류(단락측) ④ 전원변압기의 전원측 정격전류

해설 선로측 정격전류 : $I_N = \frac{P_n}{\sqrt{3}\,V_n}$ [A] 【답】③

6·15

그림에서 A점의 차단기 용량으로 가장 적당한 것은?

① 50 [MVA]
② 100 [MVA]
③ 150 [MVA]
④ 200 [MVA]

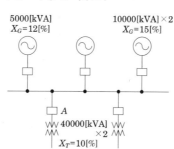

[해설] 10000 [kVA] 기준 합성 %리액턴스 : $\%X = \dfrac{1}{\dfrac{1}{15}\times 2 + \dfrac{1}{24}} = 5.71\,[\%]$

차단기 용량 : $P_s = \dfrac{100}{\%X}P_n = \dfrac{100}{5.71}\times 10000 \times 10^{-3} = 175\,[\text{MVA}]$ 【답】④

6·16

그림과 같은 3상 교류 회로에서 유입 차단기 3의 차단 용량 [MVA]은? 단, % 리액턴스는 발전기는 각각 10 [%], 변압기는 5 [%], 용량은 $G_1 = 15,000\,[\text{kVA}]$, $G_2 = 30,000$ [kVA], $T_r = 45,000\,[\text{kVA}]$이다.

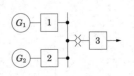

① 150   ② 300   ③ 450   ④ 800

[해설] 45,000 [kVA] 기준 %임피던스 : $\%Z_{g1} = 30$, $\%Z_{g2} = 15$, $\%Z_T = 5$

합성 %임피던스 : $\%Z = \dfrac{30\times 15}{30 + 15} + 5 = 15\,[\%]$

차단 용량 : $P_s = \dfrac{100}{\%Z}P_n = \dfrac{100}{15}\times 45,000\,[\text{kVA}] = 300\,[\text{MVA}]$ 【답】②

6·17

다음 그림에서 *친 부분에 흐르는 전류는?

① b상 전류
② 정상 전류
③ 역상 전류
④ 영상 전류

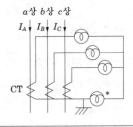

[해설] 변류기 2차측의 잔류회로(변류의 Y결선 접지부분을 잔류회로라 한다)는 영상전류를 검출하기 위한 회로이다. 따라서 변류기 2차 접지선에 흐르는 전류는 영상 전류가 된다. 【답】④

6·18

송전선로의 고장전류의 계산에 있어서 영상 임피던스가 필요한 경우는?

① 3상 단락   ② 선간 단락
③ 1선 접지   ④ 3선 단선

[해설] 1선 접지 고장 : 영상, 역상, 정상전류가 다같이 크게 흐르므로 임피던스는 모두 존재한다.

【답】③

6·19

A, B 및 C상 전류를 각각 I_a, I_b, I_c라 할 때 $I_x = \frac{1}{3}(I_a + a^2 I_b + a I_c)$, $a = -\frac{1}{2} + j\frac{\sqrt{3}}{2}$으로 표시되는 I_x는 어떤 전류인가?

① 정상 전류
② 역상 전류
③ 영상 전류
④ 역상 전류와 영상 전류의 합계

해설 대칭 좌표법의 대칭 전류를 보면

- 정상 전류 $I_1 = \frac{1}{3}(I_a + a I_b + a^2 I_c)$
- 역상 전류 $I_2 = \frac{1}{3}(I_a + a^2 I_b + a I_c)$
- 영상 전류 $I_0 = \frac{1}{3}(I_a + I_b + I_c)$

【답】②

6·20

평형 3상 송전선에서 보통의 운전 상태인 경우 중성점 전위는 항상 얼마인가?

① 0   ② 5   ③ 10   ④ 15

해설 불평형 상태에서는 중성점 전위가 존재하나 보통의 운전 상태에서는 평형 상태이므로 항상 0이다.

【답】①

6·21

다음 중 옳은 말은 어느 것인가?

① 송전 선로의 정상 임피던스는 역상 임피던스의 반이다.
② 송전 선로의 정상 임피던스는 역상 임피던스의 배이다.
③ 송전선의 정상 임피던스는 역상 임피던스와 같다.
④ 송전선의 정상 임피던스는 역상 임피던스의 3배이다.

해설 송전 선로의 임피던스나 변압기의 임피던스는 회전기가 아니므로 정상 임피던스와 역상 임피던스는 같다. 그러나 영상 임피던스는 1회선인 경우 정상 임피던스의 4배 정도, 2회선인 경우 7배 정도가 된다.

- 변 압 기 : $Z_1 = Z_2 = Z_0$
- 송전선로 : $Z_1 = Z_2 < Z_0$

【답】③

6·22

3상 회로에 사용되는 변압기(3상 변압기 또는 단상 변압기 3대)의 정상, 역상, 영상 임피던스를 각각 Z_1, Z_2, Z_0라 할 때 대략 다음과 같은 관계가 성립한다. 옳은 것은?

① $Z_1 = Z_2 < Z_0$ ② $Z_1 < Z_2 < Z_0$

③ $Z_1 > Z_2 > Z_0$ ④ $Z_1 = Z_2 = Z_0$

해설 송전 선로의 임피던스나 변압기의 임피던스는 회전기가 아니므로 정상 임피던스와 역상 임피던스는 같다. 그러나 영상 임피던스는 1회선인 경우 정상 임피던스의 4배 정도, 2회선인 경우 7배 정도가 된다.

- 변 압 기 : $Z_1 = Z_2 = Z_0$
- 송전선로 : $Z_1 = Z_2 < Z_0$ 【답】 ④

6·23

송전 선로에서 가장 많이 발생되는 사고는?

① 단선 사고   ② 단락 사고

③ 지지물 전도 사고   ④ 지락 사고

해설 송전 선로 사고 빈도 : 1선 지락, 2선 지락, 3선 지락, 단선 등의 순서로 발생빈도가 많다.

【답】 ④

6·24

선간 단락 고장을 대칭 좌표법으로 해석할 경우 필요한 것은?

① 정상 임피던스도 및 역상 임피던스

② 정상 임피던스도

③ 정상 임피던스도 및 영상 임피던스도

④ 역상 임피던스도 및 영상 임피던스도

해설
- 1선 지락고장 : 정상분, 역상분, 영상분
- 선간단락고장 : 정상분, 역상분
- 3상 단락고장 : 정상분   【답】 ①

6·25

3상 단락 고장을 대칭 좌표법으로 해석할 경우 다음 중 필요한 것은?

① 정상 임피던스(diagram) ② 역상 임피던스
③ 영상 임피던스 ④ 정상, 역상, 영상 임피던스

해설 • 1선 지락고장 : 정상분, 역상분, 영상분
   • 선간단락고장 : 정상분, 역상분
   • 3상 단락고장 : 정상분 【답】①

심화학습문제

01 어드미턴스 $Y[\mu\mho]$를 $V[kV]$, $P[kVA]$에 대한 PU법으로 나타내면?

① $\dfrac{YV^2}{P}\times 10^{-3}$　　② $\dfrac{YP}{V^2}\times 10^{-2}$

③ $\dfrac{V^2}{YP}\times 10^{-1}$　　④ $\dfrac{P^2}{YV}\times 10$

해설

PU어드미턴스

$Y_{pu}=\dfrac{YV}{I}\times\dfrac{V}{V}=\dfrac{YV^2}{IV}=\dfrac{YV^2}{P}\times 10^{-3}$　　【답】 ①

02 기준 용량 $P[kVA]$, $V[kV]$일 때 %임피던스값이 Z_P인 것을 기준용량 $P_1[kVA]$, $V_1[kV]$로 기준값을 변환하면 새로운 기준값에 대한 %임피던스값 Z_{P1}은?

① $Z_P\times\dfrac{P_1}{P}\times\left(\dfrac{V}{V_1}\right)^2$

② $Z_P\times\dfrac{P_1}{P}\times\dfrac{V}{V_1}$

③ $Z_P\times\dfrac{P_1}{P}\times\left(\dfrac{V_1}{V}\right)^2$

④ $Z_P\times\dfrac{P_1}{P}\times\dfrac{V_1}{V}$

해설

%임피던스에 의한 임피던스 값 : $Z_P=\dfrac{ZP}{10V^2}$,

$Z_{P1}=\dfrac{ZP_1}{10V_1^2}$

$\therefore \dfrac{Z_{P1}}{Z_P}=\dfrac{\dfrac{ZP_1}{10V_1^2}}{\dfrac{ZP}{10V^2}}=\dfrac{V^2\cdot P_1}{V_1^2\cdot P}$

$\therefore Z_{P1}=\left(\dfrac{V}{V_1}\right)^2\cdot\dfrac{P_1}{P}\cdot Z_P$　　【답】 ①

03 변압기의 % 임피던스가 표준값보다 훨씬 클 때 고려하여야 할 문제점은?

① 온도 상승　　② 여자 돌입 전류
③ 기계적 충격　　④ 전압 변동률

해설

변압기의 경우 %Z가 크면 단락비가 작아지며 전압 변동률이 증가한다.

【답】 ④

04 다음 중 옳은 것은?

① 터빈 발전기의 % 임피던스는 수차의 % 임피던스보다 작다.
② 전기기계의 % 임피던스가 크면 차단용량이 작아진다.
③ % 임피던스는 % 리액턴스보다 작다.
④ 직렬 리액터는 % 임피던스를 작게 하는 작용이 있다.

해설

차단용량 : $P_s=\dfrac{100}{\%Z}P_n$, $P_s\propto\dfrac{1}{\%Z}$

【답】 ②

05 수차 발전기의 운전 주파수를 상승시키면?

① 기계적 불평형에 의하여 진동을 일으키는 힘은 회전속도의 2승에 반비례한다.
② 같은 출력에 대하여 온도 상승이 약간 커진다.
③ 전압 변동률이 크게 된다.
④ 단락비가 커진다.

해설

발전기의 전압 변동률은 주파수와 비례 관계에 있다. 따라서 주파수를 증가시키면 리액턴스가 증가하며 이로 인해 전압강하가 증가하고 전압 변동률이 증가한다.

【답】③

06 정격 용량 P_n [kVA], 정격 2차 전압 V_{2n} [kV], % 임피던스 Z [%]인 3상 변압기의 2차 단락 전류는 몇 [A]인가?

① $\dfrac{P_n}{\sqrt{3}\,V_{2n}\cdot Z}$ ② $\dfrac{P_n}{V_{2n}\cdot Z}$

③ $\dfrac{100P_n}{\sqrt{3}\,V_{2n}\cdot Z}$ ④ $\dfrac{100P_n}{V_{2n}\cdot Z}$

해설

$I_s = \dfrac{100}{\%Z}I_n = \dfrac{100}{\%Z}\dfrac{P_n}{\sqrt{3}\,V_n}$ 에서

$$(\%Z \rightarrow Z_0 ,\ V_n = V_{2n})$$

$$I_s = \dfrac{100P_n}{\sqrt{3}\,V_{2n}\cdot Z}$$

【답】③

07 다음 그림과 같은 전력 계통의 154 [kV] 송전선로에서 고장지락저항 Z_{gf}를 통해서 1선 지락고장이 발생되었을 때 고장점에서 본 영상 임피던스 [%]는? 단, 그림에 표시한 임피던스는 모두 동일용량(즉, 100 [MVA] 기준으로 환산한 [%] 임피던스임)

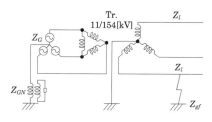

① $Z_0 = Z_l + Z_t + Z_{gf} + Z_G + Z_G + Z_{GN}$

② $Z_0 = Z_l + Z_t + Z_G$

③ $Z_0 = Z_l + Z_t + Z_{gf}$

④ $Z_0 = Z_l + Z_t + 3\cdot Z_{gf}$

해설

2차측 등가회로

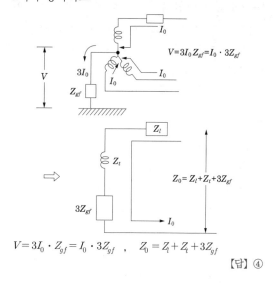

$$V = 3I_0 Z_{gf} = I_0 \cdot 3Z_{gf}$$

$$Z_0 = Z_l + Z_t + 3Z_{gf}$$

$V = 3I_0 \cdot Z_{gf} = I_0 \cdot 3Z_{gf}$, $Z_0 = Z_l + Z_t + 3Z_{gf}$

【답】④

08 그림과 같은 3상 선로의 각 상의 자기 인덕턴스를 L [H], 상호 인덕턴스를 M [H], 전원주파수를 f [Hz]라 할 때, 영상 임피던스 Z_0 [Ω]은? 단, 선로의 저항은 R [Ω]임

① $Z_0 = R + j\,2\pi f\,(L - M)$

② $Z_0 = R + j\,2\pi f\,(L + M)$

③ $Z_0 = R + j\,2\pi f\,(L + 2M)$

④ $Z_0 = R + j\,2\pi f\,(L - 2M)$

해설

3상 송전선에 영상 전류가 흐를 때의 등가회로

a상의 전압 강하를 v, 자기 리액턴스를 $j\omega L$, 상호 리액턴스를 $j\omega M$이라 하면

$$v = (R + j\omega L)I_0 + j\omega MI_0 + j\omega MI_0$$
$$= [R + j\omega(L + 2M)]I_0 = Z_0 I_0$$

∴ 영상 임피던스 $Z_0 = R + j2\pi f(L + 2M)$

【답】③

09 송전계통의 한 부분이 그림에서와 같이 Y—Y로 3상 변압기가 결선이 되고 1차측은 비접지로 그리고 2차측은 접지로 되어 있을 경우 영상전류(zero sequence current)는?

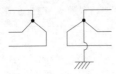

① 1차측 선로에만 흐를 수 있다.
② 2차측 선로에만 흐를 수 있다.
③ 1차 및 2차측 선로에 모두 다 흐를 수 있다.
④ 1차 및 2차측 선로에 모두 다 흐를 수 없다.

해설
변압기 결선(Y—Y)은 한쪽 중성점만 접지 : 접지되어 있지 않는 점에는 영상전류가 흐르지 못하고, 접지된 Y도 임피던스가 매우 커지므로 영상전류는 흐르지 않는다($\because$ Y는 일종의 초크코일 역할을 하기 때문이다.).

【답】④

10 그림과 같은 3권선 변압기의 2차측에 1선지락사고가 발생하였을 경우 영상전류가 흐르는 권선은?

① 1차, 2차, 3차 권선
② 1차, 2차 권선
③ 2차, 3차 권선
④ 1차, 3차 권선

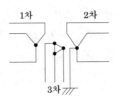

해설
1차에는 영상분이 존재하지 않으며, 2차 3차에는 영상 전류가 흐른다.

【답】③

11 3상 단락 사고가 발생한 경우 다음 중 옳지 않은 것은? 단, V_0 : 영상 전압, V_1 : 정상 전압, V_2 : 역상 전압, I_0 : 영상 전류, I_1 : 정상 전류, I_2 : 역상 전류이다.

① $V_2 = V_0 = 0$
② $V_2 = I_2 = 0$
③ $I_2 = I_0 = 0$
④ $I_1 = I_2 = 0$

해설
3상 단락 사고 : $V_0 = V_2 = I_0 = I_2 = 0$이고 V_1과 I_1만 존재한다.

【답】④

12 3상 교류발전기가 운전 중 2상이 단락되었을 경우 발생하는 현상에서 옳은 것은?

① 세 대칭분 전압은 서로 같다.
② 세 대칭분 전류는 서로 같다.
③ 단락된 상의 전압은 개방상 단자전압의 1/2이다.
④ 개방상의 단자전압은 단락상 단자전압의 1/2이다.

해설
발전기의 선간 단락 사고시

$I_a = 0$, $I_b = -I_c$, $V_b = V_c$의 조건에서 대칭분 전류

$I_0 = \frac{1}{3}(I_a + I_b + I_c) = 0$

$I_1 = -I_2 = \dfrac{E_a}{Z_1 + Z_2}$

대칭분 전압 : $V_0 = 0$

$V_1 = V_2 = \dfrac{Z_2 E_a}{Z_1 + Z_2}$

단락 전류 I_b, I_c와 V_a, V_b 및 V_c는,

$I_b = -I_c = \dfrac{a^2 - a}{Z_1 + Z_2} E_a$

$V_a = \dfrac{2 Z_2}{Z_1 + Z_2} E_a$

$V_b = V_c = \dfrac{-Z_2}{Z_1 + Z_2} E_a$

$\therefore |V_a| = 2|V_b| = 2|V_c|$

【답】③

7 이상전압과 개폐기

1. 이상전압

송전계통에 나타나는 이상전압(over voltage)이란 최고전압(표준전압)보다 높은 전압을 말하며, 이는 크게 두 가지로 나눌 수 있다.

1.1 내부 이상전압(internal over voltage)

내부 이상전압은 계통 조작 시 또는 고장 발생시 발생하며 계통 조작 시, 즉, 송전선로의 개폐조작에 따른 과도현상 때문에 발생하는 이상전압은 투입서지와 개방서지로 나누어지며 일반적으로 투입 시 보다 개방 시, 부하가 있는 회로를 개방하는 것보다 무부하의 회로를 개방하는 쪽이 더 높은 이상전압을 발생한다. 따라서, 이상 전압이 가장 큰 경우는 무부하 송전 선로의 충전 전류를 차단 할 경우(송전선 Y전압의 4.5~최고 6배)이다.

(1) 개폐서지(switching surge)

회로의 차단은 역률이 나쁠수록(전압과 전류의 위상차가 클수록) 어려워지며 이것은 전류가 "0" 일 때 접점간 전압이 높기 때문이며 여자전류(무부하 변압기의 개폐), 충전전류(무부하선로의 개폐), 진상전류(전력콘덴서의 개폐) 등의 개폐가 곤란한 이유이다. 또한, 개폐서지는 뇌서지에 비해 파고 값은 낮으나 지속시간이 수 ms로 비교적 길기 때문에 기기의 절연에 주는 영향을 무시할 수 없다.

차단기의 양극단에 걸리는 전압은 차단현상의 시간적 추이에 따라 변화한다.

$t = t_0$인 순간에 차단기의 접촉자가 떨어진다면 이 순간의 전류는 I_0이므로 바로 '0'이 되지 못하고 아크로 계속 흐른다(접촉자가 떨어진 순간 아크가 발생하게 되고 아크발생중의 접촉자간에 발생하는 전압 즉, 아크전압이 발생한다).

$t = t_1$일 때 아크는 소멸되나, 전류전압이 e_1이라는 값을 가지고 있으므로 접촉자 간의 절연이 충분하지 못하면 다시 아크(아크전압)가 발생하여 전류가 흐른다.

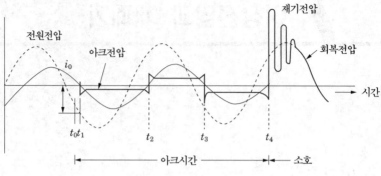

그림 1 교류차단기의 차단과정

이렇게 반주기 마다 아크는 점멸을 반복하거나 $t = t_4$에서 접촉자가 충분히 떨어져 있으므로 접촉자 간의 절연내력이 접점간에 나타나는 전압을 이기게 되어 아크는 소멸되고 접점간에 전원전압이 나타나게 되는데 이것을 회복전압이라 하고, 회복전압에 이르는 과정에서 과도전압이 나타나며 이과도전압을 재기전압이라 한다.

만일 재기전압의 값이 크면 접촉자 사이의 절연이 다시 파괴되어 아크가 또 발생하게 되고 이것을 재점호라 한다. 개폐서지의 종류에는 충전전류개폐서지, 여자전류개폐서지, 고장전류개폐서지, 3상 비동기투입서지, 고속도재폐로의 서지 등이 있으며, 충전전류의 개폐서지는 투입서지 와 재점호서지가 있다. 여자전류의 개폐서지는 전류절단서지, 반복재점호서지, 유도절단서지 등이 있다.

콘덴서의 충전전류를 그림 1과 같이 전류 0점에서 차단하게 되면 콘덴서 양단에는 과전압이 발생한다. 즉, 콘덴서 개방후 전극의 개리가 작은 동안에 계속해서 나타나는 큰 전압으로 극간이 절연파괴되어 점호가 발생한다.

그림 2와 같이 콘덴서 전류를 전류 0점에서 차단하게 되면 1/2사이클 경과후 전압이 3배가 콘덴서 극간에 나타나게 되며, 다시 1/2 사이클 후 전압이 5배가 되고, 다시 1/2사이클 후 7배가 되면서 전압이 확대되게 되어 이 전압으로 인해 재점호가 발생한다.

따라서, 재점호가 회로에 주는 직접적인 피해는 콘덴서 단자에 최고 3배의 과전압이 주어지는 것과 전원측에 1.5배의 과전압을 주는 정도이다.

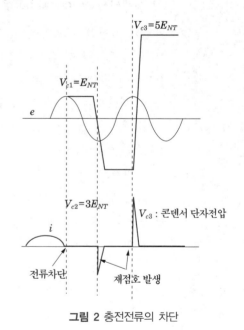

그림 2 충전전류의 차단

(2) 지락서지

직접접지 방식에서는 고장전류가 큰 반면 고장점을 확실히 선택 차단할 수 있으며, 또 건전상의 대지전압은 거의 영향을 받지 않는다. 소호 리액터 접지방식에서는 합조도가 적정하면 1선 지락고장을 신속히 소멸시키고 아크 소멸 후의 고장상의 전위상승은 완만하여 또 다시 지락아크로 진전하지 않는다. 그런데 비접지 방식에서는 고장점 전류는 충전전류가 대부분이므로 아크 지락(arc ground)을 야기할 우려가 있다.

1.2 외부 이상전압(external over voltage)

가공전선로에 발생하는 자연재해 중에서 뇌에 의한 사고가 가장 많으며, 거의 60 [%] 이상을 차지한다. 따라서 뇌방전 현상에 대한 연구와 이에 의한 재해의 방호대책을 강구하는 것은 전력계통의 신뢰도를 향상시키는 데에 있어서 중요한 과제이다. 뇌방전의 형태에는 뇌방전이 송전선로에 직접 낙뢰하는 직격뢰와 송전선로 이외에의 뇌격으로 인하여 송전선로에 유도되는 유도뢰가 있으며, 외부 이상전압은 주로 직격뢰에 의한 이상전압이 많다.

(1) 직격뢰(direct stroke)

뇌가 송전선 또는 가공지선을 직격할 때 발생하는 직격뢰(direct stroke)는 선로의 절연을 위협하는 것으로 가공 선로가 뇌의 직격을 받았을 때는 현재의 송전선로에서 아무리 절연을 강화하여도 이것에 견딜 수 없다. 뇌서지의 방전과정은 다음과 같다.

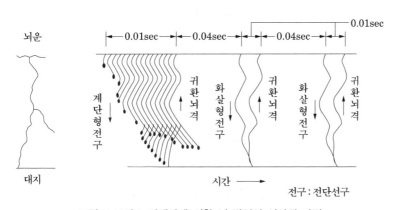

그림 3 보이스 카메라에 의한 뇌 방전의 시간적 과정

뇌운과 대지간 방전의 제1단계는 구름으로부터 대지로 향한 약 100[m]의 계단형으로 전파되는 계단형 선구(Stepped Leader)이다. 계속되는 2개의 계단(Step)의 사이에 10~100[μs]의 휴지시간이 있고 분기형태가 발생한다.

채널의 선단이 대지에 접근하게 되면 일반적으로 대지의 돌출부분(수목, 피뢰침 등)으로부터 상승리더가 발생하고 하강리더가 상승리더와 하나로 만나게 된다. 여기서 구름과 대지간에 전리된 채널이 가능하게 된다. 이것이 대전류를 흘리는 단락통로가 된다.

여기서 우리는 대지와 구름과의 사이에 귀환뇌격이라 부르는 강렬한 뇌섬광을 볼 수가 있다. 뇌방전은 일반적으로 동일한 채널을 통한 수회의 귀환뇌격에 의거하여 발생한다. 전체 뇌방전은 0.2~1초간이고 평균 1회의 귀환뇌격이 계속 발생한다.

(2) 유도뢰

뇌전하를 띄고 있는 구름(雷雲) 바로 밑에 있는 송전선에 유도된 구속전하가 뇌운 사이 또는 뇌운과 대지 사이의 방전에 의해 자유전하로 되어 송전선로를 전파하는 유도뢰(indirect stroke)는 직격뢰에 비해서 그 발생빈도는 높지만 파고값이 그다지 높지 않기 때문에 송전선로의 절연상 별문제가 되지 않는다.

1.3 진행파

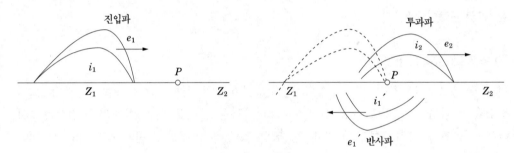

그림 4 진행파

$$\text{반사계수(coefficient of reflection)} \quad \frac{Z_2 - Z_1}{Z_2 + Z_1}$$

$$\text{투과계수(coefficient of transmission)} \quad \frac{2Z_2}{Z_2 + Z_1}$$

$Z_2 = \infty$이면 선로 종단이 개방된 경우를 의미하며, $Z_2 = 0$으로 놓으면 선로 종단이 단락된 경우를 의미한다. $Z_2 > Z_1$의 경우는 반사계수가 정(+)이 되므로 정반사라 하고 $e_1' > 0$, $i_1' > 0$가 되며, 전압의 투과파는 입사파보다 높아진다. 그리고, $Z_2 < Z_1$의 경우를 부(−) 반사라 하고 $e_1' < 0$, $i_1' < 0$이 되며 전압 투과파는 입사파보다 낮아진다.

[참고자료]

입사파를 i_1, 반사파를 i_1', 투과파를 i_2라고 하면 Kirchhoff의 법칙으로부터

$$i_2 = i_1 - i_1'$$

전압 진행파에 대해서는 입사파 e_1, 반사파 e_1', 투과파를 e_2라고 하면

$$e_2 = e_1 + e_1{'}$$

전압 진행파와 전류 진행파 및 특성 임피던스 Z_1, Z_2 사이에 다음과 같은 관계가 성립된다.

$$e_1 = Z_1 i_1, \ e_1{'} = Z_1 i_1{'}, \ e_2 = Z_2 i_2$$
$$i_2 = i_1 - i_1{'}$$

$e_2 = e_1 + e_1{'}$에서 $e_1{'} = Z_1 i_1{'}$를 대입하면

$$e_2 = e_1 + Z_1 i_1{'} = e_1 + Z_1 (i_1 - i_2)$$

$$e_2 = e_1 + Z_1 \left(\frac{e_1}{Z_1} - \frac{e_2}{Z_2} \right) = e_1 + e_1 - \frac{Z_1}{Z_2} e_2$$

$$e_2 + \frac{Z_1}{Z_2} e_2 = 2 e_1$$

$$e_2 \left(1 + \frac{Z_1}{Z_2} \right) = 2 e_1$$

$$e_2 = \frac{2 Z_2}{Z_2 + Z_1} e_1$$

입사파 e_1, i_1에 의한 반사파 $e_1{'}$, $i_1{'}$와 투과파 e_2, i_2를 구하면

$$e_1{'} = \frac{Z_2 - Z_1}{Z_2 + Z_1} e_1$$

$$e_2 = \frac{2 Z_2}{Z_2 + Z_1} e_1$$

$$i_1{'} = - \frac{Z_2 - Z_1}{Z_2 + Z_1} i_1$$

$$i_2 = \frac{2 Z_1}{Z_2 + Z_1} i_1$$

[참고자료 끝]

예제문제 01

송배전 선로의 이상 전압의 내부적 원인이 아닌 것은?

① 선로의 개폐   ② 아크 접지   ③ 선로의 이상 상태   ④ 유도뢰

해설

내부적 원인에 의한 이상 전압
　① 개폐서지 ② 고장시의 과도 이상 전압 ③ 계통 조작과 고장시의 지속 이상 전압
외부적 원인에 의한 이상 전압
　① 유도뢰　② 직격뢰　③ 다른 고압선과의 혼촉 및 유도

답 : ④

예제문제 02

파동 임피던스 $Z_1 = 400\,[\Omega]$인 가공 선로에 파동 임피던스 $50\,[\Omega]$인 케이블을 접속하였다. 이때 가공 선로에 $e_1 = 800\,[\text{kV}]$인 전압파가 들어왔다면 접속점에서 전압의 투과파는?

① 약 178 [kV]   ② 약 238 [kV]   ③ 약 298 [kV]   ④ 약 328 [kV]

해설

투과파 전압 : $e_2 = \dfrac{2Z_2}{Z_1 + Z_2} \times e_1 = \dfrac{2 \times 50}{400 + 50} \times 800 = 178\,[\text{kV}]$

답 : ①

예제문제 03

파동 임피던스 $Z_1 = 500\,[\Omega]$, $Z_2 = 300\,[\Omega]$인 두 무손실 선로 사이에 그림과 같이 저항 R을 접속하였다. 제 1선로에서 구형파가 진행하여 왔을 때 무반사로 하기 위한 R의 값은 몇 $[\Omega]$인가?

① 100   ② 200
③ 300   ④ 500

해설

반사 계수 $r = \dfrac{(R + Z_2) - Z_1}{Z_1 + (R + Z_2)} = 0$이 되어야 하므로 $(R + Z_2) - Z_1 = 0$

$\therefore R = Z_1 - Z_2 = 500 - 300 = 200\,[\Omega]$

답 : ②

---

2. 이상전압의 방지대책

전기기기의 보호를 위한 방지대책은 피뢰기가 사용되며, 송전선로의 보호를 위해서는 가공지선이 사용된다. 또한 철탑의 역섬락을 방지하기 위해서는 매설지선을 설치한다.

2.1 피뢰기(LA : Lightning Arrester)

피뢰기는 특고가공 전선로에 의하여 수전하는 자가용 변전실의 입구에 설치하여 낙뢰나 혼촉사고 등에 의하여 이상전압이 발생하였을 때 선로와 기기를 보호한다. 피뢰기는 저항형, 밸브형, 밸브저항형, 방출형, 산화아연형, 지형 등이 있으나 자가용 변전실에는 거의가 밸브저항형이 채택되고 있다.

(1) 피뢰기의 구조

피뢰기는 일반적으로 갭 있는 피뢰기를 사용하며, 특성요소와 직렬갭으로 구성된다.

① 직렬갭(Serries Gap)

피뢰기의 직렬갭이란 특성요소와 직렬로 연결되어 평상시에는 피뢰기를 열고(OFF), 이상전입이 침입할 경우 불꽃 방전에 의해 그 회로를 닫아(ON) 뇌서지를 대지로 방전하고 속류를 차단한다.

② 특성요소

특성요소는 피뢰기의 직렬갭이 방전을 한 후, 직렬갭에 의한 속류 차단을 용이하게 도와주는 역할을 한다. 탄화규소를 주성분으로 하고 결합재와 수분을 균등하게 혼합하여 압축 성형한 것으로 보통 1200℃에서 1300℃ 정도에서 10시간 내지 40시간 동안 소성하여 제작한 일종의 저항이다.

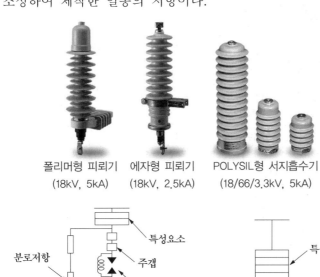

폴리머형 피뢰기　에자형 피뢰기　POLYSIL형 서지흡수기
(18kV, 5kA)　　(18kV, 2.5kA)　　(18/66/3.3kV, 5kA)

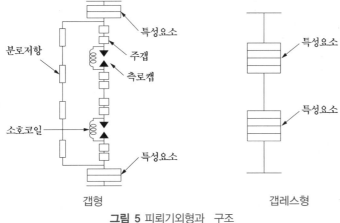

분로저항　특성요소　주갭　측로캡　소호코일　특성요소

특성요소　특성요소

갭형　　　　　　　　　갭레스형

그림 5 피뢰기외형과 구조

최근에는 갭이 없는 피뢰기인 갭레스 피뢰기가 많이 사용되며, 특성요소로는 산화아연[1]을 사용한다. 갭레스 피뢰기의 특징은 직갭이 없으므로 다음과 같은 특징이 있다.

• 미소전류로부터 대전류까지 안정된 비직선 저항특성을 가지고 있어 제한전압이 일정하여 안정된 특성을 지닌다.
• 직렬갭이 없으므로 속류가 거의 흐르지 않고, 오손될 염려가 없고, 활선청소도 가능하다.
• 속류가 거의 흐르지 않으므로 동작책무에 유리하고, 다중뢰 동작에도 견딘다.
• 구조가 간단하여 소형 경량화가 가능하다.

표 1 피뢰기의 종류 및 특성

피뢰기 종류		구조 및 특성	용도
밸브 저항형 피뢰기	구조	직렬갭과 특성요소를 내장하고 있는 밀봉구조	모든 계통 전압에 관계없이 사용
		직렬갭 : 속류를 차단하기 위하여 자기취소형, 자기구동형 등이 있다. 정격전압이 높은 피뢰기는 직렬갭의 분담전압을 균일하게 하기 위하여 직렬갭에 병렬저항, 콘덴서를 설치하고 또 외부에 균압고리를 부착하고 있다.	
		특성요소 : 탄화규소(SiC)를 주성분으로 하여 여기에 무기질의 첨가물을 결합재로서 소성한 저항체인데 비직성 전압, 전류특성을 가지고 있다.	
	특징	장기간 사용되어온 피뢰기로 사용실적이 가장 많다. 산화아연 소자가 개발되기까지 피뢰기의 주류였다.	
P밸브 피뢰기 (지형)	구조	직렬갭은 밀봉구조, 특성요소는 반개방	배전선로에 사용
		직렬갭 : 특성요소가 차단특성을 가지고 있어서 차단특성은 소용이 없고 방전특성만 중시함.	
		특성요소 : 특수가공한 절연지에 금속박을 직렬콘덴서 모양으로 붙이고 권심형태로 감은 것으로 뇌써지에 의해 금속박이 융해된다.	
	특징	동작횟수, 동작전류가 기록된다. 제한전압이 낮다.	
산화 아연형 피뢰기	구조	특성요소(ZnO소자) 만으로 밀봉된 구조로 직렬갭 불필요	발변전소용
		특성요소 : 산화하연(SIC)주성분으로 하여 산화 금속을 첨가한 소결체이다. 우수한 비직선 전압, 전류 특성을 가지고 있다.	
	특성	직렬갭이 없어서 방전특성 및 내오손 특성이 우수하고 제한전압이 낮으며 구조가 간단, 소형화, 경량화하여 근래 피뢰기의 주류를 이루고 있다.	배전선로용은 직렬갭을 붙임

---

1) ZnO : 산화아연 결정 미립자의 저항은 전압에 의하여 변화하고 경계층 저항과 용량은 주파수 및 온도에 의해 변화한다.

예제문제 04

피뢰기의 구조는 다음 중 어느 것인가?

① 특성요소와 소호 리액터   ② 특성요소와 콘덴서

③ 소호 리액터와 콘덴서   ④ 특성요소와 직렬 갭(gap)

해설
피뢰기의 구조
① 직렬 갭 : 속류 차단, 이상 전압을 대지로 방전
② 특성 요소 : 도전도 형성
③ 쉴드링 : 전기적, 자기적 충격으로부터 보호

답 : ④

예제문제 05

전력용 피뢰기에서 직렬 갭(Gap)의 주된 사용 목적은?

① 방전 내량을 크게 하고 장시간 사용하여도 열화를 적게 하기 위함

② 충격 방전 개시 전압을 높게 하기 위함

③ 상시는 누설 전류를 방지하고 충격파 방전 종료 후에는 속류를 즉시 차단하기 위함

④ 충격파가 침입할 때 대지에 흐르는 방전 전류를 크게 하여 제한 전압을 낮게 하기 위함

해설
피뢰기의 구조
① 직렬 갭 : 속류 차단, 이상 전압을 대지로 방전
② 특성 요소 : 도전도 형성
③ 쉴드링 : 전기적, 자기적 충격으로부터 보호

답 : ③

---

(2) 피뢰기의 정격전압

피뢰기가 방전중 정격전압 이상의 사용주파전압이 인가되면 피뢰기의 속류차단능력은 보장되지 않으며, 피뢰기는 파손된다. 따라서, 피뢰기의 정격전압은 사고시에도 건전상 상용주파전압의 최대값에 견디어야 한다.

전력계통에서는 지락사고, 부하의 급격한 변화, 공진, 유도전압 등에 의해 상용주파 이상전압이 발생하며, 이것을 고려해서 피뢰기의 정격전압을 결정한다. 이것은 매우 어려운 작업이며, 실제로는 지락사고에 대한 과전압만 고려한다. 지락사고시 건전상 대지전압은 계통의 중성점 접지방식에 따라 변하며, 피뢰기에 적용상 유효접지와 그 외 접지방식 2가지로 구분하여 적용한다. 피뢰기 정격전압을 구하는 식은 아래와 같다.

$$Er = \alpha \times \beta \times V_m$$

여기서, α는 접지계수를 의미하며, β(여유도, safety margin)는 유도계수를 의미한다. V_m은 계통에서 발생되는 절연설계상 고려해야할 최고 상용주파전압이다.

α : 3상 전력계통의 1선 지락사고시 피뢰기 설치점의 건전상의 대지전압이 도달할 수 있는 최고의 실효치로 %로 표시한다.

β : 부하차단 등에 의한 발전기의 전압상승을 고려한 것이다 비유효접지계통에서는 1.15 정도, 유효접지계통에서는 1.1 정도이다.

V_m : 공칭전압$\times \dfrac{1.2}{1.1}$, 또는 계통의 최고전압

피뢰기의 정격전압이란 속류[2]를 차단하는 교류 최고전압을 말한다.

$$765\,[\text{kV}] \text{ 계통의 피뢰기의 정격전압} : 1.1 \times 1.15 \times \frac{800}{\sqrt{3}} \fallingdotseq 580\,[\text{kV}]$$

$$345\,[\text{kV}] \text{ 계통의 피뢰기의 정격전압} : 1.2 \times 1.15 \times \frac{362}{\sqrt{3}} \fallingdotseq 288\,[\text{kV}]$$

$$154\,[\text{kV}] \text{ 계통의 피뢰기의 정격전압} : 1.3 \times 1.15 \times \frac{169}{\sqrt{3}} \fallingdotseq 144\,[\text{kV}]$$

표 2 피뢰기의 정격전압

전력계통		정격전압	
공칭전압	중성점 접지방식	송전선로	배전선로
345	유효접지	288	
154	유효접지	144	
66	소호 리액터 접지 또는 비접지	72	
22	소호 리액터 접지 또는 비접지	24	
22.9	중성점 다중 접지	21	18

주) 전압 22.9[kV] 이하의 배전선로에서 수전하는 설비의 피뢰기정격전압은 배전선로용을 적용한다.

예제문제 06

송변전 계통에 사용되는 피뢰기의 정격 전압은 선로의 공칭 전압의 보통 몇 배로 선정하는가?

① 직접 접지계 : 0.8~1.0 배, 저항 또는 소호 리액터 접지 : 0.7~0.9배
② 직접 접지계 : 1.0~1.3배, 저항 또는 소호 리액터 접지 : 1.4~1.6배
③ 직접 접지계 : 0.8~1.0배, 저항 또는 소호 리액터 접지 : 1.4~1.6배
④ 직접 접지계 : 1.0~1.3배, 저항 또는 소호 리액터 접지 : 0.7~0.9배

---

2) 속류 : 방전현상이 실질적으로 끝난 후에도 계속하여 전력계통에서 공급되는 상용주파전류가 피뢰기를 통해 대지로 흐르는 전류를 말한다.

절연 협조에 관한 최근의 경향은 유효 접지계(직접 접지계)에서는 공칭 전압의 0.915~0.965배, 비유효 접지계(저항 또는 소호 리액터 접지)에서는 공칭 전압의 1.27배의 것을 정격 전압으로 선정하여 사용하고 있다(JEC 참조).

답 : ③

(3) 공칭방전전류

피뢰기에 흐르는 방전전류는 선로 및 발변전소 차폐[3]유무와 연간뇌우발생일수(IKL)를 참고하여 결정한다. 설치장소별 피뢰기의 공칭방전전류는 표 3과 같으며, 일반적으로 22.9kV−Y에 적용되는 피뢰기의 경우에는 2500A의 피뢰기를 사용한다.

표 3 공칭방전전류

공칭방전전류	설치장소	적용조건
10000 [A]	변전소	1. 154 [kV] 계통 이상 2. 66 [kV] 및 그 이하 계통에서 뱅크용량 3000 [kVA]를 초과하거나 특히 중요한 곳 3. 장거리 송전선 케이블 4. 배전선로 인출측(배전간선 인출용 장거리 케이블 제외)
5000 [A]	변전소	66 [kV] 및 그 이하 계통에서 뱅크용량 3000 [kVA]를 이하인 곳
2500 [A]	선로	배전선로

(4) 피뢰기의 용어

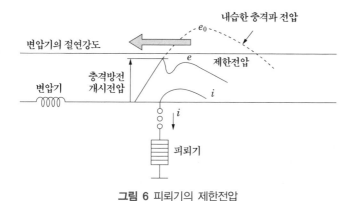

그림 6 피뢰기의 제한전압

---

3) 유효차폐 발변전소는 그 자체외 이에 모두 연결된 선로가 직격뢰에 대해서도 차폐가 된다.

① 충격내전압(Impulse Withstand Voltage)

규정조건하에서 행한 시험에서 한 기기가 견디어야 할 표준파형의 충격전압파고치를 말한다. 즉, BIL이라고도 하며 절연레벨의 기준이 된다. 표준충격전압파형 $(1.2 \times 50 \ \mu sec)$

② 충격방전개시전압(Impulse Spark Over Voltage)

피뢰기의 양단자사이에 충격전압이 인가되어 피뢰기가 방전하는 경우 그 초기에 방전 전류가 충분히 형성되어 단자간 전압강하가 시작하기 이전에 도달하는 단자전압의 최고전압을 말한다.

③ 제한전압

충격전류가 방전으로 저하되어서 피뢰기의 단자간에 남게되는 충격전압, 즉, 뇌써지의 전류가 피뢰기를 통과할 때 피뢰기의 양단자간 전압강하로 이것은 피뢰기 동작중 계속해서 걸리고 있는 단자전압의 파고치로 표시한다.

④ 상용주파내전압

규정조건하에서 행한 시험에서 한 기기가 견디어야 하는 상용주파전압의 실효치를 말한다. 이 시험은 실내기기에 대해서는 건조상태에서 대지간에 1분간 인가하고, 실외기기에 대해서는 다시 같은 전압을 주수상태에서 10sec간 인가한다.

⑤ 방전전류

갭의 방전에 따라 피뢰기를 통해서 대지로 흐르는 충격전류를 말한다.

⑥ 속류(Follow Current)

피뢰기의 속류란 방전현상이 실질적으로 끝난후 계속하여 전력계통에서 공급되어 피뢰기에 흐르는 전류를 말한다.

⑦ 방전내량

피뢰기가 방전했을 때 피뢰기를 통해서 흐르는 전류가 매우 큰 대전류이면, 그것만으로도 피뢰기는 파괴되며, 파괴까지는 안 된다 해도 일정한도를 넘는 전류가 반복 흐르면 열화 손상을 초래하게 된다. 이 한도를 방전내량이라하며 임펄스 대전류 통전능력이라고도 한다.

⑧ 정격전압(Rated Voltage)

선로단자와 접지단자에 인가한 상태에서 소정의 단위 동작책무를 소정의 회수로 반복수행할 수 있는 정격주파수의 상용주파전압 최고한도를 규정한값(실효치)를 말한다.

⑨ 상용주파방전개시전압(Power-Frequency Spark Over Voltage)

피뢰기의 상용주파방전개시전압이란 선로단자와 접지단자간에 인가했을 때 파고치 부근에 있어서 직렬갭에서 불꽃방전을 발생하는 등 실질적으로 피뢰기에 전류가 흐르기 시작한 최저의 상용주파전압을 말하며 실효치로 표시한다(피뢰기정격전압의 1.5배).

예제문제 07

피뢰기의 제한 전압이란?

① 상용 주파 전압에 대한 피뢰기의 충격 방전 개시 전압
② 충격파 침입시 피뢰기의 충격 방전 개시 전압
③ 피뢰기가 충격파 방전종료 후 언제나 속류를 확실히 차단할 수 있는 상용 주파 허용 단자 전압
④ 충격파 전류가 흐르고 있을 때 피뢰기의 단자 전압

해설
제한전압 : 피뢰기 동작 중에 충격파 전류가 흐르고 있을 때 피뢰기의 단자 전압의 최대값

답 : ④

예제문제 08

피뢰기의 정격 전압이란?

① 충격 방전 전류를 통하고 있을 때의 단자 전압
② 충격파의 방전 개시 전압
③ 속류의 차단이 되는 최고의 교류 전압
④ 상용 주파수의 방전 개시 전압

해설
피뢰기의 정격 전압 : 속류를 차단하는 교류의 전압의 최대값

답 : ③

---

(5) 피뢰기의 설치위치

① 고압 특고압 수용가의 인입구
② 발전소, 변전소 또는 이에 준하는 장소의 인입 및 인출구
③ 가공전선로와 지중전선로가 만나는 곳
④ 배전용 변압기 1차측

2.2 가공지선(overhead ground wire)

송전선에의 뇌격에 대한 차폐용으로서 철탑 정상부에 각 철탑마다 접지시킨 가공지선(overhead ground wire)이 사용한다. 가공지선은 강연선이 사용되었으나 차폐효과

를 높이기 위해서 보다 도전성이 좋은 강심 알루미늄 전선 (ACSR) 등을 사용한다. 최근에는 외측의 알루미늄 피복강선을 뇌격 차폐용으로 하고, 내측의 알루미늄관 속에 광섬유 케이블을 넣어서 정보통신 케이블로 이용할 수 있는 광섬유 복합 가공지선(OPGW, composite fiber OPtic Ground Wire)도 사용되고 있다.

그림 7 OPGW

예제문제 09

> **가공 지선에 대한 설명으로 틀린 것은?**
>
> ① 직격뢰에 대해서는 특히 유효하며, 탑 상부에 시설함으로 뇌는 주로 가공 지선에 내습한다.
> ② 가공 지선 때문에 송전 선로의 대지 용량이 감소하므로 대지와의 사이에 방전할 때 유도전압이 특히 커서 차폐 효과가 좋다.
> ③ 가공 지선을 가설하는 목적은 유도뢰에 대한 정전 차폐 효과 및 직격뢰에 대한 차폐 효과이다.
> ④ 1선 지락 사고 때 지락전류의 일부가 가공 지선을 통하므로 부근의 통신선에 미치는 전자 유도 장해를 경감시킬 수 있다.
>
> 해설
> 가공 지선의 목적 : 뇌해 방지, 전자 차폐 효과
>
> 답 : ②

---

(1) 유도뢰 차폐

전위가 영(零)인 가공지선이 전선에 근접해 있기 때문에 뇌운으로부터 정전유도에 의해서 전선 상에 유기되는 전하의 양은 줄어든다. 즉, 가공지선을 설치함으로써 구속전하는 50 [%] 이하로 줄일 수 있어서 유도뢰를 그 만큼 저감시킬 수 있게 된다.

(2) 직격뢰에 대한 차폐

가공지선과 전력선을 잇는 직선의 수직선에 대한 각 θ을 보호각 또는 차폐각(shielding angle)이라 한다. 보호각은 될 수 있는 대로 작게 하는 것이 바람직하지만 이것을 작게 하려면 그 만큼 가공지선을 높이 가선해야 하기 때문에 철탑의 높이가 높아진다.

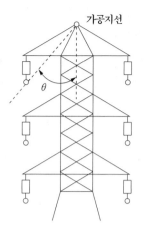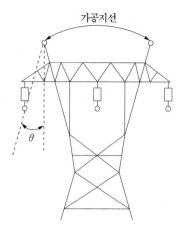

그림 8 가공지선의 차폐각

예제문제 **10**

가공 지선에 대한 다음 설명 중 옳은 것은?

① 차폐각은 보통 15~30° 정도로 하고 있다.

② 차폐각이 클수록 벼락에 대한 차폐 효과가 크다.

③ 가공 지선을 2선으로 하면 차폐각이 적어진다.

④ 가공 지선으로 연동선을 주로 사용한다.

해설

가공 지선 : 직렬 회로부터 송전선의 차폐를 위해 시설한다. 차폐각은 45° 이내, 보호율은 97 [%] 정도이다. 가공 지선은 ACSR을 사용한다. 차폐각이 작을수록 보호율이 높고 건설비가 비싸다.

답 : ③

2.3 매설지선(counter poise)

송전계통에서는 뇌의 직격으로부터 선로를 보호하기 위하여 철탑의 꼭대기에 1가닥 내지 2가닥의 가공지선을 설치하고 있다. 뇌격 철탑의 정점에 뇌격시 철탑의 전위가 상승하며, 전선을 절연하고 있는 애자련의 절연파괴 전압 이상으로 될 경우에는 철탑으로부터 전선을 향해서 섬락을 일으키게 된다. 이것을 역섬락(reverse flashover)이라고 한다.

이 역섬락은 철탑의 탑각접지저항값이 클 경우 발생하기 쉽다. 따라서 역섬락을 방지하기 위해서는 철탑의 탑각에 매설지선을 설치하여 탑각 접지저항값을 감소시켜야 한다.

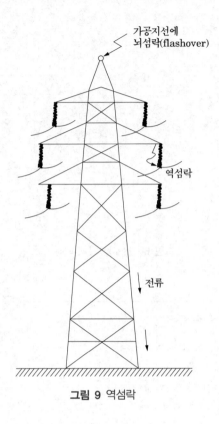

그림 9 역섬락

예제문제 **11**

송전선로에 매설지선을 설치하는 목적은?

① 직격뢰로부터 송전선을 차폐, 보호하기 위하여

② 철탑 기초의 강도를 보강하기 위하여

③ 현수 애자 1연의 전압분담을 균일화하기 위하여

④ 철탑으로부터 송전선로에로의 역섬락을 방지하기 위하여

해설
매설지선의 목적 : 뇌해 방지, 역섬락 방지

답 : ④

2.4 절연협조(coordination of insulation)

송전선로에서 발생하는 이상전압에 대하여 피뢰기와 같은 보호장치를 이용하여 계통 절연을 합리적이며 경제적으로 절연하는 것을 절연협조라 한다. 만일 절연강도가 상호 무관하면 절연강도가 가장 낮은 특정한 기기에 사고가 집중적으로 일어나게 된다. 따라서 계통전체의 신뢰성을 확보하기 위해서 절연파괴가 일어나지 않도록 설계하여야 한다.

피뢰기의 제한전압보다도 높은 기준충격 절연강도(BIL, basic impulse insulation level)를 정해 놓고 변압기와 기기의 절연강도 결정하여 변압기와 기기를 보호하여야 한다.

그림 10은 절연협조의 예를 나타낸 것이다.

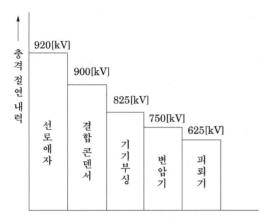

그림 10 154 [kV] 송전계통 절연협조

예제문제 **12**

전력계통의 절연협조 계획에서 채택되어야 하는 모선 피뢰기와 변압기의 관계는?

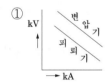 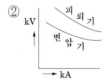 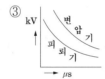 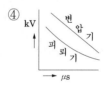

해설

절연 협조 : 계통의 각 기기 및 기구, 선로, 애자 상호간의 균형있는 적당한 절연 강도를 가지는 것을 말한다. 피뢰기의 제한 전압이 기기의 기준 충격 절연 강도보다 낮아야 한다.

답 : ③

예제문제 **13**

송전 계통에서 절연 협조의 기본이 되는 것은?

① 피뢰기의 제한 전압　　　　② 애자의 섬락 전압
③ 변압기 부싱의 섬락 전압　　④ 권선의 절연 내력

해설

절연 협조 : 계통의 각 기기 및 기구, 선로, 애자 상호간의 균형있는 적당한 절연 강도를 가지는 것을 말한다. 피뢰기의 제한 전압이 기기의 기준 충격 절연 강도보다 낮아야 한다.

답 : ①

3. 차단기(CB : Circuit Breaker)

차단기는 정상상태에서는 부하전류를 개폐하고, 사고상태(단락, 지락, 과부하 등)에서는 사고전류를 안전하게 차단하는 것을 목적으로 한다. 차단기의 기능은 다음과 같다.

- 부하전류의 개폐
- 고장전류, 특히 단락전류와 같은 대전류의 차단

차단기는 접촉부, 소호부, 조작부, 제어부로 구성된다. 현재 차단기에 많이 사용되는 소호방법은

- 아크에 의하여 발생한 가스를 냉각하는 방법
- 이온을 확장하는 방법
- 이온을 어떤 방향으로 불어 날리는 방법
- 소호실의 내압을 높게 하는 방법
- 아크를 세분하는 방법
- 자계의 아크 구동력을 이용하는 방법

등이 있다. 어느 것이나 차단기 극간의 급속한 절연내력을 회복하여 차단성능을 높이는 것을 목적으로 한다.

차단기의 구비조건은 다음과 같다.

- 투입상태에서 양호한 도체로, 정상 또는 단락고장상태와 같은 이상조건에서도 열적, 구조적으로 견디어야 한다.
- 개방상태에서 양호한 절연체로 상간 또는 상과 대지간 절연이 유지되어야 한다.
- 차단기 투입시에는 이상전압 발생이 없이 정격 또는 그 이하의 발생전류를 정상적으로 차단하여야 한다.
- 차단기 개방시에는 접촉자 손상이 없이 신속, 안전하게 회로를 분리하여야 한다.

전력용 차단기의 종류는 소호방식에 따라 자력형, 타력형으로 구분되고, 소호매질에 따라

- 유입차단기
- 자기차단기
- 진공차단기
- 가스차단기
- 공기차단기

등이 있다. 사용되는 정격전압과 사용장소에 따라 차단기를 선정한다. 일반적으로 자가용 수변전설비에 보수와 성능면에서 유리한 진공차단기를 많이 사용한다. 유입차단기는 과거 많이 사용되어 왔으나 진공차단기의 개발과 더불어 현재는 옥외용 송전선로의 변전소 등에 사용되며, 자가용 수변전설비에는 사용되지 않는다. 공기차단기의 경우는 대규모 변전설비등에서 사용되고 있다.

㉾ 자력식 차단기 : 소호방식에 의한 차단기 분류의 일종으로 차단해야 할 전류 자체에 의한 아크 에너지 또는 전자력에 의하여 아크를 소호하는 방식으로 유입차단기의 경우 아크 자체 에너지에 의해 절연유를 분해시켜 만든 가스압력으로 아크를 소호하며, 자기차단기의 경우 직접 아크를 이용하지는 않지만 통상 아크의 전류를 이용하여 자계를 만들어 소호하기 때문에 自力式이라 할 수 있다. 자력식의 경우 차단전류 정격의 10~30% 정도의 소전류에서는 아크 에너지가 적기 때문에 아크 동요가 적어 냉각 및 이온 제거 작용이 활발치 못해 아크 소호시간이 길다. 진공차단기, 자기차단기 등이 이에 해당된다.

㉾ 타력식 차단기 : 소호방식에 의한 차단기 분류의 일종으로 소호매체를 강제적으로 주입하거나 압축공기 및 가스를 주입하여 아크 자체의 에너지와 관계없이 타 에너지원으로 아크를 소호 하는 가스차단기, 공기차단기 등을 말한다. 타력식의 경우 차단전류와 무관하게 강한 소호에너지가 공급되므로 아크발생시간이 일정하나, 차단전류가 너무 클 때 아크온도 상승에 의한 소호실 압력이 커져 아크에 주입되는 소호매체의 흐름을 방해하여 아크소호시간이 길어지기도 하며 때로는 소호 불능상태로 가기도 한다.

3.1 진공차단기(VCDB : Vacuum Circuit Breaker)

진공을 소호매질로 하는 VI(Vacuum Interrupter)를 적용한 차단기로서 전력의 송수전, 절체 및 정지 등을 계획적으로 수행하는 외에 전력 계통에 고장 발생시 신속히 자동 차단하는 책무를 보호장치로 사용된다.

그림 11 진공차단기

예제문제 **14**

진공 차단기의 특징에 속하지 않는 것은?

① 화재 위험이 거의 없다.

② 소형 경량이고 조작 기구가 간편하다.

③ 동작시 소음은 크지만 소호실의 보수가 거의 필요치 않다.

④ 차단 시간이 짧고 차단 성능이 회로 주파수의 영향을 받지 않는다.

해설
진공 차단기의 특징
　① 소형 경량이고 조작 기구가 간편하다.
　② 절연유를 사용하지 않아 화재 위험이 없다.
　③ 진공이라 폭발음이 없다.
　④ 소호실에 대해서 보수가 거의 필요치 않다.
　⑤ 차단 시간이 짧고 차단 성능이 회로의 주파수에 영향을 받지 않는다.

답 : ③

3.2 자기차단기(Magnetic Blast Circuit Breaker)

대기 중에서 전자력을 이용하여 아크를 소호실내로 유도해서 냉각차단

- 화재 위험이 없다.
- 보수 점검이 비교적 쉽다.
- 압축 공기 설비가 필요 없다.
- 전류 절단에 의한 과전압을 발생하지 않는다.
- 회로의 고유 주파수에 차단 성능이 좌우되는 일이 없다.

예제문제 15

자기 차단기의 특징 중 옳지 않은 것은?

① 화재의 위험이 적다.
② 보수, 점검이 비교적 쉽다.
③ 전류 절단에 의한 와전류가 발생되지 않는다.
④ 회로의 고유 주파수에 차단 성능이 좌우된다.

해설
자기 차단기의 특징
① 절연유를 사용하지 않아 화재 위험이 없다.
② 보수 점검이 비교적 쉽다.
③ 공기차단기와 같이 압축 공기 설비가 필요 없다.
④ 전류 절단에 의한 과전압을 발생하지 않는다.
⑤ 회로의 고유 주파수에 차단 성능이 좌우되는 일이 없다.

[참고] 전류절단현상이 큰 경우 : 직류는 맥류이므로 전류 0점이 없어 차단시 전류절단현상이 발생하
여 강한 Arc가 발생하고 폭발음이 크다

답 : ④

3.3 가스차단기(Gas Circuit Breaker)

고성능 절연특성을 가진 특수가스(SF_6)를 흡수해서 차단한다. SF_6 가스 차단기의 특징은 다음과 같다.

- 밀폐구조이므로 소음이 없다.
- 절연내력이 공기의 2~3배, 소호 능력은 공기의 100~200배
- 근거리 고장 등 가혹한 재기전압에 대해서도 성능이 우수
- 인체에 무취 무해 가스 발생
- SF_6는 무독, 무취,무해, 가스이므로 유독가스를 발생하지 않는다.

예제문제 16

SF₆ 가스 차단기의 설명으로 잘못된 것은?

① SF_6 가스는 절연내력이 공기의 2~3이고 소호능력이 공기의 100~200배이다.

② 아크에 의해 SF_6 가스가 분해되어 유독 가스를 발생시킨다.

③ 밀폐구조이므로 소음이 없다.

④ 근거리 고장 등 가혹한 재기전압에 대해서도 우수하다.

해설

SF_6 가스 : 무색, 무취, 무해 가스이므로 유독 가스는 발생되지 않는 특징이 있다.

답 : ②

3.4 공기차단기(Air Blast Circuit Breaker)

압축된 공기를 아크에 불어 넣어서 차단

예제문제 17

수(數) 10기압의 압축 공기를 소호실 내의 아크에 급부(扱附)하여 아크 흔적을 급속히 치환하며 차단 정격 전압이 가장 높은 차단기는 다음 중 어느 것인가?

① MBB   ② ABB   ③ VCB   ④ ACB

해설

공기 차단기(Air) : 수(數) 10기압의 압축 공기를 소호실 내의 아크에 급부(扱附)하여 아크 흔적을 급속히 치환하며 차단 정격 전압이 가장 높은 차단기이다.

답 : ②

3.5 유입차단기(Oil Circuit Breaker)

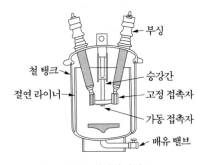

그림 12 유입차단기의 구조

🟢주 그림 12에서 명칭을 묻는 문제가 출제되었다.

소호실에서 아크에 의한 절연유 분해 가스의 흡부력을 이용해서 차단

- 보수가 번거롭다.
- 방음설비가 필요 없다.
- 공기보다 소호 능력이 크다.
- 부싱 변류기를 사용할 수 있다.

예제문제 18

그림은 유입 차단기의 구조도이다. A의 명칭은?

① 절연 liner
② 승강간
③ 가동 접촉자
④ 고정 접촉자

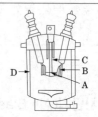

해설
A : 가동 접촉자, B : 고정 접촉자, C : 승강간, D : 절연 liner

답 : ③

예제문제 19

유입 차단기의 특징이 아닌 것은?

① 방음설비가 있다.
② 부싱 변류기를 사용할 수 있다.
③ 공기보다 소호 능력이 크다.
④ 높은 재기 전압상승에도 차단성능에 영향이 없다.

해설
유입 차단기의 특징
① 보수가 번거롭다.　　　　　② 방음설비가 필요 없다.
③ 공기보다 소호 능력이 크다.　　④ 부싱 변류기를 사용할 수 있다.
⑤ 높은 재기 전압상승에도 차단성능에 영향이 없다.

답 : ①

---

(1) 차단기의 정격

① 정격전압(Rated Voltage)

정격전압이란 규정된 조건에 따라 기기에 인가될 수 있는 사용회로전압의 상한을 말하며 계통의 공칭전압에 따라 표 4를 표준으로 한다.

표 4 정격전압의 표준치

공칭전압[kV]	정격전압[kV]	비 고
6.6	7.2	
22 또는 22.9	25.8	23kV 포함
66	72.5	
154	170	
345	362	
765	800	

② **차단전류**(Breaking Current, Interrupting Current)

차단전류란 차단기의 차단순간에 각 극에 흐르는 전류를 말하다. 정격차단전류란 정격전압, 정격주파수 및 규정한 회로조건에서 규정한 표준동작책무와 동작상태에 따라 차단할 수 있는 지상역률의 차단전류의 한도를 말하며, 교류분의 실효치로 표시한다.

표 5 차단기 정격 예시

정격 전압 (kV)	정격차단 전류 (kA rms)	정격전류 (A rms)				
7.2	12.5	600				
	25	600	1,200	2,000		
	31.5		1,200	2,000	3,000	
	40		1,200	2,000	3,000	
25.8	25	600	1,200	2,000	3,000	
	30				3,000	
72.5	20		1,200	2,000		
	31.5		1,200	2,000		
170	31.5		1,200	2,000		
	50		1,200	2,000	3,000	
	63			2,000		4,000
362	40			2,000		4,000
	63					4,000	8,000
800	50					8,000

③ 투입전류(Making Current)

투입전류란 차단기의 투입순간에 각 극에 흐르는 전류를 말하며 최초주파수에 있어서의 최대치로 표시하고 3상 시험에 있어서는 각 상의 최대의 값을 말한다.

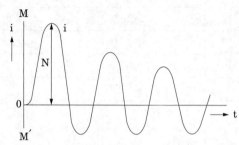

i : 투입전류, MM': 투입순간, N : 투입전류의 최대치

그림 13 투입전류와 투입시간

정격투입전류는 모든 정격 및 규정의 회로 조건 하에서 규정의 표준동작책무 및 동작상태에 따라 투입할 수 있는 투입전류의 한도로서 투입전류의 최초주파에 있어서의 최대치로 표시하며, 이의 크기는 정격차단전류(실효치)의 2.5~2.6배 정도 된다.

예제문제 20

차단기의 정격 투입 전류란 투입되는 전류의 최초 주파의 무엇으로 표시되는가?

① 실효값   ② 평균값   ③ 최대값   ④ 순시값

해설
투입전류란 차단기의 투입순간에 각 극에 흐르는 전류를 말하며 최초주파수에 있어서의 최대치로 표시하고 3상 시험에 있어서는 각 상의 최대의 값을 말한다. 이의 크기는 정격차단전류(실효치)의 2.5~2.6배 정도된다.

답 : ③

예제문제 21

차단기의 정격 투입 전류는 정격 차단 전류(실효값)의 몇 배를 표준으로 하는가?

① 1.5   ② 2.5   ③ 3.5   ④ 5

해설
투입전류란 차단기의 투입순간에 각 극에 흐르는 전류를 말하며 최초주파수에 있어서의 최대치로 표시하고 3상 시험에 있어서는 각 상의 최대의 값을 말한다. 이의 크기는 정격차단전류(실효치)의 2.5~2.6배 정도 된다.

답 : ②

④ **단시간전류**(Short-Time Withstand Current)

개폐장치의 단시간전류란 규정조건에서 규정시간동안 개폐장치의 통전부분에 흐르게 할 수 있는 전류의 한도를 말하며, 정격단시간전류란 그 전류를 규정한 회로조건에서 규정시간동안 개폐장치에 통하여도 열적, 기계적으로 이상이 발생하지 않는 전류의 최대한도이고 개폐장치의 정격차단전류와 같은 값(실효치)으로 한다.

⑤ **정격전류**(Rated Normal Current, Rated Normal Continuous Current)

개폐장치의 정격전류란 정격전압 및 정격주파수, 규정한 온도상승 한도를 초과하지 않는 상태에서 연속적으로 흐를 수 있는 전류의 한도를 말하며, 일반적 표준으로 적용하고 있는 차단기의 정격전류는 600, 1200, 2000, 3000, 4000, 8000A가 있다.

⑥ **차단시간**(Breaking Time, Interrupting Time)

개극시간과 아크시간을 합한 것을 차단시간이라 하며, 정격차단시간이란 정격차단전류를 정격전압, 정격주파수 및 규정한 회로조건에서 규정한 표준 동작책무 및 동작상태에 따라서 차단할 경우 차단시간의 한도를 말한다. 정격차단시간은 정격주파수를 기준으로 하여 사이클수(↔)로 나타낸다.

또한 정격차단시간은 표 6의 값을 표준으로 하고(ES 150), 차단기는 정격전압하에서 정격차단전류의 30% 이상의 전류를 차단할 때의 시간은 정격차단시간을 초과할 수 없다.

🟢 개극시간(開極時間, Opening Time) : 개극시간이란 폐로 상태에 있는 차단기의 트립제어장치(coil)가 여자된 순간부터 arc접촉자(arc접촉자가 없는 경우는 주접촉자)가 개리할 때까지의 시간을 말하고, 정격개극시간이란 무부하시에 정격 Trip전압 및 정격 조작압력에서 Trip하는 경우의 개극시간의 한도를 말하며 표 6의 조건을 기준으로 한다.

🟢 아크시간이란 아크접촉자(아크접촉자가 없는 경우는 주접촉자)의 개리순간부터 모든 極의 主電流가 차단되는 순간까지의 시간을 말한다. 특히 어떤 극에 관해서 말할 경우에는 그 극의 아크접촉자(혹은 주접촉자)의 개리의 순간부터 그 극의 주전류가 차단되는 순간까지의 시간을 말한다.

표 6 차단기의 정격차단시간

정격전압(kV)	7.2	25.8	72.5	170	362	800
정격차단시간(cycle)	5	5	5	3	3	2

예제문제 22

차단기의 정격 차단 시간은?

① 고장 발생부터 소호까지의 시간　　　② 트립 코일 여자부터 소호까지의 시간
③ 가동접촉자 시동부터 소호까지의 시간　④ 가동접촉자 개극부터 소호까지의 시간

해설
• 차단시간 : 개극시간과 아크시간을 합한 것을 차단시간이라 한다.
• 정격차단시간 : 정격전압, 정격주파수 및 규정한 회로조건에서 규정한 표준 동작책무 및 동작상태
  에 따라서 차단할 경우 차단시간의 한도를 말한다. 정격차단시간은 정격 주파수를 기준으로 하여
  사이클수(∞)로 나타낸다.

답 : ②

예제문제 23

차단기의 정격 차단 시간의 표준이 아닌 것은?

① 3 [c/sec]　　　② 5 [c/sec]　　　③ 8 [c/sec]　　　④ 10 [c/sec]

해설
차단기의 정격 차단 시간 : 트립 코일 여자로부터 아크 소호까지의 시간을 말하며 2, 3, 5, 8 [Hz]의
규격이 있다.

답 : ④

⑦ 동작책무(Duty Cycle, Operating Duty)

차단기는 전력의 송수전, 절체 및 정지 등을 계획적으로 하는 것 이외, 전력계통에
어떤 고장이 발생하였을 때 신속히 차단하며, 계통의 안정도를 위해 필요시는 재투
입하는 책무를 가지는 중요한 보호장치이다. 차단기는 이러한 동작을 하기 위한
보증의 방법으로 동작책무를 규정한다. 차단기의 동작책무란 1~2회 이상의 투입,
차단 또는 투입차단을 일정한 시간간격으로 행하는 일련의 동작을 말한다. 이것을
기준으로 하여 그 차단기의 차단성능, 투입성능 등을 규정한다.

표 7 표준동작책무(KSC 4611)

동력조작	기호 : A	O-(1분)-CO-(3분)-CO
	기호 : B	CO-(15초)-CO
수동조작	기호 : M	O-(2분)-O 및 CO

표 8 표준동작책무(JEC 181)

일반용	기호 : A	O-(1분)-CO-(3분)-CO
	기호 : B	CO-(15초)-CO
고속도 재투입용	기호 : R	O-(t초)-CO-(1분)-CO

O : 차단동작, CO : 투입동작에 이어 즉시 차단동작, t : 재투입시간(120kV급 이상에서 0.35초 표준)

예제문제 24

차단기의 표준 동작 책무가 O-1분-CO-3분-CO 부호인 것은 다음 어느 경우에 적합한가?
단, O : 차단 동작, C : 투입 동작, CO : 투입 동작에 뒤따라 곧 차단 동작이다.

① 일반 차단기
② 자동 재폐로용
③ 정격 차단 용량 50 [mA] 미만의 것
④ 차단 용량 무한대의 것

해설
차단기의 표준 동작 책무 (JEC 18)

일반용	기호 : A	O−(1분)−CO−(3분)−CO
	기호 : B	CO−(15초)−CO
고속도 재투입용	기호 : R	O−(t초)−CO−(1분)−CO

답 : ①

예제문제 25

차단기의 차단 책무가 가벼운 것은?

① 중성점 저항 접지 계통의 지락 전류 차단
② 중성점 직접 접지 계통의 지락 전류 차단
③ 중성점을 소호 리액터로 접지한 장거리 송전 선로의 충전 전류 차단
④ 송전 선로의 단락 사고시의 차단

해설
고장 전류가 가장 작은 것이 차단책무가 가장 가볍다.

답 : ③

표 8에서 기호 A, B는 고속도가 아닌 재투입시에 사용되며, A가 가장 널리 사용되고 B는 이보다 재투입시간이 짧은 것에 보통 적용된다.

㊟ 시험동작책무란 차단기의 단락시험을 할 때 그 차단기에 주어지는 동작책무를 말하며, KS에 의하면 5[Hz] 차단기의 백분율 직류분은 25% 이하 8[Hz] 차단기의 백분율 직류분은 10% 이하에서 행한다.

(2) 기준충격절연강도(Basic Impulse Insulation Level)

BIL은 절연 계급 20호 이상의 비유효접지계는 다음과 같이 계산된다.

$$BIL = 절연계급 \times 5 + 50 \ [kV]$$

여기서 절연계급은 전기기기의 절연강도를 표시하는 계급을 말하고, 공칭전압을 1.1 로 나눈 값이 된다.

표 9 차단기의 기준충격절연강도

차단기의 정격전압[kV]	사용회로의 공칭 전압[kV]	BIL [kV]
0.6	0.1, 0.2, 0.4	
3.6	3.3	45
7.2	6.6	60
24.0	22.0	150
72.0	66.0	350
168.0	154.0	750

> 주 전력계통에는 변압기, 차단기, 기기의 Bushing, 애자, 결합 콘덴서, 계기용변성기 등 많은 기기가 있으므로 이들 사이에는 서로 균형 있는 절연강도를 유지해야 한다. 또 계통전체의 절연설계를 보호장치와의 관계에서 합리화하고 절연비용을 최소한도로 하여 최대효과를 거두기 위해 절연협조(Insulation Coordination)을 하여야 하며, 이는 외뢰에 의한 충격전압만을 대상으로 고려한다. 외뢰에 의한 이상전압의 파고치는 회로전압과는 무관하여 1,000만[V]이상이 될 때도 있어 피뢰기와 같은 보호기기 없이 기기 자체의 절연강도로 이에 견딜 수 있도록 높인다는 것은 불가능하다. 따라서 사용전압등급별로 피뢰기의 제한전압보다 높은 충격파전압을 기준충격절연강도(basic impulse insulation level)로 정하여 변압기와 기기의 절연강도결정에 이용한다. 충격파의 표준형은 1.0×40μs, 1.2×50μs 등 나라에 따라 다르나 우리 나라는 1.2×50μs를 표준 충격파로 사용하고 있다.

(3) 차단기의 용량

① 수전용차단기의 용량

수전용 차단기는 수전점에서의 전력회사쪽의 %임피던스를 기준으로 산정한다.

$$P_s = \text{기준용량 [MVA]} \times \frac{100}{\%Z} \text{ [MVA]}$$

단, Ps : 수전용 차단기의 차단용량, %Z : 선로의 합성 임피던스

② 주변압기 2차측 차단기의 차단용량

$$P_s = \text{기준용량 [MVA]} \times \frac{100}{\%Z} \text{ [MVA]}$$

단, Ps : 변압기 2차측 차단기의 차단용량, %Z : 전력회사 선로와 변압기의 %임피던스의 합성한 값

③ 단락전류를 이용한 차단기의 차단용량

$$\text{정격차단용량} = \sqrt{3} \times \text{정격전압} \times \text{정격차단전류[MVA]}$$

차단기의 용량은 단락용량의 직근상위 정격의 값을 선정한다. 여기서 정격전압은 차단기의 정격전압으로 적용한다.

예제문제 26

3상용 차단기의 정격 차단 용량이라 함은?

① 정격 전압 × 정격 차단 전류

② $\sqrt{3}$ ×정격 전압 × 정격 전류

③ 3×정격 전압 × 정격 차단 전류

④ $\sqrt{3}$ ×정격 전압 × 정격 차단 전류

해설

정격차단용량 : $P_s = \sqrt{3}\,V_n I_s$ [MVA]

답 : ④

(4) 트립프리(Trip Free)

트립프리란 접촉자의 접촉 또는 접촉자간이 아크에 의하여 주회로가 통전 상태일 때, 투입신호가 지속되더라도 트립장치의 동작에 의하여 그 차단기를 우선 트립할 수 있으며, 트립완료후 계속적으로 투입지령이 주어지더라도 재차 투입동작을 하지 않는다. 이후 투입신호를 해제하고 다시 투입신호를 주었을 때 투입동작이 진행되는 것을 말한다. 전기적 Trip free의 기본회로는 그림 14와 같다. 이것은 Pumping 방지 역할도 동시에 하고 있다.

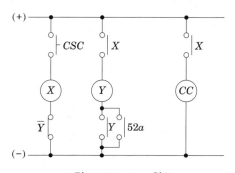

그림 14 Trip free 회로

[동작순서]

① 투입용 CSC(Closing Switch)를 ON하면 차단기가 투입, 보조접점 52a가 폐로

② 52a 접점에 의해 Pumping 방지 계전기 ⓨ가 여자, 투입 계전기 ⓧ 소자, Closing Coil (CC) 소자

③ 이때 차단기가 트립동작을 하면 52a접점이 다시 열리지만 52a접점과 병렬로 연결된 Y접점이 붙어 있기 때문에 CSC(Closing Switch)가 닫혀 있는 동안 ⓨ가 계속 여자되어 X접점이 개로되어 있다.

④ Closing Coil (CC)은 무여자 상태

⑤ 만일 Y접점이 없다면 52a접점이 열리면 ⓨ계전기가 소자되므로 ⓧ계전기가 여자되어 다시 (CC)가 여자되고 차단기를 투입한다.

⑥ 투입, 차단신호가 동시에 들어갈 때 ⓨ계전기가 없으면 투입, 차단의 동작을 반복하게 된다. 이것을 Pumping이라 한다.

⑦ 트립프리는 이 펌핑작용을 방지하기 위해서도 반드시 필요하다. (Anti Pum - ping)

4. 전력퓨즈 [4]

전력퓨즈는 고압 및 특고압의 선로에서 선로와 기기를 단락으로부터 보호하기 위해 사용되는 차단장치이다. 전력퓨즈는

- 부하전류를 안전하게 통전한다.
- 일정치 이상의 과전류는 차단하여 선로나 기기를 보호한다.

의 기능을 갖는다. 전력퓨즈는 자체적으로 변류기와 과전류계전기 및 차단기의 3가지 기능을 갖추고 있어 단락전류를 경제적으로 차단할 수 있는 특징이 있다.

전력퓨즈는 한류퓨즈와 비한류 퓨즈로 구분된다. 한류퓨즈는 퓨즈가 용단될 때 높은 아크저항이 발생되도록 하는 퓨즈이며, 사고전류를 강제적으로 한류작용이 되도록 하고 있다. 비한류 퓨즈는 한류퓨즈와 달리 엘라멘트가 용단된 후 발생한 아크열에 의하여 생성되는 소호성 가스를 분출구를 통하여 방출하며 전류 0점에서 차단하도록 하고 있다.

그림 15 전력퓨즈

---

4) COS는 주로 변압기 1차측의 각 상마다 취부하여 변압기의 단락 및 과부하 보호와 개폐를 위한 것으로, 단극으로 제작된 것이다. 내부의 퓨즈가 용단되면 스위치 덮개가 중력에 의하여 스스로 개방되어 멀리서도 퓨즈의 용단을 식별할 수 있다. PF와 달리 용단시 COS 퓨즈만 교환할 수 있으며, 퓨즈통(Fuse Holder)은 몇 번이고 재활용할 수 있다. 개폐조작은 전용 조작봉을 사용한다.

4.1 정격전압

3상회로에서 사용 가능한 전압의 한도를 표시한 것을 말한다. 퓨즈의 정격전압은 계통의 접지, 비접지에 무관하고 계통의 최대 선간전압에 의해 결정된다.

$$정격전압 = 공칭전압 \times \frac{1.2}{1.1}[\text{kV}]$$

표 10 퓨즈의 정격전압

계통 전압(kV)	퓨즈의 정격	
	퓨즈 정격전압(kV)	최대설계전압(kV)
6.6	6.9 또는 7.5	– 8.25
6.6/11.4 Y	11.5 또는 15.0	– 15.5
13.2	15.0	15.5
22 또는 22.9	23.0	25.8
66	69.0	72.5
154	161.0	169

주) 정격전압 표시방법은 각국(各國)에 따라 다르며 상기는 예시 규격이다.

4.2 정격전류

정격전류는 전력퓨즈가 온도상상의 한도를 넘지 않고 연속적으로 흘릴 수 있는 전류의 실효값을 말한다. 정격전류의 표준값은 1, 2, 3, 5, 7, 10, 15, 20, 25, 30, 40, 50, 65, 80, 100, 125, 150, 200, 250, 300, 400[A]를 사용한다.

4.3 정격차단용량

정격차단용량이란 퓨즈가 차단할 수 있는 단락전류의 최대전류를 말하며 [kA]로 표시된다. 퓨즈는 고속도 차단을 하므로 차단전류에는 과도현상에 의하여 발생하는 직류분이 포함된 대칭분으로 나타낸다. 반면 퓨즈의 차단용량은 교류분만의 대칭분 실효치로 표시한다. 대칭분과 비대칭분의 비는 전류의 역률이 나쁠수록 크게 된다. 일반적으로 퓨즈는 '비대칭값/대칭값'을 1.6으로 취급하고 있다.

4.4 한류형퓨즈

단락전류 차단시 높은 아크저항을 발생하여 사고전류를 억제하는 방식으로 밀폐된 퓨즈통 안에 가용체와 규사 등의 입상소호제를 봉입한 구조로 되어 있다.

한류형 퓨즈의 특징은 다음과 같다.

① 소형으로 큰 차단용량을 갖는다.

② 단락전류의 제한효과가 크다.

③ 차단시간이 짧으므로 과전압이 발생한다.

④ 최소 차단전류영역이 있다.

⑤ 전차단 시간은 1/4사이클 정도이다.

⑥ 전압 0점에서 차단이 된다.

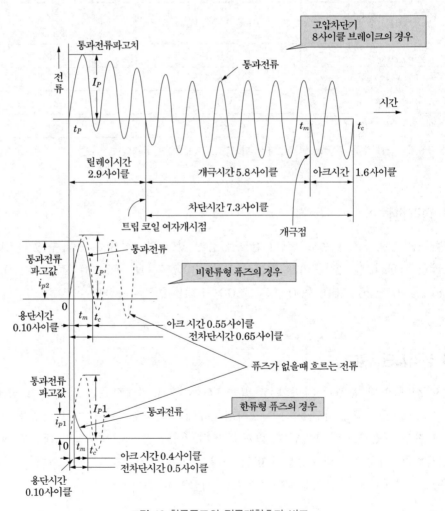

그림 16 한류퓨즈의 전류제한효과 비교

4.5 비한류형 퓨즈

전류차단시 소호가스를 아크에 분출하여 전류 0점에서 극간의 절연내력을 재기전압이상으로 높여 아크를 소호하는 퓨즈로 붕산과 파이버를 사용한다.

비한류형 퓨즈의 특징은 다음과 같다.

① 전류 0점에서 차단되므로 과전압이 발생하지 않는다.
② 용단되면 반드시 차단되므로 과부하 보호가 가능하다.
③ 한류효과가 적다.

4.6 퓨즈의 장·단점

퓨즈의 장점과 단점은 표 11과 같다.

표 11 전력퓨즈의 장·단점

장점	단점
① 가격이 싸다.	① 재투입을 할 수 없다.
② 소형 경량이다.	② 과도전류로 용단하기 쉽다.
③ 릴레이나 변성기가 필요 없다.	③ 동작시간-전류특성을 계전기처럼 자유로이 조정 할 수 없다.
④ 밀폐형 퓨즈는 차단시에 무소음 무방출이다.	
⑤ 소형으로 큰 차단용량을 갖는다.	④ 한류형 퓨즈에는 녹아도 차단하지 못하는 전류범위를 갖는 것이 있다.
⑥ 보수가 간단하다.	
⑦ 고속도 차단한다.	⑤ 비보호영역이 있으며, 사용 중에 열화하여 동작하면 결상을 일으킬 염려가 있다.
⑧ 한류형 퓨즈는 한류효과가 대단히 크다.	
⑨ 차지하는 공간이 적고 장치 전체가 싼 값에 소형으로 처리된다.	⑥ 한류형은 차단시에 과전압을 발생한다.
	⑦ 고 임피던스 접지계통의 접지보호는 할 수 없다.
⑩ 후비보호가 완벽하다.	

퓨즈의 단점 보안대책은 다음과 같다.

① 용도를 한정한다. 퓨즈의 동작을 단락고장으로 정격전류를 선정하며, 과부하를 차단하는 경우, 차단 후 재투입하는 경우 등은 퓨즈를 사용하지 않는다.
② 과소정격을 배제한다. 최소 차단전류 이하에서 전력퓨즈가 동작하지 않도록 큰 정격전류를 선정하며, 최소 차단전류 이하에서는 차단기 등으로 보호한다.
③ 과도전류가 안전하게 통전하기 위해서는 안전통전 특성 안에 들어가도록 큰 정격전류를 선정한다.
④ 퓨즈가 용단된 경우는 3상을 모두 교체하는 것이 바람직하다.
⑤ 회로의 절연강도가 퓨즈의 과전압값보다 높아야 한다.

예제문제 27

전력 퓨즈(fuse)에 대한 설명 중 옳지 않은 것은?

① 차단 용량이 크다.　　　　　　② 보수가 간단하다.

③ 정전 용량이 크다.　　　　　　④ 가격이 저렴하다.

해설
전력 퓨즈의 장점
① 가격이 싸다.　　　　　　　　　② 소형 경량이다.
③ 릴레이나 변성기가 필요 없다.　　④ 밀폐형 퓨즈는 차단시에 무소음 무방출이다.
⑤ 소형으로 큰 차단용량을 갖는다.　⑥ 보수가 간단하다.
⑦ 고속도 차단한다.　　　　　　　⑧ 한류형 퓨즈는 한류효과가 대단히 크다.
⑨ 차지하는 공간이 적고 장치 전체가 싼 값에 소형으로 처리된다.
⑩ 후비보호가 완벽하다.　　　　　　　　　　　　　　　　　**답 : ③**

4.7 퓨즈와 각종 개폐기 및 차단기와의 기능비교

표 12 기능비교

기능 ＼ 능력	회로 분리		사고 차단	
	무부하	부하	과부하	단락
퓨 즈	○			○
차단기	○	○	○	○
개폐기	○	○	○	
단로기	○			
전자 접촉기	○	○	○	

예제문제 28

단로기에 대한 다음 설명 중 옳지 않은 것은?

① 소호장치가 있어서 아크를 소멸시킨다.

② 회로를 분리하거나, 계통의 접속을 바꿀 때 사용한다.

③ 고장 전류는 물론 부하전류의 개폐에도 사용할 수 없다.

④ 배전용의 단로기는 보통 디스커넥팅바로 개폐한다.

해설
단로기(DS) : 소호 장치가 없고 아크 소멸 능력이 없으므로 부하 전류나 사고 전류의 개폐는 할 수 없으며 기기를 전로에서 개방할 때 또는 모선의 접속 변경시 사용한다.
　　　　　　　　　　　　　　　　　　　　　　　　　　　　　답 : ①

다음 중 부하 전류 차단능력이 없는 것은?

① NFB   ② OCB   ③ VCB   ④ DS

해설
단로기(DS) : 소호 장치가 없고 아크 소멸 능력이 없으므로 부하 전류나 사고 전류의 개폐는 할 수 없으며 기기를 전로에서 개방할 때 또는 모선의 접속 변경시 사용한다.

답 : ④

5. 보호계전기

보호계전기는 계통의 사고에 대한 보호 대상물을 완전히 보호하고 각종 기기에 주는 영향을 최소화하며, 사고를 신속히 제거하며, 사고의 파급을 최소화 하는 것에 목적을 둔다. 또한, 불필요한 정전을 방지하며, 전력계통 및 수변전설비 계통의 안정도를 향상시킨다. 보호계전기의 구비조건은 다음과 같다.

① 고장 상태를 식별하여 정도를 파악할 수 있을 것
② 고장 개소를 정확히 선택할 수 있을 것
③ 동작이 예민하고 오동작이 없을 것
④ 적절한 후비 보호 능력이 있을 것
⑤ 경제적일 것

보호계전기의 동작 시간에 의한 분류하면 다음과 같으며, 그림 17과 같이 나타낼 수 있다.

- 순한시 계전기 : 고장즉시 동작
- 정한시 계전기 : 고장후 일정시간이 경과하면 동작
- 반한시 계전기 : 고장전류의 크기에 반비례하여 동작
- 반한시 정한시 계전기 : 반한시와 정한시 특성을 겸함

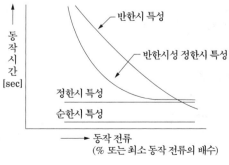

그림 17 계전기의 한시 특성

예제문제 30

그림과 같은 특성을 갖는 계전기의 동작 시간 특성은?

① 반한시 특성　　　② 정한시 특성

③ 비례한시 특성　　④ 반한시성 정한시 특성

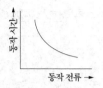

해설

반한시 특성 : 정정된 값 이상의 전류가 흘러서 동작할 경우에 전류값이 클수록 빨리 동작하고 반대로 전류값이 작아질수록 느리게 동작하는 특성을 말한다.

답 : ①

예제문제 31

동작 전류의 크기에 관계없이 일정한 시간에 동작하는 한시 특성을 갖는 계전기는?

① 순한시 계전기　　　　　　　② 정한시 계전기

③ 반한시 계전기　　　　　　　④ 반한시성 정한시 계전기

해설

정한시 특성 : 최소 동작값 이상의 구동 전기량이 주어지면 일정 시간후 동작한다.

답 : ②

5.1 보호계전기의 기본기능

보호계전기는 확실성, 선택성, 신속성을 가지고 있어야 한다.

① 확실성 : 보호계전기는 오동작이 없고 정확한 동작을 유지해야 한다.

② 선택성 : 사고의 선택차단, 복구, 정전구간의 최소화해야 한다.

③ 신속성 : 주어진 주건에서 신속하게 동작하여야 한다.

그 외, 취급이 간단하고 보수가 용이해야 하며, 주위환경에 영향을 적게 받고, 경제적이어야 한다.

예제문제 32

보호 계전기가 구비하여야 할 조건이 아닌 것은?

① 보호 동작이 정확, 확실하고 감도가 예민할 것

② 열적, 기계적으로 견고할 것

③ 가격이 싸고, 또 계전기의 소비 전력이 클 것

④ 오래 사용하여도 특성의 변화가 없을 것

보호 계전기의 기본 기능 : ① 확실성 ② 선택성 ③ 신속성
그 외, 취급이 간단하고 보수가 용이해야 하며, 주위환경에 영향을 적게 받고, 경제적이어야 한다.

답 : ③

5.2 보호계전기의 구성

보호계전기는 검출부, 판정부, 동작부로 구분된다.

(1) 검출부

고장을 검출하는 부분으로 PT, CT, ZCT, GPT 등이 해당된다.
보호 계전기는 다음 4가지 요소에 의해 동작한다. 이는 검출부에 해당한다.

① 단일 전압 요소   ② 단일 전류 요소
③ 2전류 요소   ④ 전압, 전류 요소

(2) 판정부

동작을 결정하는 부분으로 보호계전기의 스프링, 억제코일, 정정탭 등이 해당된다.

(3) 동작부

접점을 구동하는 부분으로 가동코일, 가동철편, 유도 원판 등이 해당된다.

5.3 보호계전기의 용도별 분류

보호계전기는 용도별로 표 13과 같이 분류한다.

표 13 보호계전기의 용도별 분류

구분		내용
분류	종류	
계전기용도별	전류계전기	OCR, UCR 등
	전압계전기	OVR, UVR, 결상계전기, 역상계전기 등
	전력계전기	유효, 무효, 과전력, 부족전력 계전기 등
	방향계전기	단락방향, 지락방향, 전력방향 계전기 등
	차동계전기	차동계전기, 비율차동계전기
	기타계전기	거리 주파수, 온도, 속도, 압력계전기, 탈조보호, 온도계전기, 선택계전기 등

수변전설비에서는 보호계전기를 수전단, 주변압기, 배전선, 전력콘덴서 부분으로 구분하여 적용한다.

표 14 보호계전기의 적용

사고별	수전단	주변압기	배전선	전력콘덴서
과전류	OCR	OCR	OCR	OCR
과전압	–	–	OVR	OVR
저전압	–	–	UVR	UVR
접지	–	–	GR, SGR	–
변압기보호	–	Diff.R	–	–

예제문제 33

전압이 정정치 이하로 되었을 때 동작하는 것으로서 단락 고장 검출 등에 사용되는 계전기는?

① 부족 전압 계전기   ② 비율 차동 계전기
③ 재폐로 계전기   ④ 선택 계전기

해설
전압이 정정값 이하의 경우 동작하는 계전기는 부족 전압 계전기 이다.

답 : ①

5.4 OCR(과전류 계전기)

고압 수용가에서의 과전류계전기는 수전단, 주변압기, 배전선, 전력용 콘덴서 보호를 위해 설치한다. 일반적으로 수전용 차단기의 과전류 계전기의 정정은 탭정정과 레버정정으로 고장전류의 크기와 동작시간을 결정한다.

그림 18 과전류계전기

예제문제 34

과전류 계전기(O.C.R)의 탭값을 옳게 설명한 것은?

① 계전기의 최소 동작 전류　　　② 계전기의 최대 부하 전류

③ 계전기의 동작 시한　　　　　　④ 변류기의 권수비

해설
과전류 계전기 : 전류가 정정(설정)값 이상으로 흘렀을 경우에 계전기가 동작하여 차단기에게 트립 지령을 주는 장치이다.

답 : ①

5.5 비율차동계전기

변압기 내부에서 3상 단락 사고시 $i_2 = 0$이 되어 비율 차동 계전기의 동작 coil에는 $i_d = I_1$ 의 전류가 흐르게 되어 비율 차동 계전기가 동작한다.

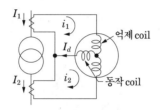

그림 19 비율차동계전기의 원리

예제문제 35

차동 계전기는 무엇에 의하여 동작하는가?

① 양쪽 전압의 차로 동작한다.

② 양쪽 전류의 차로 동작한다.

③ 전압과 전류의 배수의 차로 동작한다.

④ 정상 전류와 역상 전류의 차로 동작한다.

해설
차동 계전기 : 보호 구간에 유입하는 전류와 유출하는 전류의 벡터차를 검출해서 동작하며, 발전기 나 변압기 등의 내부 고장 보호용으로 사용된다.

답 : ②

예제문제 36

발전기 보호용 비율 차동 계전기의 특성이 아닌 것은?

① 외부 단락시 오동작을 방지하고 내부 고장시만 예민하게 동작한다.

② 계전기의 최소 동작 전류를 일정치로 고정시켜 비율에 의해 동작한다.

③ 발전기 전류와 계전기의 차전류의 비율에 의해 동작한다.

④ 외부 단락으로 전기자 전류 급증시 계전기의 최소 동작 전류도 증대된다.

해설

차동 계전기 : 보호 구간에 유입하는 전류와 유출하는 전류의 벡터차를 검출해서 동작하며, 발전기
나 변압기 등의 내부 고장 보호용으로 사용된다.

답 : ③

6. 계기용 변압기(Potential Transformer : PT)

고압회로의 전압을 저압으로 변성하기 위해서 사용하는 것이며, 배전반의 전압계나
전력계, 주파수계, 역률계, 표시등 및 부족전압 트립코일의 전원으로 사용된다.

그림 20 계기용 변압기

6.1 정격전압

정격 1차전압 : 계통의 전압

정격 2차전압 : 110V 또는 115V

• 비 접지형 및 3상접지형의 경우 : 110V

• 단상접지형의 경우 : $110/\sqrt{3}$, $190/\sqrt{3}$

• 자가용 수전설비 13.2/22.9kV−Y의 경우 13.2kV / 110V적용

6.2 정격부담

변압기 2차측에서 오차범위를 유지할 수 있는 부하 임피던스를 VA로 표시한다. PT 2차 부하는 병렬로 접속하므로 부하가 증가하면 임피던스가 감소하고, 정격부담을 초과하여 감소하면 오차가 발생한다.

$$VA = \frac{V_2^2}{Z_b}$$

여기서, V_2 : 정격 2차전압(V)

Z_b : 계전기 계측기 2차 케이블을 포함한 총 부하[Ω]

표 15 계기용 변압기의 정격부담

계급	정격부담(VA)						
0.1급	10	15	25	–	–	–	–
0.2급	10	15	25	–	–	–	–
0.5급	–	15	–	50	100	200	–
1.0급	–	15	–	50	100	200	500
3.0급	–	15	–	50	100	200	500

6.3 PT의 종류

(1) 절연구조에 따른 분류

① 건식

절연재료로 종이, 면 등을 절연 와니스에 진공 함침한 것을 사용한 것으로 저 전압 옥내용으로 많이 사용된다.

② Mold형

흡습에 의한 절연파괴를 방지하기 위하여 합성수지 또는 부틸고무 등을 사용하여 권선 또는 전체를 절연한 것으로 저전압 및 30KV 미만에 많이 사용한다.

③ 유입형

절연유를 절연재료로 사용한 탱크형으로 비교적 고전압 옥외용에 많이 사용한다.

④ 가스형

절연유 대신 SF$_6$ 가스를 사용하여 탱크형으로 제작된다 최근 GIS 설비용으로 많이 사용되고 있다.

(2) 권선형태에 따른 분류

권선형과 CPD의 사용구분은 주로 경제성 검토에서 결정되며, 현재 100KV 이상의 CPD가 권선형보다 경제성이 있으며 특히 전력선 반송을 하는 곳에서는 전압이 다소 낮아져도 경제적인 경우가 있으므로 검토할 필요가 있다.

① 권선형
1,2차 모두가 권선으로 제작되어 권수비에 따라 변압비가 결정된다.

② 콘덴서형 계기용 변압기(CPD : Coupling Capacitance Potential Device)
고전압측을 권선대신 Capacitance를 이용하여 1차전압을 분배시킨 후 사용하기 적당한 전압 TAP을 만들어 이 전압을 권선형 PT로 필요한 전압을 얻는 방식이다.

③ BCPD형(Bushing Capacitance Potential Device)
고전압측 권선대신 부싱의 대지간 정전용량을 이용하여 1차전압을 분압시킨후 분압된 전압을 CPD형과 같은 방법으로 필요한 2차전압을 얻으며, 주변압기와 같이 Bushing이 있는 곳에서만 사용이 가능하다.

④ 3차권선부 PT
한 개의 철심에 1,2,3차 권선을 각각 설치하여 2차측은 Y 결선하여 정상전압을, 3차측은 개방 △결선하여 영상전압을 얻을 수 있다. 또는 2차측은 1st main 용으로 3차측은 2nd main 으로 각각 구분 사용한다.

⑤ 이중비 PT
2차권선에 중간탭을 만들어 두가지 전압을 얻을 수 있는 PT로서 Y 결선시 선간전압이 상전압의 $\sqrt{3}$ 배가 되기 때문에 상전압을 정격전압의 $1/\sqrt{3}$ 에 해당하는 탭을 만들면 선간전압을 정격전압으로 운전할 수 있다.

예제문제 37

> **계기용 변압기의 종류가 아닌 것은?**
>
> ① 건식 및 몰드식 권선형   ② 유입식 권선형
> ③ 저항 분압형   ④ 콘덴서형
>
> **해설**
> ① 절연 구조에 따른 분류 : 건식형, 몰드형, 유입형, 가스형
> ② 권선 형태에 따른 분류 : 권선형, 콘덴서형, 3차 권선부 PT, 2중비 PT
>
> 답 : ③

7. 변류기(Current Transformer : CT)

변류기는 정상적인 사용 상태에서 변류기의 2차측 전류가 1차측 전류에 비례하고, 그 위상각의 변위가 거의 없는 특성을 갖춘 계측기기, 보호계전기나 이와 유사한 기기에 전류를 공급한다.

그림 21 변류기

7.1 1차정격전류

변류기의 정격 1차 전류값은 그 회로의 최대 부하전류를 계산하여 그 값에 여유를 주어서 선정한다. 일반적으로 수용가의 인입회로나 전력용 변압기의 1차측에 설치하는 것은 최대부하전류의 125~150% 정도로 선정하고, 전동기 부하 등 기동전류가 큰 부하는 기동전류를 고려하여야 하므로 전동기의 정격 입력값이 200~250% 정도 선정한다.

7.2 2차정격전류

일반적으로 사용하는 보통의 계기, 보호계전기 등의 정격은 2차전류는 5A의 것이 사용된다. 디지털 보호계전기 등의 경우에는 1A의 것을 사용하는 경우도 있으며, 멀리 떨어진 장소에서 원방 계측하는 경우는 변류기 2차 배선의 부담을 줄이기 위하여 2차 정격전류를 0.1A 로 하는 경우도 있다.

7.3 변류비

변류비는 다음과 같다.

$$1차전류(I_1) = \frac{2차권선}{1차권선} \times 2차전류 = \frac{N_2}{N_1} \times I_2$$

$$\frac{N_2}{N_1} = \frac{I_1}{I_2} = 변류비\,(CT비)$$

7.4 변류기의 부담

변류기의 부담이란 변류기 2차 단자에 접속하는 부하(계측기, 계기)가 2차 전류에 의해 소비되는 피상전력을 말한다. 변류기의 정격부담은 규정된 조건하에서 정해진 특성을 보증하는 변류기의 권선당 부담을 말한다.

$$VA = I^2 Z$$

여기서, Z : 변류기 2차권선의 임피던스
VA : 변류기 2차권선의 정격부담,
I : 변류기 2차권선의 정격전류

7.5 변류기 2차의 개방

정격부담을 많이 초과하거나 개방상태가 되면 1차전류는 모두가 여자전류가 되어 자기포화와 철손이 증가하여 소손되는 경우가 있으며 고전압이 발생하여 위험하다. 즉, 변류기는 2차 회로의 임피던스가 낮고 전압도 낮으므로 여자전류도 극히 적은 상태가 되는 것이 정상적인 변류기이며, 2차가 개방되면 1차 전류는 선로 전류이며, 2차가 개방되면 변류기 2차에 전류가 흐르지 않아 1차 선로 전류가 모두 1차측에서 여자전류로 작용하게 된다. 이때 철심의 자속밀도는 매우 높아지게 되고 포화 한도 까지 고전압이 유기되어 2차 측 회로의 절연이 파괴되거나, 철손이 증가 하므로 과열이 되어 소손이 된다. 따라서 변류기 2차측의 전류계를 교환할 경우 변류기 2차를 단락상태로 유지한 다음 전류계를 교환하는 것이 좋다.

예제문제 38

변류기 개방시 2차측을 단락하는 이유는?

① 2차측 절연 보호　　　　　② 2차측 과전류 보호
③ 측정 오차 방지　　　　　　④ 1차측 과전류 방지

해설
변류기 개방상태 : 2차가 개방되면 변류기 2차에 전류가 흐르지 않아 1차 선로 전류가 모두 1차측에서 여자전류로 작용하게 된다. 이때 철심의 자속밀도는 매우 높아지게 되고 포화 한도 까지 고전압이 유기되어 2차 측 회로의 절연이 파괴되거나, 철손이 증가 하므로 과열이 되어 소손이 된다.

답 : ①

7.6 변류기의 결선

(1) 가동 접속

그림 22와 같이 연결한 변류기를 연결할 경우 가동접속 또는 화동접속이라 하며, 전류계에 흐르는 전류는 a상과 c상의 전류의 벡터합이 흐르게 된다.

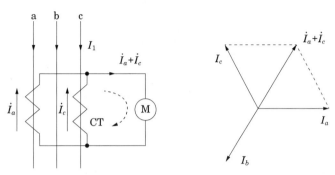

그림 22 변류기의 가동접속

전류계에 흐르는 전류는 $\dot{I}_a + \dot{I}_c$ 이며, 이 전류는 b상의 전류와 같게 된다.

1차 전류와 전류계에 흐르는 전류는 아래와 같다.

$$I_1 = 전류계 \ⓐ \ 지시값 \times CT비$$

(2) 차동 접속(교차 접속)

그림 23과 같이 c상의 변류기를 반대로 접속한 것을 차동접속(교차 접속)이라 한다. 이 방식은 전류계에 흐르는 전류가 a상과 c상의 전류의 벡터차가 흐르게 된다.

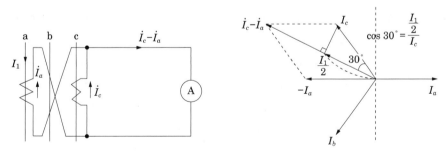

그림 23 변류기의 차동접속

전류계에 흐르는 전류는 $\dot{I}_c - \dot{I}_a$ 이며, 이 전류는 벡터도와 같이 CT 2차 전류의 $\sqrt{3}$ 배가 됨은 알 수 있다. 1차 전류는 아래와 같다.

$$I_1 = 전류계 \ⓐ \ 지시값 \times \frac{1}{\sqrt{3}} \times CT비$$

(3) 잔류회로결선(Y결선)

3상4선식 직접접지 방식 배전선로의 경우에는 CT의 잔류 회로에 그림 24와 같이 지락 과전류 계전기(OCGR) 1개를 설치하여 지락 보호한다. 직접접지 방식 선로에서 1상이 지락 된다는 것은 한상이 단락상태로 되는 것이므로, 큰 지락 전류가 흐르기 때문에 계전기가 신속하게 동작할 수 있는 장점이 있다.

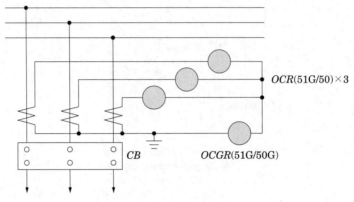

그림 24 잔류회로방식

① 3상 전류를 정확히 측정한다.
② 3상 전류의 불평형 분을 측정한다.
③ 중성점 접지방식에서 지락사고 검출용이하다.
④ 잔류회로에는 각 상전류의 벡터합이 흐르며 영상전류의 3배가 흐르게 된다.
⑤ 잔류회로에 회로전위를 안정시키기 위한 접지는 반드시 한곳에만 실시한다.

(4) 3권선CT회로방식

저항접지방식에서는 지락전류를 수백A 이하로 억제하기 때문에 변류비에 따라서 지락 보호계전기의 탭 선정이 곤란한 경우가 발생할 수 있다. 따라서 유도형(아날로그)의 경우에는 변류비가 클 경우 탭 선정이 곤란하게 되며, 정지형 및 디지털형의 경우에는 탭 선정의 범위가 넓으므로(800~1000/5A) 잔류회로 이용이 가능하다. 그러나 변류기의 변류비가 400/5 이상의 경우는 2차 전류의 크기가 작아져 계전기 동작에 필요한 영상전류의 검출이 어려워지므로 3권선 CT회로 방식을 적용하여 영상전류를 검출한다.

① 고저항 접지계통에 주로 사용하여 지락사고를 검출한다.
② 3차권선으로 3차 영상분로를 결선한다.
③ 2차권선은 Y결선으로 잔류회로 없이 결선한다.
④ CT비가 400/5 이상인 경우 주로 사용한다.

$$3차\ 전류 = \frac{1차지락전류}{3차권선의변류비 \times 3}$$

⑤ 2차권선에 과전류계전기, 3차권선에 지락계전기를 접속한다.

⑥ 3상회로에 사용할 경우 2차회로에는 상전류, 영상전류가 3차회로에 영상전류가 흐른다.

⑦ 3상회로에 사용할 경우 3배의 영상전류$(3I_0)$가 흐르고 3차 영상분로에는 1배의 영상전류(I_0)가 흐른다.

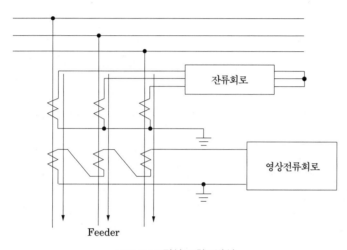

그림 25 3권선CT회로방식

7.7 변류기의 종류

변류기는 분류방법에 따라 여러 가지로 분류된다. 일반적으로 절연구조에 따른 분류, 권선형태에 따른 분류, 검출용도에 따른 분류, 권선형태에 따른 분류, 권선특성에 따른 분류를 할 수 있으며, 다음 표 16과 같다.

표 16 절연구조에 따른 변류기의 종류

종류	절연재료	용 도	비 고
건식 CT	종이, 면을 진공와스에 진공	저전압 옥내용	
몰드형 CT	합성수지사용 권선 전체절연	저전압용	
유입형 CT	절연유	고전압옥외용	애자, 탱크형 CT

예제문제 39

20 [kV] 미만의 옥내 변류기로 주로 사용되는 것은?

① 유입식 권선형 ② 부싱형
③ 관통형 ④ 건식 권선형

해설
본문 표16의 절연구조에 따른 변류기의 종류

답 : ④

표 17 권선형태에 따른 변류기의 종류

종 류	형 태	비 고
권선형CT	1, 2차권선모두 하나의 철심에 감겨져 있음	
관통형CT	환상철심에 2차권선이 균일하게 감기고 철심중심부를 1차 권수도체가 관통	
부싱형CT	관통형CT의 일종	
단일비CT	한 개 철심에 1,2차 권수비가 1개인 CT	
다중비CT	변류비가 2개 이상인 CT	
3권선부CT	비접지 계통에서 영상전류가 작아서 충분한 영상전류를 얻기 위해 사용	2차 : 정상전류 3차 : 영상전류

주) 부싱형 변류기는 철심의 내경과 단면적이 커서 포화특성이 양호하여 대전류에 주로 사용되며, 오차특성이 양호하다.

표 18 검출용도에 따른 종류

종 류	형 태	비 고
정상 CT	정상분을 얻기 위한 CT 3상전류를 얻기 위해 3대의 CT 필요	
영상 CT	1차권선이 3상 일괄로 통과되고 그 주위에 환상 철심을 두어 철심둘레에 2차권선을 균일하게 감아 영상전류를 얻는 방식	
합성 CT	1차권선에 여러개의 CT를 사용하여 2차권을 통한 종합계량기용	
보조 CT	오차보상, 소폭의 전류조정, 위상각변경 등을 위해 사용	

표 19 권선특성에 따른 종류

종 류	형 태	비 고
계측기용 CT	평상시 정상부하에서 계측용으로 사용되고 사고시(대전류 영역)에는 계측기 및 회로를 보호하는 특성	
계전기용 CT	계전기는 사고시에 동작해야 하므로 상당한 대전류에서 포화되지 않아야 함 ※ 정격전류의 20배전류에 포화되지 않고 비오차−10% 이내로 유지	
C형 CT	철심의 누설자속이 규정치 이내이고 권선이 균일하게 감겨져 있어 표시된 수치에서 특성을 계산에 의하여 구할 수 있음	
T형 CT	철신의 누설자속이 커서 변류비 영향을 줄수 있어 시험에 의해서만 구할 수 있음	권선형 CT 일부

7.8 영상 변류기(Zero phase Current Transformer : ZCT)

영상변류기는 고압모선이나 부하기기에 지락사고가 생겼을 때 흐르는 영상전류(지락 전류)를 검출하여 접지 계전기에 의하여 차단기를 동작시켜 사고범위를 작게 한다. 권선형과 관통형이 있다.

그림 26 영상변류기

- 정격 1차전류는 200mA, 2차전류는 1.5mA 및 3.0mA가 표준이다.
- 영상전류를 검출하기 위하여 1개의 철심을 사용 했으며 철심의 특성차에 의한 오차 출력이 적어서 고감도의 지락사고 보호에 적합하다.
- 비접지 배전선로의 지락보호에 선택접지 계전기와 함께 사용된다.
- ZCT를 지락계전기에 접속하지 않을 경우 2차측 K, L은 반듯이 단락해 둔다.

예제문제 40

ZCT의 사용 목적은?

① 부하 전류 검출

② 과전류 검출

③ 지락 전류 검출

④ 과전압 검출

해설

영상변류기 : 고압모선이나 부하기기에 지락사고가 생겼을 때 흐르는 영상전류(지락전류)를 검출하여 접지 계전기에 의하여 차단기를 동작시켜 사고범위를 작게 한다. 권선형과 관통형이 있다.

답 : ③

핵심과년도문제

7·1

이상 전압에 대한 방호 장치가 아닌 것은?

① 병렬 콘덴서   ② 가공지선   ③ 피뢰기   ④ 서지 흡수기

해설 ① 병렬 콘덴서 : 역률개선
② 가공지선 : 직격뢰 차폐
③ 피뢰기 : 이상 전압에 대한 기계, 기구 보호
④ 서지 흡수기 : 변압기, 발전기 등을 서지로부터 보호   【답】 ①

7·2

차단기의 개폐에 의한 이상 전압은 대부분 송전선 대지전압의 몇 배 정도가 최고인가?

① 4   ② 3   ③ 2   ④ 10

해설 개폐 이상 전압 : 무부하 송전시 차단할 경우에는 상규대지 전압의 약 2배 이하, 충전 전류를 차단할 경우에는 4배 이하이며 4.5배를 넘는 경우도 있다.   【답】 ①

7·3

송전 선로의 개폐 조작시 발생하는 이상 전압에 관한 상황에서 옳은 것은?

① 개폐 이상 전압은 회로를 개방할 때보다 폐로할 때 더 크다.
② 개폐 이상 전압은 무부하시보다 전부하일 때 더 크다.
③ 가장 높은 이상 전압은 무부하 송전선의 충전 전류를 차단할 때이다.
④ 개폐 이상 전압은 상규 대지 전압의 6배, 시간은 2~3초이다.

해설 개폐 이상 전압 : 회로의 폐로때 보다 개방 시가 크며 또한 부하 차단 시보다 무부하 차단 때가 더 크다.   【답】 ③

7·4

다음 중 효과적으로 개폐 서지 이상 전압 발생을 억제할 목적으로 사용되는 것은?

① 개폐 저항기   ② 피뢰기   ③ 콘덴서   ④ 리액터

해설 개폐 서지(SOV)를 억제 : 개폐 저항기를 사용   【답】 ①

7·5

뇌해 방지와 관계가 없는 것은?

① 매설 지선　　　② 가공 지선　　　③ 소호각　　　④ 댐퍼

해설 댐퍼 : 선로의 진동 방지에 쓰인다.　　　　　　　　　　　　　　　【답】 ④

7·6

가공 지선에 대한 설명 중 옳지 않은 것은?

① 가공 지선은 일반적으로 아연도금 강연선을 사용한다.
② 가공 지선은 뇌해 방지를 위하여 1~2조 가선으로 하는 것이 많다.
③ 가공 지선의 이도는 전선의 이도보다 크게 한다.
④ 가공 지선은 사고시에 고장 전류의 일부분이 흐를 경우가 많다.

해설 가공 지선(over head ground wire)

① 직격뇌에 대한 차폐 효과
② 유도뢰에 대한 정전 차폐 효과
③ 통신선에 대한 전자 유도 장해 경감 효과　　　　　　　　　　　　【답】 ③

7·7

뇌서지와 개폐서지의 파두장과 파미장에 대한 설명으로 옳은 것은?

① 파두장은 같고 파미장이 다르다.　　② 파두장이 다르고 파미장은 같다.
③ 파두장과 파미장이 모두 다르다.　　④ 파두장과 파미장이 모두 같다.

해설 개폐서지의 파두장 및 파미장과 뇌서지의 파두장 및 파미장이 모두 다르다.

【답】 ③

7·8

기기의 충격 전압 시험을 할 때 채용하는 우리나라의 표준 충격 전압파의 파두장 및 파미장을 표시한 것은?

① $1.5 \times 40\,[\mu \sec]$　　② $2 \times 40\,[\mu \sec]$　　③ $1.2 \times 50\,[\mu \sec]$　　④ $2.3 \times 50\,[\mu \sec]$

해설 표준 충격 전압파의 파두장 및 파미장 : $1 \times 40\,[\mu \sec]$ 또는 $1.2 \times 50\,[\mu \sec]$

【답】 ③

7·9

가공 지선의 설치 목적이 아닌 것은?

① 정전 차폐 효과 ② 전압 강하의 방지
③ 직격 차폐 효과 ④ 전자 차폐 효과

해설 가공 지선(over head ground wire)

① 직격뇌에 대한 차폐 효과
② 유도뢰에 대한 정전 차폐 효과
③ 통신선에 대한 전자 유도 장해 경감 효과　　　　　　　　　【답】②

7·10

송전 선로에서 역섬락을 방지하는 유효한 방법은?

① 가공 지선을 설치한다. ② 소호각을 설치한다.
③ 탑각 접지 저항을 작게 한다. ④ 피뢰기를 설치한다.

해설 역섬락 : 뇌격 철탑의 정점에 뇌격시 철탑의 전위가 상승하며, 전선을 절연하고 있는 애자
련의 절연파괴 전압 이상으로 될 경우에는 철탑으로부터 전선을 향해서 섬락을 일으키게
된다. 이것을 역섬락(reverse flashover)이라고 한다. 이 역섬락은 철탑의 탑각 접지저항값
이 클 경우 발생하기 쉽다. 따라서 역섬락을 방지하기 위해서는 철탑의 탑각에 매설지선을
설치하여 탑각 접지저항값을 감소키켜야 한다.　　　　　　　　　【답】③

7·11

철탑의 탑각 접지 저항이 커지면 우려되는 것으로 옳은 것은?

① 뇌의 직격 ② 역섬락
③ 가공 지선의 차폐각의 증가 ④ 코로나의 증가

해설 역섬락 : 뇌격 철탑의 정점에 뇌격시 철탑의 전위가 상승하며, 전선을 절연하고 있는 애자
련의 절연파괴 전압 이상으로 될 경우에는 철탑으로부터 전선을 향해서 섬락을 일으키게
된다. 이것을 역섬락(reverse flashover)이라고 한다. 이 역섬락은 철탑의 탑각 접지저항값
이 클 경우 발생하기 쉽다. 따라서 역섬락을 방지하기 위해서는 철탑의 탑각에 매설지선을
설치하여 탑각 접지저항값을 감소키켜야 한다.　　　　　　　　　【답】②

7·12

파동 임피던스 $Z_1 = 600\,[\Omega]$인 선로종단에 파동 임피던스 $Z_2 = 1300\,[\Omega]$의 변압기가 접속되어 있다. 지금 선로에서 파고 $e_1 = 900\,[kV]$의 전압이 입사되었다면 접속점에서의 전압 반사파는 약 몇 [kV]인가?

① 530 ② 430
③ 330 ④ 230

해설 반사파 전압 : $e_2 = \dfrac{Z_2 - Z_1}{Z_2 + Z_1} e_1 = \dfrac{1300 - 600}{1300 + 600} \times 900 = 330\,[kV]$ 【답】③

7·13

피뢰기가 구비해야 할 조건으로 잘못 설명된 것은?

① 속류의 차단능력이 충분할 것
② 상용 주파 방전 개시 전압이 높을 것
③ 방전내량이 작으면서 제한 전압이 높을 것
④ 충격 방전 개시 전압이 낮을 것

해설 피뢰기 구비조건
　① 충격 방전 개시 전압이 낮을 것
　② 상용 주파 방전 개시 전압이 높을 것
　③ 속류의 차단능력이 충분할 것
　④ 방전내량이 크면서 제한 전압이 낮을 것 【답】③

7·14

피뢰기의 공칭 전압으로 삼고 있는 것은?

① 제한 전압 ② 상규 대지 전압
③ 상용 주파 허용 단자 전압 ④ 충격 방전 개시 전압

해설 피뢰기 공칭 전압 : 상용 주파 허용 단자 전압을 공칭 전압 【답】③

7·15

피뢰기의 충격 방전 개시 전압은 무엇으로 표시하는가?

① 직류 전압의 크기 ② 충격파의 평균값
③ 충격파의 최대값 ④ 충격파의 실효값

[해설] 충격방전개시전압(Impulse Spark Over Voltage) : 피뢰기의 양단자사이에 충격전압이 인가되어 피뢰기가 방전하는 경우 그 초기에 방전 전류가 충분히 형성되어 단자간 전압강하가 시작하기 이전에 도달하는 단자전압의 최고전압을 말한다. 【답】③

7·16

유효접지 계통에서 피뢰기의 정격 전압을 결정하는 데 가장 중요한 요소는?

① 선로 애자련의 충격 섬락 전압
② 내부 이상 전압 중 과도 이상 전압의 크기
③ 유도뢰의 전압의 크기
④ 1선 지락 고장시 건전상의 대지전위, 즉 지속성 이상 전압

[해설] 정격전압(Rated Voltage) : 선로단자와 접지단자에 인가한 상태에서 소정의 단위 동작책무를 소정의 회수로 반복수행할 수 있는 정격주파수의 상용주파전압 최고한도를 규정한값(실효치)를 말한다.

$V = \alpha \beta V_m$ [V]로 표시하며

여기서, α : 접지계수, β : 유도계수, V_m : 공칭 전압 【답】④

7·17

서지 흡수를 설치하는 장소는?

① 변전소 인입구　　　　　　② 변전소 인출구
③ 발전기 부근　　　　　　　④ 변압기 부근

[해설] 서지 흡수기(SA) : 발전기 보호(전력내력이 낮은 기기)
피뢰기(LA) : 변압기 보호 및 기계기구 보호 【답】③

7·18

전력용 퓨즈는 주로 어떤 전류의 차단을 목적으로 사용하는가?

① 충전 전류　　　　　　　　② 과부하 전류
③ 단락 전류　　　　　　　　④ 과도 전류

[해설] 전력용 퓨즈 : 한류형 퓨즈는 단락 보호용으로 사용된다. 【답】③

7·19

전력 회로에 사용되는 차단기의 차단 용량을 결정할 때 이용되는 것은?

① 예상 최대 단락 전류
② 회로에 접속되는 전부하 전류
③ 계통의 최고 전압
④ 회로를 구성하는 전선의 최대 허용 전류

[해설] 정격 차단 용량= $\sqrt{3}$×정격 전압 × 정격 차단 전류 [MVA]

$$P_c = \sqrt{3}\, V_n I_s$$

【답】 ①

7·20

3상용 차단기의 정격 용량은 그 차단기의 정격 전압과 정격 차단 전류와의 곱을 몇 배한 것인가?

① $\dfrac{1}{\sqrt{3}}$ ② $\dfrac{1}{\sqrt{2}}$ ③ $\sqrt{2}$ ④ $\sqrt{3}$

[해설] 정격 차단 용량= $\sqrt{3}$×정격 전압 × 정격 차단 전류 [MVA]

$$P_c = \sqrt{3}\, V_n I_s$$

【답】 ④

7·21

차단기의 차단 용량을 MVA로 나타낼 때에 고려해야 할 항목은?

① 차단 전류, 회복 전압   ② 차단 전류, 회복 전압, 상계수
③ 회복 전압, 차단 전류, 회로의 역률   ④ 회복 전압, 차단 전류, 주파수

[해설] 정격 차단 용량= $\sqrt{3}$×정격 전압 × 정격 차단 전류 [MVA]

$$P_c = \sqrt{3}\, V_n I_s.$$

【답】 ②

7·22

회로의 전류를 차단할 때의 소호 작용과 관계가 없는 것은?

① 재점호   ② 유중 작용   ③ 압력 작용   ④ 불어내는 작용

[해설] • 소호작용 : 전류 차단시 차단기 접촉자 간에 발생한 아크를 차단하는 것
    • 재점호 : 차단기 접촉자가 열린 후에 절연이 회복되지 않고 접촉자간 전압에 의해 아크가 다시 발생하는 현상

【답】 ①

7·23

차단기와 차단기의 소호 매질이 틀리게 결합된 것은 어느 것인가?

① 공기 차단기-압축 공기
② 가스 차단기-SF$_6$ 가스
③ 자기 차단기-진공
④ 유입 차단기-절연유

해설 자기 차단기-전자력 【답】③

7·24

SF$_6$ 가스 차단기를 공기 차단기와 비교할 때 옳은 것은?

① 소음이 작다.
② 고속조작에 유리하다.
③ 압축 공기로 투입한다.
④ 지지애자를 사용한다.

해설 SF$_6$ 가스 차단기의 특징

① 밀폐구조이므로 소음이 없다.
② 절연내력이 공기의 2~3배, 소호 능력은 공기의 100~200배이다.
③ 근거리 고장 등 가혹한 재기전압에 대해서도 성능이 우수하다.
④ 인체에 무취 무해한 가스를 사용한다. 【답】①

7·25

고장 전류와 같은 대전류를 차단할 수 있는 것은?

① 단로기(DS)
② 선로 개폐기(LS)
③ 유입 개폐기(OS)
④ 차단기(CB)

해설 차단기(circuit breaker) : 정상적인 부하전류의 개폐는 물론 고장 발생으로 흐르게 되는 과도한 고장전류도 개폐 및 차단할 수 있다. 【답】④

7·26

345 [kV] 선로의 차단기로 가장 많이 사용되는 것은?

① 진공 차단기
② 공기 차단기
③ 자기 차단기
④ 육불화유황 차단기

해설 SF$_6$ 가스 차단기 : 345 [kV], 154 [kV] 전선로 보호용 차단기로 사용된다.

【답】④

7·27

인터록(interlock)의 설명으로 옳게 된 것은?

① 차단기가 열려 있어야만 단로기를 닫을 수 있다.
② 차단기가 닫혀 있어야만 단로기를 닫을 수 있다.
③ 차단기와 단로기는 제각기 열리고 닫힌다.
④ 차단기의 접점과 단로기의 접점이 기계적으로 연결되어 있다.

해설 인터록 : 단로기는 차단기가 열려 있어야 열고 닫을 수 있다. 이것을 차단기와 단로기의
인터록이라 한다. 【답】 ①

7·28

다음은 변전소의 경우, 수용가에 공급되는 전력을 끊고 소내 기기를 점검할 필요
가 있을 경우와 다음에 점검이 끝난 후 차단기와 단로기를 개폐시키는 동작을
설명한 것이다. 옳은 것은?

① 점검이 필요한 경우, 차단기로 부하회로를 끊고 난 다음 단로기를 열어야 하며 점검이
끝난 경우 차단기로 부하회로를 연결하고 난 다음 단로기를 넣어야 한다.
② 점검이 필요한 경우, 단로기를 열고 난 다음 차단기를 열어야 하며 점검이 끝난 경우
단로기를 넣고 난 다음 차단기로 부하회로를 연결하여야 한다.
③ 점검이 필요한 경우, 단로기를 열고 난 다음 차단기를 열어야 하며 점검이 끝난 경우
차단기를 부하에 넣고 난 다음 단로기를 넣어야 한다.
④ 점검이 필요한 경우, 차단기로 부하회로를 끊고 난 다음 단로기를 열어야 하며, 점검이
끝난 경우, 단로기를 넣고 난 다음 차단기를 넣어야 한다.

해설 단로기는 부하전류를 차단할 능력이 없으므로 차단기와 단로기는 인터록이 되어야 한다.
정전시 : CB − DS, 급전시 : DS − CB 【답】 ④

7·29

다음 그림과 같은 배전선이 있다. 부하에 급전 및 정전할 때 조작방법 중 옳은
것은?

① 급전 및 정전할 때는 항상 DS, CB 순으로 한다.
② 급전 및 정전할 때는 항상 CB, DS 순으로 한다.
③ 급전시는 DS, CB 순이고 정전시는 CB, DS 순이다.
④ 급전시는 CB, DS 순이고 정전시는 DS, CB 순이다.

해설 단로기는 부하전류를 차단할 능력이 없으므로 차단기와 단로기는 인터록이 되어야 한다.
정전시 : CB − DS, 급전시 : DS − CB 【답】 ③

7·30

한류 리액터를 사용하는 가장 큰 목적은?

① 충전 전류의 제한　　　　　② 접지 전류의 제한
③ 누설 전류의 제한　　　　　④ 단락 전류의 제한

해설 한류 리액터 : 차단기 전단에 설치하여 %임피던스를 증가시켜 단락 사고시의 단락 전류를
　　제한한다.　　　　　　　　　　　　　　　　　　　　　　　　　　　　　【답】④

7·31

66 [kV] 비접지 송전 계통에서 영상 전압을 얻기 위하여
변압기가 66,000/110 [V]인 PT 3개를 그림과 같이 접속
하였다. 66 [kV] 선로측에서 1선 지락 고장시 PT 2차측
개방단에 나타나는 전압 [V]은?

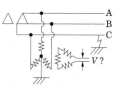

① 약 110　　　② 약 190　　　③ 약 220　　　④ 약 330

해설 1선 지락 시 GPT 2차측에 나타나는 전압 : $V_2 = $GPT 1차측전압$\times \dfrac{1}{\text{변압비}} \times 3$

$$\therefore V_2 = \frac{66000}{\sqrt{3}} \times \frac{110}{66000} \times 3 = \frac{110}{\sqrt{3}} \times 3 = 110\sqrt{3} = 190.5 \text{ [V]}$$　　【답】②

7·32

다음 그림에서 계기 X가 지시하는 것은?

① 정상 전압　　② 역상 전압
③ 영상 전압　　④ 정상 전류

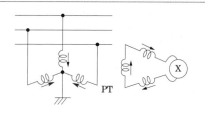

해설 G.P.T : 영상 전압

　　Z.C.T : 영상 전류

　　∴ 그림은 GPT 결선의 회로이므로
　　　영상전압을 지시한다.

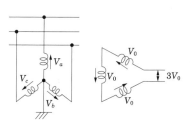

　　　　　　　　　　　　　　　　　　　　　　　　　　　　【답】③

7·33

변전소에서 비접지 선로의 접지 보호용으로 사용되는 계전기에 영상 전류를 공급하는 계전기는?

① C.T   ② G.P.T   ③ Z.C.T   ④ P.T

해설 G.P.T : 영상 전압

Z.C.T : 영상 전류 【답】③

7·34

계전기의 반한시 특성이란?

① 동작 전류가 커질수록 동작 시간이 길어진다.
② 동작 전류가 작을수록 동작 시간이 짧다.
③ 동작 전류에 관계없이 동작 시간은 일정하다.
④ 동작 전류가 커질수록 동작 시간은 짧아진다.

해설 보호 계전기 특징

① 순한시 계전기 : 고장즉시 동작
② 정한시 계전기 : 고장후 일정시간이 경과하면 동작
③ 반한시 계전기 : 고장전류의 크기에 반비례하여 동작
④ 반한시 정한시 계전기 : 반한시와 정한시 특성을 겸함 【답】④

7·35

영상 변류기를 사용하는 계전기는?

① 과전류 계전기   ② 과전압 계전기
③ 접지 계전기   ④ 차동 계전기

해설 영상 변류기 : 영상 전류만에 의하여 자속을 만들므로 접지 계전기나 지락 계전기 등에 쓰인다. 【답】③

7·36

과부하 또는 외부의 단락 사고시에 동작하는 계전기는?

① 차동 계전기   ② 과전압 계전기
③ 과전류 계전기   ④ 부족 전압 계전기

해설 과전류 계전기 : 과부하 및 단락 사고시 동작한다. 【답】③

7·37

보호 계전기 중 발전기, 변압기, 모선 등의 보호에 사용되는 것은?

① 비율 차동 계전기   ② 과전류 계전기
③ 과전압 계전기   ④ 유도형 계전기

해설 비율 차동 계전기 : 변압기 내부고장 보호, 발전기 내부고장 보호, 모선 보호 등에 사용한다.

【답】 ①

7·38

여러 회선인 비접지 3상 3선식 배전 선로에 방향 지락 계전기를 사용하여 선택 지락 보호를 하려고 한다. 필요한 것은?

① CT와 OCR   ② CT와 PT
③ 접지 변압기와 ZCT   ④ 접지 변압기와 ZPT

해설 영상 변류기 : 영상 전류만에 의하여 자속을 만들므로 접지 계전기나 지락 계전기 등에 쓰인다.
    ∴ 접지 계전기와 영상 변류기가 필요하다.   【답】 ③

심화학습문제

01 Recloser(R), Sectionalizer(S), Fuse(F)의 보호협조에서 보호협조가 불가능한 배열은? 단, 왼쪽은 후비보호, 오른쪽은 전위보호 역할임

① R – R – F   ② R – S
③ R – F   ④ S – F – R

해설

- 리클로우저 : 회로의 차단과 투입을 자동적으로 반복하는 기구를 갖춘 차단기의 일종
- 섹셔널라이저 : 유중에서 동작하는 주 접촉자와 사고 전류가 흐르는 것을 계산하는 카운터로 구성되어 있다.

이 둘은 서로 조합하여 쓰며 리클로우저는 변전소 쪽에, 섹셔널라이저는 부하 쪽에 설치한다.
일반적으로 보호협조 배열은 리클로우저-섹셔널라이저-라인퓨즈 순이다.

【답】④

02 가스 절연 개폐 장치(GIS)의 특징이 아닌 것은?

① 감전 사고 위험 감소
② 밀폐형이므로 배기 및 소음이 없음
③ 신뢰도가 높음
④ 변성기와 변류기는 따로 설치

해설

GIS의 특징 : SF$_6$ 가스를 사용하여 절연하므로 다음과 같은 특징을 갖는다.
① 충전부가 대기에 노출되지 않아 기기의 안정성, 신뢰성이 우수하다.
② 감전 사고 위험이 적다.
③ 밀폐형이므로 배기 소음이 없다.
④ 소형화 가능하다.
⑤ 보수, 점검이 용이하다.

【답】④

03 단위 폐쇄 배전반의 설명으로 옳지 않은 것은?

① 모선실, 단로기, 차단기실 등을 구분하여 접지 금속으로 구분하여 격벽을 시설한 것이다.
② 차단기 등을 자동 연결 방식으로 하고 외부 인출이 가능하게 한 것이다.
③ 차단기가 개방된 상태에서 인출이 가능하여야 한다.
④ 감시형 제어반과 조합되어 별개로 설치되어야 한다.

해설

단위 폐쇄 배전반(큐비클식 배전반) : 모선실, 단로기, 차단기실 등을 구분하여 접지 금속으로 구분하여 격벽을 시설한 것이다.

【답】④

04 다음의 2중 모선 중 1.5 차단기 방식(one and half breaker system)은 어느 것인가?

단, ▯ : 차단기, ⌐ 단로기

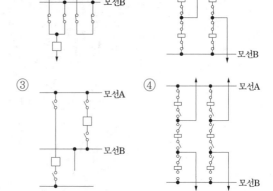

해설

2개 선로당 3대의 차단기를 설치하는 방식으로 모선고장시에도 계통에 전혀 영향이 없고 차단기 점검시 해당선로의 정전이 필요하지 않기 때문에 특별히 고신뢰도를 요구하는 대용량 계통에서 많이 채택하고 있다. 그러나 모선측 차단기 차단 실패시 해당선로와 모선의 절반이 정전되고 중앙차단기 차단 실패시에는 2개 선로가 정전되는 단점이 있다. 따라서 동일 Bay에서 동일루트 2회선 선로의 인출은 피해야 한다. 이 방식은 우리나라의 765kV, 345kV 계통에 적용하고 있는 모선구성방식으로서 특히 #1, 2모선이 모두 정전되어도 중앙 차단기를 이용하여 계통연결이 가능한 잇점 등으로 인해 세계적으로도 대용량 변전소에 널리 쓰이고 있다.

【답】④

해설

CT 권수비가 40이므로

2차측 : $\dfrac{150}{40} = 3.75$ [A]

$\therefore A_3 = |A_1 + A_2| = \sqrt{A_1^2 + A_2^2 + 2A_1 A_2 \cos\theta}$

$= \sqrt{3.75^2 + 3.75^2 + 2 \times 3.75^2 \cos 120} = 3.75$ [A]

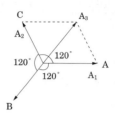

【답】①

05 영상 전류를 검출하는 방법이 아닌 것은?

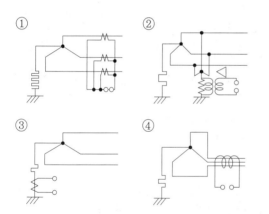

해설

①, ③, ④ : 영상 전류를 검출하는 방법

【답】②

06 다음 그림과 같이 $200/5$ [CT] 1차측에 150 [A]의 3상 평형 전류가 흐를 때 전류계 A_3에 흐르는 전류는 몇 [A]인가?

① 3.75

② 5

③ $\sqrt{3} + 3.75$

④ $\sqrt{3} \times 5$

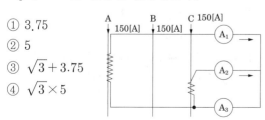

07 가공선의 서지 임피던스를 Z_a, 지중선의 서지 임피던스를 Z_c라 할 때 일반적으로 어떤 관계가 성립하는가?

① $Z_a = Z_c$
② $Z_a > Z_c$
③ $Z_a < Z_c$
④ $Z_a \leqq Z_c$

해설

cable은 가공선에 비해 정전 용량 C가 매우 크므로 $Z_a > Z_c$가 성립된다.

서지 임피던스 : $Z_0 = \sqrt{\dfrac{L}{C}}$

【답】②

08 방향성을 가지지 않는 계전기는?

① 전력 계전기
② 비율 차동 계전기
③ mho 계전기
④ 지락 계전기

해설

방향성을 가지고 있지 않는 계전기
① 차동 계전기
② 거리 계전기
③ 지락 계전기
④ 과전류 계전기
⑤ 과전압 계전기
⑥ 부족 전압 계전기

【답】④

09 다음은 어떤 계전기의 동작 특성을 나타낸 것이다. 계전기의 종류는? (전압 및 전류를 입력량으로 하여, 전압과 전류의 비의 함수가 예정치 이하로 되었을 때 동작한다.)

① 변화폭 계전기   ② 거리 계전기
③ 차동 계전기   ④ 방향 계전기

해설
거리 계전기 : 송전 선로의 단락 보호에 적합하다. 임피던스 계전기, 옴 계전기, 모호 계전기 등이 있다.
【답】②

10 UFR(under frequency relay)의 역할로서 적당하지 않은 것은?

① 발전기 보호   ② 계통 안전
③ 전력 제한   ④ 전력 손실 감소

해설
UFR(under frequency relay) : 발전기의 주파수가 낮아지면 계통이 불안정하게 되고 심하면 붕괴되므로, 일정량의 부하를 차단하므로서 계통의 발전력 부족을 상쇄시켜 계통 주파수를 회복시킨다.
【답】④

11 모선 보호형 계전기로 사용하면 가장 유리한 것은?

① 재폐로 계전기   ② 음형 계전기
③ 역상 계전기   ④ 차동 계전기

해설
모선 보호 방식의 종류
① 전류 비율 차동 방식
② 전압 차동 방식
③ Linear Coupler 방식
④ 위상 비교 방식
【답】④

12 환상 선로의 단락 보호에 사용하는 계전 방식은?

① 방향 거리 계전 방식
② 비율 차동 계전 방식
③ 과전류 계전 방식
④ 선택 접지 계전 방식

해설
방향 단락 계전기(방향 거리 계전기)
→ 방향 계전기 + 단락 계전기
【답】①

13 파일럿 와이어(pilot wire) 계전 방식에 해당되지 않는 것은?

① 고장점 위치에 관계없이 양단을 동시에 고속 차단할 수 있다.
② 송전선에 평행하도록 양단을 연락한다.
③ 고장시 장해를 받지 않게 하기 위하여 연피 케이블을 사용한다.
④ 고장점 위치에 관계없이 부하측 고장을 고속도 차단한다.

해설
파일럿 와이어(pilot wire) 계전 방식 : 고장점의 위치에 무관하게 양단을 동시에 고속도 차단한다.
【답】④

14 전력선 반송 보호 계전 방식의 장점이 아닌 것은?

① 장치가 간단하고 고장이 없으며 계전기의 성능 저하가 없다.
② 고장의 선택성이 우수하다.
③ 동작이 예민하다.
④ 고장점이나 계통의 여하에 불구하고 선택 차단 개소를 동시에 고속도 차단할 수 있다.

반송계전방식(搬送繼電方式) : 반송계전방식은 표시선계전방식과 마찬가지로 내부고장을 100% 고속도, 선택 차단하는 Pilot 계전장치 중의 하나이며 그 설비비가 송전선 긍장에 무관하므로 단거리 송전선 이외의 중요 간선에 널리 쓰이고 있다. 반송 계전방식은 Pilot의 수단으로 반송파(Carrier Wave)를 사용한 것이며, 이것을 전력선에 중첩시킨 전력선 반송(Power Line Carrier)과 별도의 통신선을 사용한 통신선 반송이 있으나 일반으로 전자를 많이 쓴다. 반송 주파수는 30~300[kc], 출력은 1~10 [watt]정도의 고주파 전류를 송전선에 중첩시켜서 상호 통신수단으로 한다. 전력선 반송 보호 계전방식은 전력선의 단선고장 시 기능을 충분히 발휘할 수 없다.

【답】 ①

15 전력선 반송 보호 계전 방식에서 고장의 선택 방법이 아닌 것은?

① 방향 비교 방식
② 순환 전류 방식
③ 위상 비교 방식
④ 고속도 거리 계전기와 조합하는 방식

해설

반송계전방식(搬送繼電方式) : 반송계전방식은 표시선계전방식과 마찬가지로 내부고장을 100% 고속도, 선택 차단하는 Pilot 계전장치 중의 하나이며 그 설비비가 송전선 긍장에 무관하므로 단거리 송전선 이외의 중요 간선에 널리 쓰이고 있다. 반송 계전방식은 Pilot의 수단으로 반송파(Carrier Wave)를 사용한 것이며, 이것을 전력선에 중첩시킨 전력선 반송(Power Line Carrier)과 별도의 통신선을 사용한 통신선 반송이 있으나 일반으로 전자를 많이 쓴다. 반송 주파수는 30~300[kc], 출력은 1~10 [watt]정도의 고주파 전류를 송전선에 중첩시켜서 상호 통신수단으로 한다.
① 방향 비교(Directional Comparison)
② 위상 비교(Phase Comparison)
③ 전송 차단(Transfer Tripping)

전송 차단 방식은
① 직접 Under-reach형(Direct Under-reach) : 수신신호만으로 Trip하는 방식
② 제어 Under-reach형(Permissive Under-reach) : 수신신호와 고장검출 계전기를 조합하여 Trip하는 방식
③ 제어 Over-reach형(Permissive Over-reach) : 수신신호와 자단의 내부방향계전기와의 조합으로 Trip하며 송신은 자단보다 원방에도 동작하는 내부방향 계전기를 사용한다.

【답】 ②

16 전력선 반송 보호 계전 방식이 아닌 것은?

① 방향 비교 방식
② 고속도 거리 계전기와 조합하는 방식
③ 영상 전류 비교 방식
④ 위상 비교 방식

해설
문제 15번 풀이 참조

【답】 ③

17 표시선 계전 방식이 아닌 것은?

① 전압 반향 방식(opposite voltage system)
② 방향 비교 방식(directional comparison)
③ 전류 순환 방식(circulating current system)
④ 반송 계전 방식(carrier-pilot relaying)

해설
표시선 계전방식의 종류
• 동작 원리별 분류
 -방향비교방식, 전류순환 방식, 전압방향 방식, 전송 Trip방식
• 통신 수단에 의한 분류
 -Wire Pilot, Carrier Pilot(30-300kc), Micro Wave Pilot(900-6000Mc)

【답】 ④

18 위상 비교 반송 방식과 관계 있는 것은?

① 일단에서 유입하는 전류와 타단에서 유출하는 전류의 위상각을 비교한다.
② 일단에서의 전압과 타단에서의 전압의 위상각을 비교한다.
③ 일단에서 유입하는 전류와 타단에서의 전압의 위상각을 비교한다.
④ 일단에서의 전압과 타단에서 유출되는 전류의 위상각을 비교한다.

해설
위상 비교 방식(Phase Comparison) : 보호구간 양단의 고장전류 위상이 내부고장시에는 동상이고 외부고장시에는 역위상이 되는 것을 이용한 것을 말한다.

【답】①

19 발전소 옥외 변전소의 모선 방식 중 환상 모선 방식은?

① 1모선 사고시 타모선으로 절체할 수 있는 2중 모선 방식이다.
② 1발전기마다 1모선으로 구분하여 모선 사고시 타발전기의 동시 탈락을 방지한다.
③ 다른 방식보다 차단기의 수가 적어도 된다.
④ 단모선 방식을 말한다.

해설
옥외 변전소의 모선 방식 중에 환상식은 한 개의 모선이 고장으로 분리되어도 전회선이 공급에 지장이 없는 방식이다. 회선수가 4~5개 이하인 경우에 적용되는 것이 일반적이다. 1모선 사고시 다른 타모선으로 급전이 가능하다.

【답】①

20 모선의 단락 용량이 10000 [MVA]인 154 [kV] 변전소에서 4 [kV]의 전압 변동폭을 주기에 필요한 조상 설비는 몇 [MVA] 정도 되겠는가?

① 100
② 160
③ 200
④ 260

해설
전압 변동률
$$\epsilon[\%]=\frac{Q_c}{P_s}\times100\,[\%]=\frac{4}{154}\times100=\frac{Q_c}{10000}\times100$$
$\therefore Q_c=260$ [MVA],
여기서, Q_c : 조상 설비 용량
P_s : 모선 단락 용량

【답】④

21 가공선의 임피던스가 Z_1, 케이블의 임피던스가 Z_2인 선로의 접속점에 피뢰기를 설치하였더니 가공선 쪽에서 파고값 e [V]의 진행파가 진행되어 이상 전류 i [A]를 방전시켰다면 피뢰기의 제한 전압식은?

① $\dfrac{2Z_2}{Z_1+Z_2}e+\dfrac{Z_1Z_2}{Z_1+Z_2}i$

② $\dfrac{2Z_2}{Z_1+Z_2}e-\dfrac{Z_1Z_2}{Z_1+Z_2}i$

③ $\dfrac{2Z_2}{Z_1+Z_2}e+\dfrac{Z_1+Z_2}{Z_1Z_2}i$

④ $\dfrac{2Z_2}{Z_1+Z_2}e-\dfrac{Z_1+Z_2}{Z_1Z_2}i$

해설
제한 전압
= 피뢰기가 처리해야 할 전압-피뢰기가 처리한 전압
$=\dfrac{2Z_2}{Z_1+Z_2}e-\dfrac{Z_1Z_2}{Z_1+Z_2}i$

【답】②

22 발변전소에서 사용되는 상분리 모선 (Isolated phase bus)의 특징으로 틀린 것은?

① 절연 열화가 적고 선간 단락이 거의 없다.
② 다도체로서 대전류를 흘릴 수 있다.
③ 기계적 강도가 크고 보수가 용이하다.
④ 폐쇄되어 있으므로 안정도가 크고 외부로부터 손상을 받지 않는다.

> **해설**
>
> 상분리 모선 : 각 상의 도체를 각각 접지한 금속판 재의 상자 속에 수납하고 각 상을 분리한 폐쇄모선 이다.
>
> 【답】 ②

23 그림에서 피뢰기 방전 전류가 I_a [kV]일 때, 피보호기기에 걸리는 전압은 몇 [kV]인 가? 단, 피뢰기 저항은 R_A [Ω], 그 접지저 항은 R_{AR} [Ω], 변압기 저압측 접지저항은 R_{TR} [Ω]이라 한다.

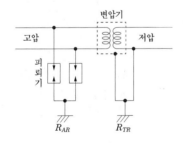

① $I_a(R_A + R_{AR})$
② $I_a(R_A + R_{TR})$
③ $I_a(R_A + R_{AR} + R_{TR})$
④ $I_a\left(R_A + \dfrac{R_{AR}\cdot R_{TR}}{R_{AR} + R_{TR}}\right)$

> **해설**
>
> 저항이 모두 직렬로 연결되어 있으므로 피보호기에 걸리는 전압= $I_a(R_A + R_{AR} + R_{TR})$
>
> 【답】 ③

24 154 [kV] 송전 선로의 철탑에 45 [kA]의 직격 전류가 흘렀을 때 역섬락을 일으키지 않는 탑각 접지 저항값 [Ω]의 최고값은? 단, 154 [kV]의 송전선에서 1련의 애자수를 9개 사용하였다고 하며 이때의 애자의 섬락 전압은 860 [kV]이다.

① 약 9   ② 약 19
③ 약 29   ④ 약 39

> **해설**
>
> 역섬락을 일으키지 않는 탑각 접지 저항
> $$= \frac{\text{애자의 섬락전압}}{\text{뇌전류}} = \frac{860}{45} ≒ 19 \, [Ω]$$
>
> 【답】 ②

25 피뢰기의 제한 전압이 728 [kV]이고 변압 기의 기준 충격 절연 강도가 1030 [kV]라고 하면 보호 여유도는 약 몇 [%]정도 되는가?

① 29   ② 35
③ 41   ④ 47

> **해설**
>
> $$여유도 = \frac{\text{기기의 절연강도} - \text{제한전압}}{\text{제한전압}}$$
> $$= \frac{1030 - 728}{728} \times 100 = 41.48 \, [\%]$$
>
> 【답】 ③

26 피뢰기의 정격을 나타내는 단위는?

① [A]   ② [Ω]
③ [V]   ④ [W]

> **해설**
>
> 피뢰기의 정격 : 2,500[A], 5,000[A], 100,000[A] 3종류가 있다.
>
> 【답】 ①

27 변전소, 발전소 등에 설치하는 피뢰기에 대한 설명 중 옳지 않은 것은?

① 피뢰기의 직렬 갭은 일반적으로 저항으로 되어 있다.
② 정격 전압은 상용주파 정현파 전압의 최고 한도를 규정한 순시값이다.
③ 방전 전류는 뇌충격 전류의 파고값으로 표시한다.
④ 속류란 방전 현상이 실질적으로 끝난 후에도 전력 계통에서 피뢰기에 공급되어 흐르는 전류를 말한다.

[해설]

정격전압(Rated Voltage) : 선로단자와 접지단자에 인가한 상태에서 소정의 단위 동작책무를 소정의 회수로 반복수행할 수 있는 정격주파수의 상용주파 전압 최고한도를 규정한값(실효치)를 말한다.
　　$V = \alpha \beta V_m$ [V]로 표시하며
여기서, α : 접지계수
　　　　β : 유도계수
　　　　V_m : 공칭 전압

【답】②

28 충전된 콘덴서의 에너지에 의해 트립되는 방식으로 정류기, 콘덴서 등으로 구성되어 있는 차단기의 트립 방식은?

① 콘덴서 트립 방식
② 직류전압 트립 방식
③ 과전류 트립 방식
④ 부족전압 트립 방식

[해설]

차단기의 트립 방식 : CT 2차 전류 트립 방식, DC 전압 방식, CTD 방식(콘덴서 트립 방식)

【답】①

29 투입과 차단을 다같이 압축공기의 힘으로 하는 것은?

① 유입 차단기　　② 팽창 차단기
③ 제호 차단기　　④ 임펄스 차단기

[해설]

① 자력식 차단기 : 소호방식에 의한 차단기 분류의 일종으로 차단해야 할 전류 자체에 의한 아크 에너지 또는 전자력에 의하여 아크를 소호하는 방식으로 유입차단기의 경우 아크 자체 에너지에 의해 절연유를 분해시켜 만든 가스압력으로 아크를 소호하며, 자기차단기의 경우 직접 아크를 이용하지는 않지만 통상 아크의 전류를 이용하여 자계를 만들어 소호하기 때문에 自力式이라 할 수 있다. 자력식의 경우 차단전류 정격의 10~30% 정도의 소전류에서는 아크 에너지가 적기 때문에 아크 동요가 적어 냉각 및 이온 제거 작용이 활발치 못해 아크 소호시간이 길다. 진공차단기, 자기차단기 등이 이에 해당된다.
② 타력식 차단기 : 소호방식에 의한 차단기 분류의 일종으로 소호매체를 강제적으로 주입하거나 압축공기 및 가스를 주입하여 아크 자체의 에너지와 관계없이 타 에너지원으로 아크를 소호 하는 가스차단기, 공기차단기 등을 이른다. 타력식의 경우 차단전류와 무관하게 강한 소호에너지가 공급되므로 아크발생시간이 일정하나, 차단전류가 너무 클 때 아크온도 상승에 의한 소호실 압력이 커져 아크에 주입되는 소호매체의 흐름을 방해하여 아크소호시간이 길어지기도 하며 때로는 소호 불능상태로 가기도 한다.

【답】④

30 초고압용 차단기에서 개폐 저항기를 사용하는 이유는?

① 개폐 서지 이상 전압(SOV) 억제
② 차단 전류 감소
③ 차단 속도 증진
④ 차단 전류의 역률 개선

[해설]

개폐 서지(SOV)를 억제 : 접촉자간에 병렬 임피던스로서 저항을 삽입하는 것을 개폐저항기라 한다.

【답】①

31 재폐로 차단기에 대한 설명으로 옳은 것은?

① 배전 선로용은 고장 구간을 고속 차단하여 제거한 후 다시 수동조작에 의해 배전이 되도록 설계된 것이다.

② 재폐로 계전기와 함께 설치하여 계전기가 고장을 검출하여 이를 차단기에 통보, 차단하도록 된 것이다.

③ 송전 선로의 고장구간을 고속 차단하고 재송전하는 조작을 자동적으로 시행하는 재폐로 차단 장치를 장비한 자동 차단기이다.

④ 3상 재폐로 차단기는 1상의 차단이 가능하고 무전압 시간을 약 20~30초로 정하여 재폐로 하도록 되어 있다.

해설
재폐로 : 계통의 안정도를 향상시킬 목적으로 차단기가 차단되어 사고가 소멸된 후 자동적으로 송전선을 투입하는 일련의 동작을 재폐로라 한다.
【답】 ③

32 선로 개폐기(LS)에 대한 설명으로 틀린 것은?

① 책임 분계점에 전선로를 구분하기 위하여 설치한다.

② 3상 선로개폐기는 3개가 동시에 조작되게 되어 있다.

③ 부하상태에서도 개방이 가능하다.

④ 최근에는 기중부하개폐기나 LBS로 대체되어 사용하고 있다.

해설
66[kV] 이상의 선로에 단로기 대신 상용하는 것으로 보안상의 책임 분기점에는 보수 점검시 전로를 구분하기 위하여 선로개폐기를 시설한다.
【답】 ③

33 계기용 변성기의 위상각이란?

① 1차 전류 또는 전압 벡터를 180° 회전시킨 2차 전류 또는 2차 전압과의 상차

② 2차 전압과 1차 전압의 위상차

③ 2차 전류 전압을 180° 회전시킨 1차 전류 전압과의 상차각

④ 2차 전압 벡터와 전류 벡터의 상차

해설
위상각(phase angle) : 1차 전류와 2차 전류 또는 1차 전압과 2차 전압의 위상각을 말한다. 즉 180° 회전시킨 2차 전류 벡터 또는 2차 전압 벡터가 1차 전류, 1차 전압과 이룬 각으로 표시한다.
【답】 ③

34 변성기의 정격 부담을 표시하는 기호는?

① W ② s
③ dyne ④ VA

해설
변성기 및 변류기의 정격 부담 : I^2Z이므로 피상전력의 단위 [VA]를 사용한다.
【답】 ④

35 3상으로 표준 전압 3 [kV], 600 [kW]를 역률 0.85로 수전하는 공장의 수전회로에 시설할 계기용 변류기의 변류비로 적당한 것은? 단, 변류기의 2차 전류는 5 [A] 이다.

① 5 ② 15
③ 27 ④ 40

해설
수전전력 : $P = \sqrt{3} V_1 I_1 \cos\theta$
$$\therefore I_1 = \frac{600 \times 10^3}{\sqrt{3} \times 3000 \times 0.85} = 136 \,[A]$$
25 [%] 여유를 두면 1차 전류는 136×1.25=170[A]
∴ 200/5의 변류기를 선정한다.
【답】 ④

36 용량형 전압 변성기 CPD의 장점이 아닌 것은?

① 공진을 이용하므로 주파수 특성이 좋다.
② 절연 내량이 커서 계전기와 공용할 수 있다.
③ 절연의 신뢰도가 높다.
④ 고장이 나더라도 값싼 예비품으로 신속히 수리된다.

> **해설**
> 콘덴서형 계기용 변압기(CPD)의 특징
> • 전력선 반송용 결합 콘덴서와 공용할 수 있다.
> • 전자형에 비해 오차가 많고 특성이 나쁘다.
> • 권선형에 비해 소형 경량이고 값이 싸다.
> • 절연의 신뢰도가 권선형에 비해 크다.
> 【답】 ①

37 수전 설비와 병렬로 자가용 발전기가 설치된 회로에서 발전기 쪽으로 전류가 흐를 경우 동작하는 계전기를 자동 제어 기구 번호로 나타내면?

① 51   ② 67
③ 80   ④ 90

> **해설**
> • 67 : 전력 방향 계전기 또는 지락 방향 계전기
> • 51 : 과전류 계전기
> • 80 : 유속 계전기(미국), 직류 부족 전압 계전기 (일본)
> • 90 : 자동 전압 조정기
> 【답】 ②

38 6.6 [kV] 고압 배전 선로(비접지 선로)에서 지락 보호를 위하여 특별히 필요하지 않은 것은?

① DG   ② CT
③ ZCT   ④ GPT

> **해설**
> 비접지 계통의 지락 사고 검출
> • 영상 변류기와 접지 계전기
> • 접지형 계기용 변압기와 지락과전압 계전기
> 【답】 ②

39 과전류 계전기는 그 용도에 따라 적절한 동작 시한이 있는 것을 선정하여야 하는데 그림에서 반한시형은?

① ①
② ②
③ ③
④ ④

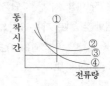

> **해설**
> ① 순한시, ② 반한시, ③ 정한시, ④ 초반한시
> 【답】 ②

40 3ϕ 결선 변압기의 단상 운전에 의한 소손 방지 목적으로 설치하는 계전기는?

① 차동 계전기   ② 역상 계전기
③ 과전류 계전기   ④ 단락 계전기

> **해설**
> 역상 계전기로 결상을 검출 : 3상 변압기가 단상으로 운전되면 역상분이 존재하므로 검출 가능하다.
> 【답】 ②

41 변압기 운전 중에 절연유를 추출하여 가스 분석을 한 결과 어떤 가스 성분이 증가하는 현상이 발생되었다. 이 현상이 내부 미소 방전(유중 아크 분해)이라면 그 가스는?

① CH_4 ② H_2
③ CO   ④ CO_2

> **해설**
> 유중 아크 분해 시의 방출 가스 : 수소(H_2)
> 【답】 ②

42 다음의 보호 계전기와 보호 대상의 결합으로 적당한 것은?

보호 대상

발전기의 상간 층간 단락 보호 : A

변압기의 내부 고장 : B

송전선의 단락 보호 : C, 고압 전동기 : D

보호 계전기

부흐홀쯔 계전기 : BH

과전류 계전기 : OC, 차동 계전기 : DF

지락 회선 선택 계전기 : SG

① A−DF, B−BH, C−SG, D−OC
② A−SG, B−BH, C−OC, D−DF
③ A−DF, B−SG, C−OC, D−BH
④ A−BH, B−OC, C−DF, D−SG

해설
• 발전기 : 차동 계전기 DF
• 변압기 : 부흐홀쯔 계전기 BH
• 송전선 : 지락 선택 계전기 SG
• 고압 전동기 : 과전류 계전기 OC

【답】①

43 중성점 저항 접지 방식의 병행 2회선 송전 선로의 지락사고 차단에 사용되는 계전기는?

① 선택 접지 계전기
② 과전류 계전기
③ 거리 계전기
④ 역상 계전기

해설
선택 접지(지락) 계전기 : 병행 2회선 송전 선로에서 한쪽의 1회선에 지락 또는 접지 고장이 발생하였을 때 이것을 검출하여 고장 회선만을 선택하여 차단할 수 있는 계전기라 한다.

【답】①

44 선택 접지 계전기의 용도는?

① 단일 회선에서 접지 전류의 대소 선택
② 단일 회선에서 접지 전류의 방향 선택
③ 단일 회선에서 접지 사고의 지속 시간 선택
④ 다회선에서 접지 고장 회선의 선택

해설
선택 접지(지락) 계전기 : 병행 2회선 송전 선로에서 한쪽의 1회선에 지락 또는 접지 고장이 발생하였을 때 이것을 검출하여 고장 회선만을 선택하여 차단할 수 있는 계전기라 한다.

【답】④

45 전원이 두 군데 이상 있는 환상 선로의 단락 보호에 사용되는 계전기는?

① 과전류 계전기(OCR)
② 방향 단락 계전기(DS)와 과전류 계전기(OCR)의 조합
③ 방향 단락 계전기(DS)
④ 방향 거리 계전기(DZ)

해설
• 전원이 2군데 이상 환상 선로의 단락 보호 : 방향 거리 계전기(DZ)
• 전원이 2군데 이상 방사 선로의 단락 보호 : 방향 단락 계전기(DS)와 과전류 계전기(OC)를 조합

【답】④

46 전원이 양단에 있는 방사상 송전선로의 단락보호에 사용되는 계전기는?

① 방향 거리 계전기(DZ)−과전압 계전기(OVR)의 조합
② 방향 단락 계전기(DS)−과전류 계전기(OCR)의 조합
③ 선택 접지 계전기(SGR)−과전류 계전기(OCR)의 조합
④ 부족 전류 계전기(USR)−과전압 계전기(OVR)의 조합

해설

- 전원이 2군데 이상 환상 선로의 단락 보호 : 방향 거리 계전기(DZ)
- 전원이 2군데 이상 방사 선로의 단락 보호 : 방향 단락 계전기(DS)와 과전류 계전기(OC)를 조합

【답】②

47 비접지 3상 3선식 배전선로에서 선택 지락 보호를 하려고 한다. 필요치 않은 것은?

① DG   ② CT
③ ZCT   ④ GPT

해설

비접지 계통의 지락 사고 검출
- 영상 변류기와 접지 계전기
- 접지형 계기용 변압기와 지락과전압 계전기

【답】②

전압에 따라 구분하면 다음과 같이 구분할 수 있다.

- 저압(LV) : 직류 150[V] 이하, 교류 600[V] 이하의 배전선로
- 고압(HV) : 직류 750[V] 초과, 교류 600[V]를 넘고 7[kV] 이하의 배전선로
- 특고압(SHV) : 7[kV]를 넘는 배전선로
- 초고압(EHV) : 200[kV] 이상 배전선로
- 초초고압(UHV) : 500[kV] 이상 배전선로

(a) 구성도

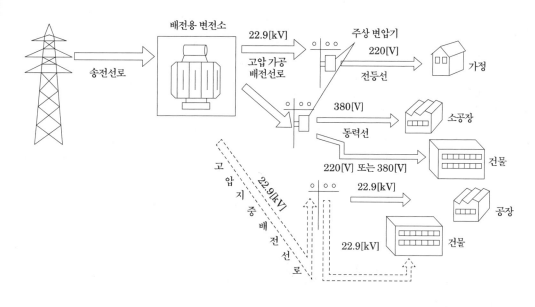

(b) 개요도

그림 1 배전선로

1. 고압 배전선로의 구성

배전선은 선로 전류의 대소에 따라 급전선, 간선 및 분기선으로 나누어진다.

1.1 급전선(Feeder)

배전변전소나 발전소에서부터 배전간선에 이르는 선로로서 도중에 부하가 접속되지 않는 선로를 말한다. 즉, 배전계통의 송전선에 해당하는 것으로 궤전선이라 부르기도 한다.

1.2 간선

급전선에 접속된 전선으로서 간선에서부터 고압 대용량 수용가에 직접 전력을 공급하기도 하고, 주상변압기(Pole Transformer)를 통하여 분기선을 내에서 배전하는 것을 말한다. 변전소와 비교하면 변전소 모선에 해당한다.

1.3 분기선

간선으로부터 분기하여 말단 수용가에 공급하는 전선을 말한다. 지선이라 하기도 한다.

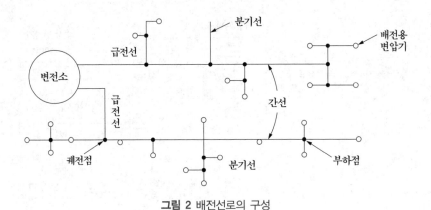

그림 2 배전선로의 구성

2. 고압 배전선로의 배전방식

2.1 수지식(가지식, 방사상식)

변전소로부터 인출된 배전선이 나뭇가지 모양으로 분기선을 만들면서 배전하는 방식으로 다음과 같은 특징을 갖는다.

- 부하신설시 분기선으로 쉽게 접속할 수 있어 대응이 쉽다.
- 선로 말단의 전압변동이나 전력손실이 크다.
- 선로 사고시 그 선로 이후 부하가 모두 정전이 되므로 공급의 신뢰도가 낮다.
- 부하밀도가 적은 농어촌등의 지역에 적합하다.

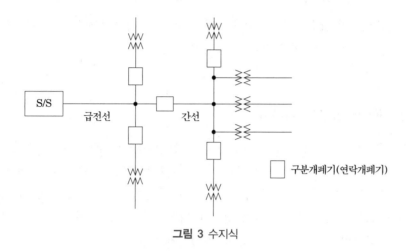

그림 3 수지식

2.2 환상식(루프식)

배전간선이 하나의 루프를 구성하고, 필요에 따라 임의로 분기선을 연결하여 전력을 공급하는 방식을 말한다. 기본간선에 연결하는 간선 개폐기의 운전방식에 따라 상시개로식과 상시폐로식으로 구분된다.

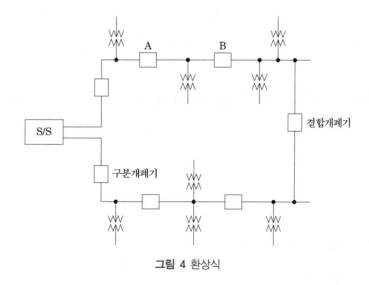

그림 4 환상식

- 선로의 일부 구간이 고장이 발생한 경우 정전이 발생하더라도 다른 회선을 통해 공급하므로 가지식에 비해 공급의 신뢰도가 높다.

- 결합 개폐기를 상시 개로식으로 운전하는 방식은 그림 4에서 AB구간에 고장이 생긴 경우 AB구간을 정전시키고 결합계폐기를 연결하여 공급하므로서 AB구간을 제외한 모든구간에 전력공급이 가능하다.
- 전압강하나 전력손실이 가지식에 배해 작다.
- 보호방식은 복잡해진다.
- 비교적 수용밀도가 높은 지역에 사용하며, 우리나라 배전계통은 상시 개로식으로 운용된다. 따라서, 방향성 계전기는 적용되지 않는다.

2.3 망상식(Network System)

배전간선을 망상으로 연결하고 이 망상 계통을 통해 다수의 접속점에 급전선을 접속하여 전력을 공급하는 방식이다. 일부 전원측에서 고장이 발생하여도 다른 전원을 이용하여 계속 공급할 수 있는 무정전 공급방식이며, 환상식보다 무정전 공급에 대한 신뢰성이 높고 새로운 수용증가에 대하여 쉽게 대처할 수 있지만 설비비 및 운전비가 많이 소요된다. 우리나라에는 적용되지 않는 배전방식이다.

3. 저압배전방식

저압 배전선로는 방사상 방식(redial system), 저압 뱅킹방식(low voltage banking system), 저압 네트워크 방식(low voltage network system)이 있는데 우리나라에서는 방사상 방식이 주로 채용되고 있으며, 인구가 밀집된 대도시에서는 저압 뱅킹방식이 사용된다.

3.1 수지식(나뭇가지식 : tree system)의 특징

- 전원 변전소로부터 1회선 인출 수용가 공급한다.
- 경제적인 공급 방식이다.
- 신규 부하 증설이 용이하다.

3.2 환상식(loop system)의 특징

루프 배선의 이점은 선로의 도중에 고장 발생시, 고장 개소의 분리 조작이 용이하여 그 부분을 빨리 분리시킬 수 있고 전류의 통로에 융통성이 있으므로 전력 손실과 전압강하가 적다.

- 동일 변전소 동일 뱅크에서 2회선으로 상시 공급(설비 구성 고가)한다.
- 선로 고장시 고장 구간 양측의 계전기를 통해 차단기를 동작한다.
- 건전 선로에 의한 수용가 무정전 공급이 가능하다.

예제문제 01

루프 배전의 이점은?

① 전선비가 적게 든다.　　　　② 농촌에 적당하다.

③ 증설이 용이하다.　　　　　④ 전압 변동이 적다.

해설
① 동일 변전소 동일 뱅크에서 2회선으로 상시 공급(설비 구성 고가)한다.
② 선로 고장시 고장 구간 양측의 계전기를 통해 차단기를 동작한다.
③ 건전 선로에 의한 수용가 무정전 공급이 가능하다.

답 : ④

3.3 저압 뱅킹 방식(Banking)의 특징

동일 고압 배전선로에 접속되어 있는 2대 이상의 배전용 변압기를 경유해서 저압측 간선을 병렬 접속하는 방식으로 수지식과 비교한 저압 뱅킹 방식의 장점은 다음과 같다.

- 변압기의 공급 전력을 서로 융통시킴으로써 변압기 용량을 저감할 수 있다.
- 전압 변동 및 전력 손실이 경감된다.
- 부하의 증가에 대응할 수 있는 탄력성이 향상된다.
- 고장 보호 방식이 적당할 때 공급 신뢰도는 향상된다(정전의 감소).

저압 뱅킹 방식의 단점으로 변압기 2차측에 발생한 사고가 단락보호 장치로 제거 구분되지 않아 사고 범위가 확대되어 나가는 현상이 생긴다. 이러한 현상을 캐스케이딩 현상이라 한다.

예제문제 02

저압 뱅킹(banking) 방식에 대한 설명으로 옳은 것은?

① 깜빡임(light flicker) 현상이 심하게 나타난다.
② 저압간선의 전압강하는 줄여지나 전력손실은 줄일 수 없다.
③ 캐스케이딩(cascading) 현상의 염려가 있다.
④ 부하의 증가에 대한 융통성이 없다.

해설
캐스케이딩 현상 : 저압 뱅킹 방식의 단점으로 변압기 2차측에 발생한 사고가 단락보호 장치로 제거 구분되지 않아 사고 범위가 확대되어 나가는 현상이 생긴다. 이러한 현상을 캐스케이딩 현상이라 한다.

답 : ③

예제문제 03

저압 뱅킹 배전 방식에서 캐스케이딩 현상이란?

① 변압기의 부하 배분이 균일하지 못한 현상
② 저압선의 고장에 의하여 건전한 변압기의 일부 또는 전부가 차단되는 현상
③ 전압 동요가 적은 현상
④ 저압선이나 변압기에 고장이 생기면 자동적으로 제거되는 현상

해설
캐스케이딩 현상 : 저압 뱅킹 방식의 단점으로 변압기 2차측에 발생한 사고가 단락보호 장치로 제거 구분되지 않아 사고 범위가 확대되어 나가는 현상이 생긴다. 이러한 현상을 캐스케이딩 현상이라 한다.

답 : ②

3.4 망상식(network system)

이 방식은 어느 회선에 사고가 일어나더라도 다른 회선에서 무정전으로 공급할 수 있기 때문에 다음과 같은 여러 가지 장점을 지니고 있다.

• 무정전 공급이 가능해서 공급 신뢰도가 높다.
• 플리커, 전압 변동률이 적다.
• 전력 손실이 감소된다.
• 기기의 이용률이 향상된다.
• 부하 증가에 대한 적응성이 좋다.
• 변전소의 수를 줄일 수 있다.

반면에 이 방식의 단점으로서는

• 건설비가 비싸다.
• 특별한 보호 장치를 필요로 한다(네트워크 프로텍터 : 저압용 차단기, 방향성 계전기, Fuse).

예제문제 04

다음의 배전 방식 중 공급 신뢰도가 가장 우수한 계통 구성 방식은?

① 수지상 방식   ② 저압 뱅킹 방식
③ 고압 네트워크 방식   ④ 저압 네트워크 방식

해설
저압 네트워크 방식 : 동일 모선에서 나오는 2회선 이상의 급전선으로 공급하여 저압 수용가에 무정전 공급이 되도록 한 것으로 신뢰도가 좋다.

답 : ④

예제문제 05

네트워크 배전 방식의 장점이 아닌 것은?

① 정전이 적다.　　　　　　　② 전압 변동이 적다.

③ 인축의 접촉 사고가 적어진다.　④ 부하 증가에 대한 적응성이 크다.

해설

네트워크 배전 방식의 장점

① 무정전 공급이 가능해서 공급 신뢰도가 높다.　② 플리커, 전압 변동률이 적다.

③ 전력 손실이 감소된다.　　　　　　　　　④ 기기의 이용률이 향상된다.

⑤ 부하 증가에 대한 적응성이 좋다.　　　　⑥ 변전소의 수를 줄일 수 있다.

답 : ③

4. 수전방식

수전방식은 인입하는 회선수에 따라 1회선, 2회선, 3회선 수전방식으로 분류 할 수 있다. 1회선 수전방식의 경우는 경제성에 우선을 하는 방식이며, 3회선 수전방식은 안전성에 우선을 하는 방식으로서 건물의 용도, 설계자의 의도, 건축주의 여건등을 고려하여 수전방식을 선정한다.

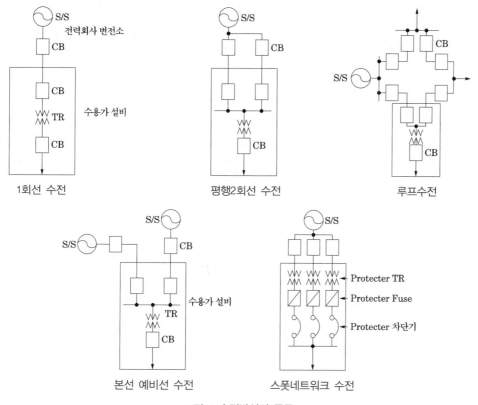

그림 5 수전방식의 종류

수전방식의 선정시 고려할 사항은 다음과 같다.

- 건물의 용도, 부하의 중요도
- 예비전원설비(자가발전설비, 무정전전원설비) 유무
- 전원공급의 신뢰성(정전실적 : 정전회수, 시간)
- 경제성

표 1 수전방식별 특징

명칭		장점	단점
1회선 수전방식		• 간단하며 경제적이다.	• 주로 소규모 용량에 많이 쓰인다. • 선로 및 수전용 차단기 사고에 대비책이 없다.
2회선 수전 방식	루프 수전방식	• 임의의 배전선 또는 타 건물 사고에 의하여 루프가 개로 될 뿐이며, 정전은 되지 않는다. • 전압 변동률이 적다.	• 루프회로에 걸리는 용량은 전 부하를 고려하여야 한다. • 수전방식이 복잡하다. • 회로상 사고 복귀의 시간이 걸린다.
	평행 2회선 방식	• 어느 한쪽의 수전선 사고에도 무정전 수전이 가능하다. • 단독 수전이 가능하다.	• 수전선 보호장치와 2회선 평행 수전 장치가 필요하다. • 1회선분에 대한 설비비가 증가한다.
	예비선 수전방식	• 선로사고에 대비 할 수 있다. • 단독 수전이 가능하다.	• 실질적으로 1회선 수전이라 할 수 있으며, 무정전 절체가 필요할 경우는 절체용 차단기가 필요하다. • 1회선분에 대한 설비비가 증가한다.
스폿네트워크 방식		• 무정전 공급 • 효율 운전이 가능하다. • 전압 변동률이 적다. • 전력손실이 감소한다. • 부하증가에 대한 적응성이 크다. • 기기 이용률이 향상된다. • 2차 변전소를 감소시킬 수 있다. • 전등 전력의 일원화가 가능하다.	• 설비 투자비 고가

5. 스폿네트워크(Spot Network) 배전방식

전력회사 변전소에서 하나의 전기사용장소에 대하여 2회선 이상의 22.9kV-Y 배전선로로 공급하고, 각각의 배전선로로 시설된 수전용 네트워크변압기의 2차측을 상시 병렬 운전하는 배전방식이며, 'SNW 배전'이라 한다.

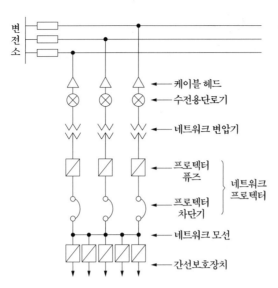

그림 6 스폿네트워크(Spot Network) 배전방식

5.1 네트워크변압기 [5]

1회선 사고시 공급지장을 초래하지 않는 것을 전제로 하여, 85% 부하 연속 운전후 130% 부하에서 8시간으로 한다. 그리고 그 빈도는 년 3회로 하며, 이에 의해 변압기의 수명이 단축되지 않도록 하여야 한다.

$$\text{네트워크 변압기용량} = \frac{\text{최대수요전력[kVA]}}{(\text{수전회선수} - 1)} \times \frac{1}{1.3}$$

5.2 네트워크 프로텍터(Network Protector)

Network Protector는 프로텍터퓨즈, 프로텍터 차단기, 네트워크 릴레이 등으로 구성되며, 역전력 차단특성, 차전압 투입특성, 무전압 투입특성을 가지고 있다.

Network Protector는 전원 측에서 부하 측으로 전력이 공급될 때는 Network Protector가 자동 투입되어야 하며, 전원 측 정전 등의 사유로 부하 측에서 전원 측으로 역전력이 공급될 때는 Network Protector가 자동 개방한다.

---

5) $k-factor$: 변압기 2차측 계통에 고조파발생원부하가 많을 경우 고조파전류의 중첩, 표피 효과에 의한 저항 증가에 따라 동손이 크게 증가함으로 변압기 용량을 크게할 필요가 있다. 이를 고려해서 고조파발생원 부하의 경우에는 부하설비용량을 계산할 때 정격용량의 2~2.5배를 고려하기도 한다. $k-factor$는 변압기에서 고조파 전류를 얼마만큼 허용할 수 있는지를 나타내는 계수로 값이 클수록 고조파에 견디도록 설계된다. 다시 말해서, 고조파의 영향에 대하여 변압기가 과열 현상 없이 전원을 안정적으로 공급할 수 있는 능력으로 ANSI C 57.110에서 규정하고 있는 값이다.

5.3 스폿네트워크 배전의 특징

• 배전선 1회선, 변압기 뱅크 사고시에도 무정전 공급이 가능하다.
• 배전선 보수시 1회선이 정지하여도 구내 정전은 발생되지 않는다.
• 배전선 정지 및 복구시 변압기 2차측 차단기의 개방 및 투입이 자동적으로 이루어진다.
• 설비 중에서 고가인 1차측 차단기가 필요하지 않는다.
• 차단기 대신에 단로기로 대치한다.
• 1회선 정지시에도 나머지 변압기의 과부하 운전으로 최대수요전력 부담한다.
• 표준 3회선으로서 67%까지 선로 이용률을 올릴 수 있다.
• 부하 증가와 같은 수용 변동의 탄력성이 좋다.
• 대도시 고부하밀도 지역에 적합하다.

6. 전기공급방식

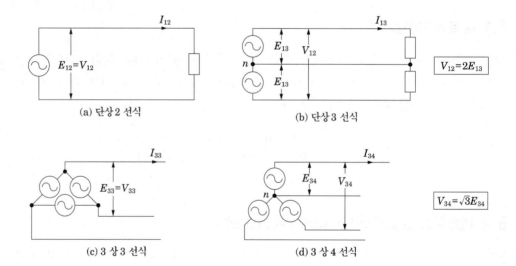

(a) 단상 2 선식

(b) 단상 3 선식

$V_{12} = 2E_{13}$

(c) 3 상 3 선식

(d) 3 상 4 선식

$V_{34} = \sqrt{3}E_{34}$

6.1 1선당 공급 전력비 비교

단상 2선식과 3상 3선식의 1선당 공급 전력비를 비교하면 다음과 같다.
전선의 중량이 같다면 $V_0 = 2A_1 L = 3A_3 L$

$$\therefore \frac{A_3}{A_1} = \frac{2}{3} = \frac{R_1}{R_3}$$

또한 전력손실이 같으면 $P_C = 2I_1^2 R_1 = 3I_3^2 R_3$ 에서

$$\left(\frac{I_1}{I_3}\right)^2 = \frac{3R_3}{2R_1} = \frac{3}{2} \times \frac{3}{2}$$

$$\therefore \frac{I_1}{I_3} = \frac{3}{2}$$

$$\therefore \text{공급전력의 비} \quad \frac{W_1}{W_3} = \frac{VI_1}{\sqrt{3}\,VI_3} = \frac{1}{\sqrt{3}} \times \frac{3}{2} = \frac{\sqrt{3}}{2}$$

가 된다.

표 2 1선당 공급전력비교

종별	전력	손실	전선량	1선당 공급전력	1선당 공급전력비교
$1\phi2W$	$P = VI\cos\theta$	$2I^2R$	$2W$	$1/2P$	100 %
$1\phi3W$	$P = 2VI\cos\theta$	$2I^2R$	$3W$	$2/3P$	133 %
$3\phi3W$	$P = \sqrt{3}\,VI\cos\theta$	$3I^2R$	$3W$	$\sqrt{3}/3P$	115 %
$3\phi4W$	$P = 3VI\cos\theta$	$3I^2R$	$4W$	$3/4P$	150 %

예제문제 06

옥내 배선을 단상 2선식에서 단상 3선식으로 변경하였을 때 전선 1선당의 공급 전력은 몇 배로 되는가? 단, 선간 전압(단상 3선식의 경우는 중성선과 타선간의 전압) 선로 전류(중성선의 전류 제외) 및 역률은 같을 경우이다.

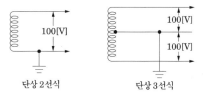

단상 2선식　　　　단상 3선식

① 0.71배　　　② 1.33배　　　③ 1.41배　　　④ 1.73배

해설

단상 2선식의 전력 : $VI\cos\theta$, 1선당의 전력은 $\dfrac{VI\cos\theta}{2}$

단상 3선식의 전력 : $2VI\cos\theta$, 1선당의 전력은 $\dfrac{2VI\cos\theta}{3}$

$$\therefore \text{전력비} = \frac{\text{단상3선식의 1선당 공급전력}}{\text{단상2선식의 1선당 공급전력}} = \frac{\dfrac{2VI\cos\theta}{3}}{\dfrac{VI\cos\theta}{2}} = \frac{4}{3} = 1.33$$

답 : ②

예제문제 07

송전 전력, 송전 거리, 전선로의 전력 손실이 일정하고 같은 재료의 전선을 사용한 경우 단상 2선식에서 전선 한 가닥마다의 전력을 100 [%]라 하면, 단상 3선식에서는 133 [%]이다. 3상 3선식에서는 몇 [%]인가?

① 57   ② 87   ③ 100   ④ 115

해설

$$전력비 = \frac{3상 3선식}{단상 2선식} = \frac{\frac{\sqrt{3}}{3}}{\frac{1}{2}} \times 100 = \frac{2\sqrt{3}}{3} \times 100 = 115$$

답 : ④

6.2 전선의 중량비 비교

단상 2선식의 배전선 소요 전선 총량을 100 [%]라 할 때 3상 3선식의 소요 전선량의 총량과의 비를 구하면

$$전력 \ 손실 \ 2I_1^2 R_1 = 3I_3^2 R_3$$

$$\therefore 2(\sqrt{3}\,I_3)^2 R_1 = 3I_3^2 R_3$$

따라서 $\dfrac{R_1}{R_3} = \dfrac{S_3}{S_1} = \dfrac{1}{2}$

따라서, 소요 전선량의 비는

$$\frac{3상 \ 3선식}{단상 \ 2선식} = \frac{3S_3}{2S_1} = \frac{3}{2} \times \frac{R_1}{R_3} = \frac{3}{2} \times \frac{1}{2} = \frac{3}{4} \qquad \therefore 75 \ [\%]$$

단상 3선식의 단상 2선식에 대한 전선 중량의 비는

$$2I_2^2 R_2 = 2I_3^2 R_3, \ 2I_2^2 \frac{\rho l}{S_2} = 2\left(\frac{I_2}{2}\right)^2 \frac{\rho l}{S_3} \qquad \therefore S_3 = \frac{S_2}{4}$$

따라서 소요 전선량의 비는

$$\frac{3상 \ 3선식}{단상 \ 2선식} = \frac{3S_3}{2S_2} = \frac{3}{2} \times \frac{1}{4} = \frac{3}{8} \qquad \therefore 37.5 \ [\%]$$

가 된다.

표 3 전선중량비 비교

방식	$1\phi2W$ 소요 전선량을 100%		절약량
$1\phi3W$	중성선 굵기동일	3/8 = 37.5% 소요	62.5%
	중성선 굵기 1/2	2.5/8	
$3\phi3W$	–	3/4 = 75% 소요	25%
$3\phi4W$	중성선 굵기 동일	4/12	66% (최대)
	중성선 굵기 1/2	3.5/12 = 29.2% 소요	

예제문제 08

동일한 조건하에서 3상 4선식 배전 선로의 총 소요 전선량은 3상 3선식의 것에 비해 몇 배 정도로 되는가? 단, 중성선의 굵기는 전력선의 굵기와 같다고 한다.

① $\dfrac{1}{3}$　　　　② $\dfrac{3}{4}$　　　　③ $\dfrac{3}{8}$　　　　④ $\dfrac{4}{9}$

해설

방식	$1\phi2W$ 소요 전선량을 100%		절약량
$1\phi3W$	중성선 굵기 동일	3/8 = 37.5% 소요	62.5%
	중성선 굵기 1/2	2.5/8	
$3\phi3W$	–	3/4 = 75% 소요	25%
$3\phi4W$	중성선 굵기 동일	4/12	66 % (최대)
	중성선 굵기 1/2	3.5/12 = 29.2% 소요	

$\therefore$ 표에 의해 $\dfrac{3상\ 4선식}{3상\ 3선식} = \dfrac{4/12}{3/4} = \dfrac{4}{9}$

답 : ④

예제문제 09

단상 2선식 배전선의 소요 전선 총량을 100 [%]라 할 때 3상 3선식과 단상 3선식(중성선의 굵기는 외선과 같다)의 소요 전선의 총량은 각각 몇 [%]인가? 단, 선간 전압, 공급 전력, 전력 손실 및 배전 거리는 같다.

① 75, 37.5　　　② 50, 75　　　③ 100, 37.5　　　④ 37.5, 75

해설

① 3상 3선식의 단상 2선식에 대한 전선 중량의 비

전력 손실이 일정하므로 $2I_1^2 R_1 = 3I_3^2 R_3$

$\therefore 2(\sqrt{3}I_3)^2 R_1 = 3I_3^2 R_3$　　$\therefore \dfrac{R_1}{R_3} = \dfrac{S_3}{S_1} = \dfrac{1}{2}$

소요 전선량의 비 $\dfrac{3상\ 3선식}{단상\ 2선식} = \dfrac{3S_3}{2S_1} = \dfrac{3}{2} \times \dfrac{R_1}{R_3} = \dfrac{3}{2} \times \dfrac{1}{2} = \dfrac{3}{4}$　　$\therefore 75\,[\%]$

② 단상 3선식의 단상 2선식에 대한 전선 중량의 비

전력 손실이 일정하므로 $2I_2^2 R_2 = 2I_3^2 R_3$, $2I_2^2 \dfrac{\rho l}{S_2} = 2\left(\dfrac{I_2}{2}\right)^2 \dfrac{\rho l}{S_3}$　　$\therefore S_3 = \dfrac{S_2}{4}$

소요 전선량의 비 $\dfrac{3상3선식}{단상\ 2선식} = \dfrac{3S_3}{2S_2} = \dfrac{3}{2} \times \dfrac{1}{4} = \dfrac{3}{8}$　　$\therefore 37.5\,[\%]$

답 : ①

핵심과년도문제

8·1

공칭 전압은 그 선로를 대표하는 선간 전압을 말하고, 최고 전압은 정상 운전시 선로에 발생하는 최고의 선간 전압을 나타낸다. 다음 표에서 공칭 전압에 대한 최고 전압이 옳은 것은?

표준 전압

	공칭 전압 [kV]	최고 전압 [kV]
①	3.3/5.7Y	3.5/6.0Y
②	6.6/11.4Y	6.9/11.9Y
③	13.2/22.9Y	13.5/24.8Y
④	22/38Y	25/45Y

해설 우리나라의 표준 전압

공칭 전압 [kV]	최고 전압 [kV]
3.3/5.7	3.4/5.9
6.6/11.4	6.9/11.9
13.2/22.9	13.7/23.8
22/38	23/40
66	69
154	161
220	230
345	360

【답】 ②

8·2

3상 송전 선로의 공칭 전압이란?

① 무부하 상태에서 그의 수전단의 선간 전압
② 무부하 상태에서 그의 송전단의 상전압
③ 전부하 상태에서 그의 송전단의 선간 전압
④ 전부하 상태에서 그의 수전단의 상전압

해설 • 공칭 전압 : 그 선로를 대표하는 선간 전압을 말한다.
　　• 최고 전압 : 정상 운전시에 선로에 발생하는 최고의 선간 전압을 말한다. 　　【답】 ③

8·3

우리 나라에서 사용하는 공칭 전압 22000(22000/38000)에서 (22000/38000)의 의미는?

① (접지 전압/비접지 전압)   ② (비접지 전압/접지 전압)

③ (선간 전압/상전압)   ④ (상전압/선간 전압)

해설 22.9 배전방식의 경우는 아래 그림과 같다.

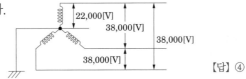

22,000[V]

38,000[V]

38,000[V]

38,000[V]

【답】④

8·4

배전 방식에 있어서 저압 방사상식에 비교하여 저압 뱅킹 방식이 유리한 점 중에서 틀린 것은?

① 전압 동요가 작다.
② 고장이 광범위하게 파급될 우려가 없다.
③ 단상 3선식에서는 변압기가 서로 전압 평형 작용을 한다.
④ 부하 증가에 대하여 융통성이 좋다.

해설 동일 고압 배전선로에 접속되어 있는 2대 이상의 배전용 변압기를 경유해서 저압측 간선을 병렬 접속하는 방식으로 수지식과 비교한 저압 뱅킹 방식의 장점은 다음과 같다.
① 변압기의 공급 전력을 서로 융통시킴으로써 변압기 용량을 저감할 수 있다.
② 전압 변동 및 전력 손실이 경감된다.
③ 부하의 증가에 대응할 수 있는 탄력성이 향상된다.
④ 고장 보호 방식이 적당할 때 공급 신뢰도는 향상된다(정전의 감소).
　저압 뱅킹 방식의 단점으로 변압기 2차측에 발생한 사고가 단락보호 장치로 제거 구분되지 않아 사고 범위가 확대되어 나가는 현상이 생긴다. 이러한 현상을 캐스케이딩 현상이라 한다.

【답】②

8·5

다음과 같은 특징이 있는 배전 방식은?

• 전압 강하 및 전력 손실이 경감된다.
• 변압기 용량 및 저압선 동량이 절감된다.
• 부하 증가에 대한 탄력성이 향상된다.
• 고장 보호 방법이 적당할 때 공급 신뢰도가 향상되며, 플리커 현상이 경감된다.

① 저압 네트워크 방식   ② 고압 네트워크 방식

③ 저압 뱅킹 방식   ④ 수지상 배전 방식

[해설] 동일 고압 배전선로에 접속되어 있는 2대 이상의 배전용 변압기를 경유해서 저압측 간선을 병렬 접속하는 방식으로 수지식과 비교한 저압 뱅킹 방식의 장점은 다음과 같다.

① 변압기의 공급 전력을 서로 융통시킴으로써 변압기 용량을 저감할 수 있다.

② 전압 변동 및 전력 손실이 경감된다.

③ 부하의 증가에 대응할 수 있는 탄력성이 향상된다.

④ 고장 보호 방식이 적당할 때 공급 신뢰도는 향상된다(정전의 감소).

저압 뱅킹 방식의 단점으로 변압기 2차측에 발생한 사고가 단락보호 장치로 제거 구분되지 않아 사고 범위가 확대되어 나가는 현상이 생긴다. 이러한 현상을 캐스케이딩 현상이라 한다.

【답】③

8·6

배전 방식에서 루프 계통에 대한 설명으로 옳은 것은?

① 일반적으로 배전 변압기나 2차 변전소에 대하여 1개의 공급 회로를 가지고 있다.

② 계전 방식이 비교적 간단하다.

③ 공급의 계속성은 없으나 증설이 용이하며, 초기 설비비가 저렴하다.

④ 전압 변동률이 방사상계통보다 좋고 부하를 균등히 할 수 있다.

[해설] 루프 배선의 이점은 선로의 도중에 고장 발생시, 고장 개소의 분리 조작이 용이하여 그 부분을 빨리 분리시킬 수 있고 전류의 통로에 융통성이 있으므로 전력 손실과 전압 강하가 적다.

① 동일 변전소 동일 뱅크에서 2회선으로 상시 공급(설비 구성 고가)한다.

② 선로 고장시 고장 구간 양측의 계전기를 통해 차단기를 동작한다.

③ 건전 선로에 의한 수용가 무정전 공급이 가능하다.

【답】④

8·7

저압 네트워크 배전 방식에 사용되는 네트워크 프로텍터(network protector)의 구성 요소가 아닌 것은?

① 저압용 차단기

② 퓨즈

③ 전력 방향 계전기

④ 계기용 변압기

[해설] 네트워크 프로텍터의 3요소

① 저압용 차단기   ② 방향성 계전기   ③ Fuse

【답】④

8·8

우리나라 배전 방식 중 가장 많이 사용하고 있는 것은?

① 단상 2선식   ② 3상 3선식   ③ 3상 4선식   ④ 2상 4선식

[해설] • 배전방식 : 3상 4선식   • 송전방식 : 3상 3선식

【답】③

8·9

그림과 같은 단상 3선식 회로의 중성선 P점에서 단선되었다면 백열등 A(100 [W])와 B(400 [W])에 걸리는 단자전압은 각각 몇 [V]인가?

① $V_A = 160$ [V], $V_B = 40$ [V]

② $V_A = 120$ [V], $V_B = 80$ [V]

③ $V_A = 40$ [V], $V_B = 160$ [V]

④ $V_A = 80$ [V], $V_B = 120$ [V]

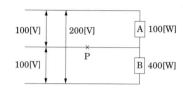

해설 전력비가 1 : 4 이므로 저항비는 전력에 반비례하므로 4 : 1이 된다. 따라서 저압은 4 : 1로 나누어진다.

∴ $V_A = 160$, $V_B = 40$

【답】①

8·10

단상 3선식에 대한 설명 중 옳지 않은 것은?

① 불평형 부하시 중성선 단선 사고가 나면 전압 상승이 일어난다.

② 불평형 부하시 중성선에 전류가 흐르므로 중성선에 퓨즈를 삽입한다.

③ 선간 전압 및 선로 전류가 같을 때 1선당 공급 전력은 단상 2선식의 133 [%]이다.

④ 전력 손실이 동일할 경우 전선 총중량은 단상 2선식의 37.5 [%]이다.

해설 단상 3선식 : 중성선이 단선 사고가 나면 경부하측에 전압 상승이 일어나므로(전압 불평형 발생) 중성선에는 퓨즈를 삽입해서는 안 된다. 또한 이것을 방지하기 위해서 부하 말단에 저압 밸런서를 설치한다.

【답】②

8·11

저압 단상 3선식 배전 방식의 단점은?

① 절연이 곤란하다.

② 전압의 불평형이 생기기 쉽다.

③ 설비 이용률이 나쁘다.

④ 2종의 전압을 얻을 수 있다.

해설 단상 3선식 : 중성선이 단선 사고가 나면 경부하측에 전압 상승이 일어나므로(전압 불평형 발생) 중성선에는 퓨즈를 삽입해서는 안 된다. 또한 이것을 방지하기 위해서 부하 말단에 저압 밸런서를 설치한다.

【답】②

8·12

단상 3선식에서 사용되는 밸런서의 특성이 아닌 것은?

① 여자 임피던스가 적다.　　　　　② 누설 임피던스가 적다.
③ 권수비가 1 : 1이다.　　　　　　④ 단권 변압기이다.

해설 단상 3선식 : 중성선이 단선 사고가 나면 경부하측에 전압 상승이 일어나므로(전압 불평형
발생) 중성선에는 퓨즈를 삽입해서는 안 된다. 또한 이것을 방지하기 위해서 부하 말단에
저압 밸런서를 설치한다.
밸런서의 특징은 다음과 같다.
① 여자 임피던스가 크다.
② 누설 임피던스가 적다.
③ 권수비 1 : 1인 단권 변압기이다.　　　　　　　　　　　　　　　【답】①

8·13

선간 전압, 부하 역률, 선로 손실, 전선 중량 및 배전 거리가 같다고 할 경우 단
상 2선식과 3상 3선식의 공급전력의 비(단상/3상)는?

① 3/2　　　　　② $1/\sqrt{3}$　　　　　③ $\sqrt{3}$　　　　　④ $\sqrt{3}/2$

해설 전선의 중량이 같다 : $V_0 = 2A_1 L = 3A_3 L$

$$\therefore \frac{A_3}{A_1} = \frac{2}{3} = \frac{R_1}{R_3}$$

또한 전력손실이 같다 : $P_C = 2I_1^2 R_1 = 3I_3^2 R_3$ 에서 $\left(\frac{I_1}{I_3}\right)^2 = \frac{3R_3}{2R_1} = \frac{3}{2} \times \frac{3}{2}$

$$\therefore \frac{I_1}{I_3} = \frac{3}{2}$$

$$\therefore \text{공급전력의 비 } \frac{W_1}{W_3} = \frac{VI_1}{\sqrt{3}\,VI_3} = \frac{1}{\sqrt{3}} \times \frac{3}{2} = \frac{\sqrt{3}}{2}$$　　　　【답】④

8·14

전선의 중량은 전압 × 역률과 어떠한 관계에 있는가?

① 비례　　　　　② 반비례　　　　　③ 자승에 비례　　　　④ 자승에 반비례

해설 전력손실 : $P_c = \dfrac{\rho l P^2}{A\,V^2 \cos^2\theta}$

전선의 중량 : $V_0 = Al = \dfrac{\rho l^2 P^2}{P_c\,V^2 \cos^2\theta} \propto \dfrac{1}{V^2 \cos^2\theta}$　　　　【답】④

심화학습문제

01 다음 그림이 나타내는 배전 방식은 다음 중 어느 것인가?

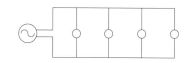

① 정전압 병렬식 ② 정전류 직렬식
③ 정전압 직렬식 ④ 정전류 병렬식

[해설]
문제의 그림은 정전압 병렬식을 나타낸 것이다.

【답】①

02 교류 단상 3선식 배전 방식은 교류 단상 2선식에 비해 어떠한가?

① 전압 강하가 작고, 효율이 높다.
② 전압 강하가 크고, 효율이 높다.
③ 전압 강하가 작고, 효율이 낮다.
④ 전압 강하가 크고, 효율이 낮다.

[해설]
단상 3선식 : 단상 2선식에 비하여 전압 강하도 작고 전력 손실도 작아 효율이 높다.

【답】①

03 부하 불평형에 의한 손실 증가가 가장 많은 것은?

① 단상 2선식   ② 3상 3선식
③ 3상 4선식   ④ V결선

[해설]
3상 4선식 : 불평형 부하의 손실이 가장 크다.

【답】③

04 다음의 배전 방식 중 선간전압 및 1선당의 전류가 같을 때 어느 조합이 같은 전력을 보낼 수 있는가?

① 단상 3선식−3상 3선식
② 직류 3선식−3상 3선식
③ 직류 2선식−단상 2선식
④ 직류 3선식−단상 2선식

[해설]
직류 2선식−단상 2선식 : 전류가 같을 경우 전력이 같다.

【답】③

05 다음 중 옳지 않은 것은?

① 저압 뱅킹 방식은 전압 동요를 경감할 수 있다.
② 밸런서는 단상 2선식에 필요하다.
③ 수용률이란 최대 수용 전력을 설비 용량으로 나눈 값을 퍼센트로 나타낸다.
④ 배전 선로의 부하율이 F일 때 손실 계수는 F와 F^2의 중간값이다.

[해설]
단상 3선식 : 중성선이 단선 사고가 나면 경부하측에 전압 상승이 일어나므로(전압 불평형 발생) 중성선에는 퓨즈를 삽입해서는 안 된다. 또한 이것을 방지하기 위해서 부하 말단에 저압 밸런서를 설치한다.

【답】②

06 배전 선로의 전기 방식 중 전선의 중량(전선 비용)이 가장 적게 소요되는 전기 방식은? 단, 배전 전압, 거리, 전력 및 선로 손실 등은 같다고 한다.

① 단상 2선식   ② 단상 3선식
③ 3상 3선식   ④ 3상 4선식

해설

방식	$1\phi2W$ 소요	전선량을 100%로	절약량
$1\phi3W$	중성선 굵기 동일	3/8 = 37.5% 소요	62.5%
	중성선 굵기 1/2	2.5/8	
$3\phi3W$	–	3/4 = 75% 소요	25%
$3\phi4W$	중성선 굵기 동일	4/12	66% (최대)
	중성선 굵기 1/2	3.5/12 = 29.2% 소요	

【답】④

07 동일 전력을 동일 선간 전압, 동일 역률로 동일 거리에 보낼 때 사용하는 전선의 총 중량이 같으면 3상 3선식인 때와 단상 2선식일 때의 전력 손실비는?

① 1   ② $\dfrac{3}{4}$

③ $\dfrac{2}{3}$ ④ $\dfrac{1}{\sqrt{3}}$

해설

전력이 같다 : $VI_1 = \sqrt{3}\,VI_s$ $\dfrac{I_1}{I_s} = \sqrt{3}$

중량 $2\sigma A_1 l = 3\sigma A_3 l$ $\dfrac{A_1}{A_3} = \dfrac{3}{2}\dfrac{R_3}{R_1}$

손실비 $= \dfrac{3상\ 3선식}{단상\ 2선식} = \dfrac{3I_3^2 R_3}{2I_1^2 R_1} = \dfrac{3}{2} \times \left(\dfrac{1}{\sqrt{3}}\right)^2 \times \dfrac{3}{2} = \dfrac{3}{4}$

【답】②

배전선로의 전기적 특성

1. 전압강하의 계산

1.1 집중부하

(1) 단상 2선식

$$e = E_s - E_r = I(R\cos\theta + X\sin\theta) \ [\text{V}]$$

저항과 리액턴스는 2선 일괄한 값이다.

(2) 3상 3선식

$$e = E_s - E_r = \sqrt{3}\,I(R\cos\theta + X\sin\theta)\,[\text{V}]$$

저항과 리액턴스는 1선의 값이다.

1.2 균등하게 분산시킨 분포부하의 전압강하 및 전력손실

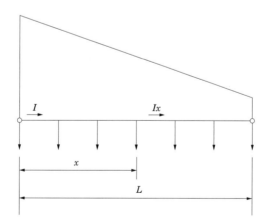

$$I_x = I\left(\frac{L-x}{L}\right) = I\left(1 - \frac{x}{L}\right)$$

L : 전장의 선로의 길이, x : 임의의 점까지의 선로 길이

I_x : 임의의 점까지의 선전류, I : 송전단 전류

(1) 전압강하

$$e = \int_0^L I_x R \, dx$$

$$= R \int_0^L I\left(1 - \frac{x}{L}\right) dx = R \int_0^L I\left[\frac{x}{L}(L-x)\right] dx$$

$$= \frac{1}{2} ILR$$

(2) 전력손실

$$P_l = \int_0^L I_x{}^2 R \, dx$$

$$= R \int_0^L \left[I\left(1 - \frac{x}{L}\right)\right]^2 dx = R \int_0^L \left[\frac{I}{L}(L-x)\right]^2 dx = R\left[I^2 x - \frac{I^2 x^2}{L} + \frac{I^2 x^3}{3L^2}\right]_0^L$$

$$= \frac{1}{3} I^2 RL$$

부하형태	모양	분산 부하율	분산손실계수
평등분포		1/2	1/3
말단일수록 큰 분포		2/3	8/15
송전단일수로 큰 분포		1/3	1/5
중앙일수록 큰 분포		1/2	23/60

예제문제 01

그림에서와 같이, 부하가 균일한 밀도로 도중에서 분기되어 선로전류가 송전단에 이를수록 직선적으로 증가할 경우 선로의 전압 강하는 이 송전단 전류와 같은 전류의 부하가 선로의 말단에만 집중되어 있을 경우의 전압 강하의 대략 몇 배인가? 단, 부하역률은 모두 같다고 한다.

① $\dfrac{1}{3}$ ② $\dfrac{1}{2}$

③ 1 ④ $\dfrac{1}{4}$

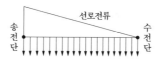

선로전류

송전단   수전단

해설

말단 집중 부하시 전압 강하 : $e = IR$

균등 분포 부하시 전압 강하 : $e' = \displaystyle\int_0^1 iRdx = \int_0^1 I(1-x)Rdx = IR\int_0^1 (1-x)dx = IR\left[x - \dfrac{x^2}{2}\right]_0^1 = \dfrac{IR}{2}$

$\dfrac{\text{분포 부하 전압 강하}}{\text{집중 부하 전압 강하}} = \dfrac{\dfrac{IR}{2}}{IR} = \dfrac{1}{2}$

답 : ②

예제문제 02

선로의 부하가 균일하게 분포되어 있을 때 배전선로의 전력손실은 이들의 전부하가 선로의 말단에 집중되어 있을 때에 비하여 어느 정도가 되는가?

① $\dfrac{1}{5}$ ② $\dfrac{1}{4}$ ③ $\dfrac{1}{3}$ ④ $\dfrac{1}{2}$

해설

말단 집중 부하에 비하여 균등 분포 부하는 전압강하가 1/2배가 되며, 전력손실은 1/3배가 된다.
말단에 단일 부하인 경우의 전력 손실 : $P_l = I^2 R$

균등한 부하 분포의 경우 전력 손실 : $P_l = \displaystyle\int_0^1 i^2 Rdx = \int_0^1 I^2(1-x)^2 Rdx$

$= I^2 R\displaystyle\int_0^1 (1-2x+x^2)dx = I^2 R\left[x - x^2 + \dfrac{x^3}{3}\right]_0^1 = \dfrac{I^2 R}{3}$

답 : ③

예제문제 03

전선의 굵기가 균일하고 부하가 균등하게 분산 분포되어 있는 배전 선로의 전력 손실은 전체 부하가 송전단으로부터 전체 전선로 길이의 어느 지점에 집중되어 있는 손실과 같은가?

① $\dfrac{3}{4}$ ② $\dfrac{2}{3}$ ③ $\dfrac{1}{3}$ ④ $\dfrac{1}{2}$

해설

말단 집중 부하에 비하여 균등 분포 부하는 전압강하가 1/2배가 되며, 전력손실은 1/3배가 된다.
말단에 단일 부하인 경우의 전력 손실 : $P_l = I^2 R$

균등한 부하 분포의 경우 전력 손실 : $P_l = \displaystyle\int_0^1 i^2 Rdx = \int_0^1 I^2(1-x)^2 Rdx$

$= I^2 R\displaystyle\int_0^1 (1-2x+x^2)dx = I^2 R\left[x - x^2 + \dfrac{x^3}{3}\right]_0^1 = \dfrac{I^2 R}{3}$

답 : ③

예제문제 04

그림과 같은 수전단 전압 3.3 [kV], 역률 0.85(뒤짐)인 부하 300 [kW]에 공급하는 선로가 있다. 이때 송전단 전압 [V]은?

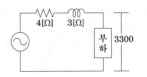

① 2930   ② 3230

③ 3530   ④ 3830

해설

송전단 전압 : $V_s = V_r + I(R\cos\theta + X\sin\theta)$

$$= 3300 + \frac{300 \times 10^3}{3300 \times 0.85}(4 \times 0.85 + 3 \times \sqrt{1 - 0.85^2}) = 3830 \text{ [V]}$$

답 : ④

예제문제 05

송전단 전압 6600 [V], 수전단 전압 6300 [V], 부하 역률 0.8(지상), 선로의 1선단 저항이 3 [Ω], 리액턴스가 2 [Ω]인 3상 3선식 배전 선로의 수전 전력 [kW]은 얼마인가?

① 420   ② 525   ③ 640   ④ 727

해설

전압강하 : $V_s - V_r = \sqrt{3} I (R\cos\theta + X\sin\theta)$

전류 : $I = \dfrac{V_s - V_r}{\sqrt{3}(R\cos\theta + X\sin\theta)} = \dfrac{6600 - 6300}{\sqrt{3}(3 \times 0.8 + 2 \times 0.6)} = \dfrac{300}{\sqrt{3} \times 3.6}$ [A]

수전 전력 : $P_R = \sqrt{3} V_r I\cos\theta = \sqrt{3} \times 6300 \times \dfrac{300}{\sqrt{3} \times 3.6} \times 0.8 \times 10^{-3} = 420$ [kW]

답 : ①

2. 부하관계용어

2.1 수용률

수용률은 시설되는 총 부하 설비용량에 대하여 실제로 사용하게 되는 부하의 최대 전력의 비를 나타내는 것으로서 다음 식에 의하여 구한다.

$$수용률 = \frac{최대수용전력 \text{ [kW]}}{부하설비용량 \text{ [kW]}} \times 100 \text{ [\%]}$$

표 1 빌딩의 수용률

구분	백화점, 점포	사무실빌딩
전등부하	70 ~ 100	40 ~ 80
동력부하	40 ~ 60	40 ~ 50
공조부하	40 ~ 60	60 ~ 90
계	50 ~ 60	40 ~ 60

2.2 부등률

각 수용가에서의 최대 수용 전력의 발생 시각은 시간적으로 차이가 있으며 이 경우에 배전 변압기 또는 간선에서의 합성 최대 수용 전력은 각 수용가에서의 최대 수용 전력의 합보다 적게 되는데 이 비를 부등률이라 하며 이 값은 항상 1보다 크고, 백분율로 나타내지 않는다. 수용률과 더불어 배전 변압기 또는 배전 간선 등의 공급 설비 계획 자료로 사용된다.

$$부등률 = \frac{각\ 부하의\ 최대\ 수요\ 전력의\ 합계\ [kW]}{합성\ 최대\ 전력\ [kW]}$$

부등률의 적용값은 다음과 같다.

- 주상변압기 전등부하 : 1.14
- 주상변압기 동력부하 : 1.58
- 배전간선 전등 : 1.35
- 배전간선 전동기 : 1.15
- 배전간선 전등변압기 : 1.18
- 배전간선 동력변압기 : 1.36

2.3 부하율

공급 설비가 어느 정도 유효하게 사용되는가를 나타내며 부하율이 클수록 공급 설비가 유효하게 사용된다. 부하율은 다음 식에 의해 계산한다.

$$부하율 = \frac{평균\ 수요\ 전력\ [kW]}{최대\ 수요\ 전력\ [kW]} \times 100\ [\%]$$

부하율은 각 단위별(변압기, 전주, 수용가 등), 시기, 범위, 기간에 따라 달라지며, 부하율을 표시할 경우 기간, 범위를 반드시 명기한다. 예를 들어 일부하율, 월부하율 등으로 표시하여야 하며, 부하율은 기간이 길어질수록 작아진다.

$$\boxed{최대\ 부하} = 부하설비의\ 합계 \times \frac{수용률}{부등률}$$

$$\uparrow$$

$$\boxed{부\ 하\ 율} = \frac{평균\ 수용전력(일정기간)\ [kW]}{최대\ 수용전력(일정기간)\ [kW]} \times 100\ [\%]$$

$$\downarrow \qquad = \frac{부하의\ 평균전력}{총\ 설비용량} \times \frac{부등률}{수용률}$$

$$\boxed{수\ 용\ 률} = \frac{최대\ 수용전력}{총\ 설비용량} \times 100\ [\%]$$

$$\downarrow$$

$$\boxed{부\ 등\ 률} = \frac{각\ 개의\ 최대\ 수용전력의\ 합}{합성\ 최대수용전력} \geq 1$$

그림 7 수용률, 부등률, 부하율의 관계

2.4 손실계수

어떤 임의의 기간중의 최대손실전력에 대한 평균손실전력의 비를 말한다.

$$손실계수 = \frac{평균손실전력}{최대손실전력}$$

부하율과 손실계수의 관계는 다음과 같다.

$$1 \geq F \geq H \geq F^2 \geq 0$$
$$H = \alpha F + (1 - \alpha)F^2$$

여기서, α : 부하율 F에 따른 계수 → 배전선로 $0.2 \sim 0.4$ 적용

예제문제 06

배전선의 손실 계수 H와 부하율 F와의 관계는?

① $0 \leq F^2 \leq H \leq F \leq 1$

② $0 \leq H^2 \leq F \leq H \leq 1$

③ $0 \leq H \leq F^2 \leq F \leq 1$

④ $0 \leq F \leq H^2 \leq H \leq 1$

해설

$H = \alpha F + (1 - \alpha)F^2$ 에서 α : 부하율 F에 따른 계수 → 배전선로 $0.2 \sim 0.4$ 적용

답 : ①

예제문제 07

부하율이란?

① $\dfrac{피상\ 전력}{부하\ 설비\ 용량} \times 100\ [\%]$

② $\dfrac{부하\ 설비\ 용량}{피상\ 전력} \times 100\ [\%]$

③ $\dfrac{최대\ 수용\ 전력}{평균\ 수용\ 전력} \times 100\ [\%]$

④ $\dfrac{평균\ 수용\ 전력}{최대\ 수용\ 전력} \times 100\ [\%]$

해설

부하율 $= \dfrac{평균\ 전력}{최대\ 수용\ 전력} \times 100 < 100\ [\%]$

답 : ④

예제문제 08

수용가군 총합의 부하율은 각 수용가의 수용률 및 수용가 사이의 부등률이 변화할 때 다음 중 옳은 것은?

① 수용률에 비례하고 부등률에 반비례한다.
② 부등률에 비례하고 수용률에 반비례한다.
③ 부등률에 비례하고 수용률에 비례한다.
④ 부등률에 반비례하고 수용률에 반비례한다.

해설

$$부하율 = \frac{평균\ 전력}{\dfrac{최대\ 전력의\ 합계}{부등률}} = \frac{평균\ 전력}{합성최대\ 전력} = \frac{평균\ 전력 \times 부등률}{설비\ 용량의\ 합계 \times 수용률}$$

답 : ②

예제문제 09

전등 설비 250 [W], 전열 설비 800 [W], 전동기 설비 200 [W], 기타 150 [W]인 수용가가 있다. 이 수용가의 최대 수용 전력이 910 [W]이면 수용률은?

① 65   ② 70   ③ 75   ④ 80

해설

$$수용률 = \frac{최대\ 수용\ 전력}{설비\ 용량} \times 100\ [\%]$$

$$= \frac{910}{250 + 800 + 200 + 150} \times 100\ [\%] = \frac{910}{1400} \times 100 = 65\ [\%]$$

답 : ①

예제문제 10

1일의 사용 전력량 60 [kWh], 최대 전력 8 [kW]인 공장의 부하율 [%]은?

① 75.0   ② 43.2   ③ 31.3   ④ 16.6

해설

$$부하율 = \frac{평균\ 전력}{최대\ 수용\ 전력} \times 100 = \frac{60}{8 \times 24} \times 100 = 31.3\ [\%]$$

답 : ③

예제문제 11

설비 A가 130 [kW], B가 250 [kW], 수용률이 각각 0.5 및 0.8일 때 합성 최대 전력이 235 [kW]이면 부등률은?

① 1.11   ② 1.13   ③ 1.21   ④ 1.23

해설

$$부등률 = \frac{각\ 부하의\ 최대\ 전력의\ 합}{합성\ 최대\ 수용\ 전력} = \frac{0.5 \times 130 + 0.8 \times 250}{235} = 1.13$$

답 : ②

예제문제 12

정격 10[kVA]의 주상 변압기가 있다. 이것의 2차측 열부하 곡선이 다음 그림과 같을 때 1일의 부하율은 몇 [%]인가?

① 52.3　　　　② 54.3

③ 56.3　　　　④ 58.3

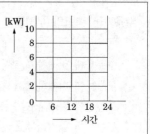

해설

$$부하율 = \frac{평균전력}{최대 수용 전력} = \frac{\dfrac{4 \times 6 + 2 \times 6 + 4 \times 6 + 8 \times 6}{24}}{8} \times 100 = 56.25\,[\%]$$

<u>답 : ③</u>

핵심과년도문제

9·1

그림과 같이 단상 고압 배전 선로가 있다. 수전
점 F에서 I_1, I_2 및 I_3의 부하에 전력을 공급할
때 1선의 저항이 $1\,[\Omega]$, 리액턴스가 $1\,[\Omega]$이라
하면, 이 선로의 전압 강하는 몇 [V]인가?

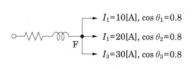

① 144   ② 168   ③ 192   ④ 216

[해설] 단상 2선식의 전압 강하

$$V_d = 2I(r\cos\theta + x\sin\theta) = 2\times 60\times(1\times 0.8 + 1\times 0.6) = 168\,[\text{V}]$$

【답】②

9·2

직류 2선식에서 배전 선로의 끝에 부하가 집중되어 있는 경우 전선 1가닥의 저항
을 $R\,[\Omega]$, 선로 전류를 $1\,[\text{A}]$라 하면 이 배전 선로의 전압 강하 e는 몇 [V]인가?

① $e = \dfrac{1}{2}RI$ ② $e = RI$

③ $e = 2RI$ ④ $e = 3RI$

[해설] 직류 2선식 전압 강하 : $e = 2RI\,[\text{V}]$

【답】③

9·3

단상 2선식의 교류 배전선이 있다. 전선 1줄의 저항은 $0.15\,[\Omega]$, 리액턴스는
$0.25\,[\Omega]$이다. 부하는 무유도성으로서 $100\,[\text{V}]$, $3\,[\text{kW}]$일 때 급전점의 전압은
몇 [V]인가?

① 100   ② 110   ③ 120   ④ 130

[해설] 송전단 전압 : $V_s = V_r + 2I(R\cos\theta + X\sin\theta)$, $\cos\theta = 1$

$$\therefore V_s = 100 + 2\times\frac{3000}{100}\times 0.15 = 109\,[\text{V}]$$

【답】②

9·4

3상 3선식 배전 선로에 역률 0.8, 출력 120 [kW]인 3상 평형 유도 부하가 접속되어 있다. 부하단의 수전 전압이 3000 [V], 배전선 1조의 저항이 6 [Ω], 리액턴스가 4 [Ω]라고 하면 송전단 전압은 대략 몇 [V]인가?

① 3360　　　　② 3340　　　　③ 3120　　　　④ 3420

해설 수전전력 : $P = \sqrt{3}\, VI\cos\theta$

부하전류 : $I = \dfrac{P}{\sqrt{3}\times3000\times0.8} = \dfrac{120\times10^3}{\sqrt{3}\times3000\times0.8} = 28.8$ [A]

송전단 전압 : $V_s = V_r + \sqrt{3}\, I(R\cos\theta + X\sin\theta)$

$= 3000 + \sqrt{3}\times28.3(6\times0.8+4\times0.6) = 3360$ [V]　　　【답】①

9·5

그림과 같은 단상 2선식 배선에서 인입구 A점의 전압이 100 [V]라면 C점의 전압 [V]은? 단, 저항값은 1선의 값으로 AB간 0.05 [Ω], BC간 0.1 [Ω]이다.

① 90　　　　② 94

③ 96　　　　④ 97

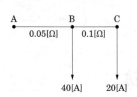

해설 B점의 전위 : $V_B = V_1 - 2IR = 100 - 2\times60\times0.05 = 94$ [V]

C점의 전위 : $V_C = V_B - 2IR = 94 - 2\times20\times0.1 = 90$ [V]　　　【답】①

9·6

3300 [V] 배전 선로의 전압을 6600 [V]로 승압하고 같은 손실률로 송전하는 경우 송전전력은 몇 배인가?

① $\sqrt{3}$　　　　② 2　　　　③ 3　　　　④ 4

해설 전력은 전압의 제곱에 비례 하므로 $P \propto \left(\dfrac{6600}{3300}\right)^2 = 2^2 = 4$　　　【답】④

9·7

배전 전압을 6,600 [V]에서 11,400 [V]로 높이면 수송전력이 같을 때 전력 손실은 처음의 약 몇 배로 줄일 수 있는가?

① 1/2　　　　② 1/3　　　　③ 2/3　　　　④ 3/4

해설 전력 손실은 전압의 제곱에 반비례 하므로 $P_l \propto \dfrac{1}{V^2}$　$\therefore \dfrac{(6600)^2}{(11400)^2} \fallingdotseq \dfrac{1}{3}$　　　【답】②

9·8

배전선로의 손실 경감과 관계없는 것은?

① 승압　　　　　　　　　　　② 다중접지방식 채용
③ 부하의 불평형 방지　　　　　④ 역률 개선

해설 전력 손실 : $P_L = 3I^2 R = \dfrac{\rho W^2 L}{A V^2 \cos^2\theta}$

　　여기서, ρ : 고유저항　　　　W : 부하 전력
　　　　　　L : 배전 거리　　　　A : 전선의 단면적
　　　　　　V : 수전 전압　　　$\cos\theta$: 부하 역률　　　　　　　【답】 ②

9·9

전선에 흐르는 전류가 1/2배로 되면 전력 손실은?

① 1/2배　　　　② 1/4배　　　　③ 2배　　　　④ 4배

해설 전력 손실은 전류의 제곱에 비례하므로 $P_l = \left(\dfrac{1}{2}\right)^2 = \dfrac{1}{4}$　　　　　　【답】 ②

9·10

수전 용량에 비해 첨부 부하가 커지면 부하율은 그에 따라 어떻게 되는가?

① 낮아진다.
② 높아진다.
③ 변하지 않고 일정하다.
④ 부하의 종류에 따라 달라진다.

해설 부하율 $= \dfrac{\text{평균 전력}}{\text{최대 전력}}$ 에서 최대 전력(첨두부하)이 커지면 부하율은 낮아진다.　　【답】 ①

9·11

평균 수용 전력을 A, 합성 최대 전력을 M, 부등률을 D, 부하율 L, 수용률을 C 라고 할 때 옳은 것은?

① $A = \dfrac{M}{D}$　　　　　　　　　② $A = D \cdot M$

③ $A = C \cdot M$　　　　　　　　　④ $A = L \cdot M$

해설 부하율 $= \dfrac{\text{평균 전력}}{\text{최대 전력}}$ 에서 평균 전력(A)=최대 전력(M) × 부하율(L)　　　　【답】 ④

9·12

수용설비 개개의 최대 수용 전력의 합 [kW]을 합성 최대 수용 전력 [kW]으로 나눈 값을 무엇이라 하는가?

① 부하율　　　　② 수용률　　　　③ 부등률　　　　④ 역률

해설 부등률 : 수용가 상호간, 또는 변전설비 상호간의 최대 수요 전력의 발생 시각 또는 발생 시기의 분산 정도를 나타내는 정도를 말하며 그 값은 1보다 크다.　　　　【답】③

9·13

수용률이란?

① 수용률 $= \dfrac{\text{평균 전력}[kW]}{\text{최대 수용 전력}[kW]} \times 100$

② 수용률 $= \dfrac{\text{개개의 최대 수용 전력의 합}[kW]}{\text{합성 최대 수용 전력}[kW]} \times 100$

③ 수용률 $= \dfrac{\text{최대 수용 전력}[kW]}{\text{수용 설비 용량}[kW]} \times 100$

④ 수용률 $= \dfrac{\text{설비 전력}[kW]}{\text{합성 최대수용 전력}[kW]} \times 100$

해설 수용률 $= \dfrac{\text{최대 수용 전력}}{\text{총수요 설비 용량}} \times 100 \ [\%]$　　　　【답】③

9·14

어떤 구역에 3상 배전선으로 전력을 공급하는 변전소가 있다. 이 구역 내의 설비 부하는 전등 2000 [kW], 동력 3000 [kW]이고 수용률은 각기 0.5, 0.6이라 한다. 이 변전소에서 공급하는 최대 용량은 약 몇 [kVA]인가? 단, 배선 전로의 전력 손실률을 전등, 동력 모두 10 [%]로 하고 부하 역률은 전등, 동력 모두 변전소에서 0.8로 하며 전등, 동력 부하간의 부등률은 1.25라 한다.

① 2980　　　　　　　　　　　② 3080
③ 3500　　　　　　　　　　　④ 4000

해설 합성 최대 수용 전력 $= \dfrac{2000 \times 0.5 + 3000 \times 0.6}{1.25 \times 0.8} \times 1.1 = 3080 \ [kVA]$　　　　【답】②

9·15

다음 중 그 값이 1 이상인 것은?

① 전압 강하율   ② 부하율

③ 수용률   ④ 부등률

해설 부등률 : 수용가 상호간, 또는 변전설비 상호간의 최대 수요 전력의 발생 시각 또는 발생 시기의 분산 정도를 나타내는 정도를 말하며 그 값은 1보다 크다. 【답】 ④

9·16

총 설비 용량 80 [kW], 수용률 75 [%], 부하율 80 [%]인 수용가의 평균전력 [kW]은?

① 36   ② 42   ③ 48   ④ 54

해설 최대 수용 전력 $= P_s \times F_{de} = 80 \times 0.75 = 60$ [kW]

$\therefore$ 평균 전력 $= 60 \times 0.8 = 48$ [kW] 【답】 ③

9·17

연간 전력량 E [kWh], 연간 최대 전력 W [kW]인 연부하율은 몇 [%]인가?

① $\dfrac{E}{W} \times 100$ ② $\dfrac{W}{E} \times 100$

③ $\dfrac{8760\,W}{E} \times 100$ ④ $\dfrac{E}{8760\,W} \times 100$

해설 연부하율 $= \dfrac{\text{연간 전력량}/(365 \times 24)}{\text{연간최대전력}} \times 100 = \dfrac{E}{8760\,W} \times 100$ [%] 【답】 ④

9·18

어떤 수용가의 1년간의 소비 전력량은 100만 [kWh]이고 1년 중 최대 전력은 130 [kW]라면 수용가의 부하율은 약 몇 [%]인가?

① 74   ② 78   ③ 82   ④ 88

해설 부하율 $= \dfrac{\text{평균 전력}}{\text{최대전력}} \times 100 = \dfrac{1,000,000 \, [\text{kWh}]}{8760 \times 130 \, [\text{kWh}]} \times 100 = 87.8$ [%] 【답】 ④

9·19

수용률 80 [%], 부하율 60 [%]일 때 설비 용량이 320 [kW]인 최대 수용 전력 [kW]은?

① 633   ② 400   ③ 256   ④ 190

해설 수용률 $= \dfrac{\text{최대수용 전력}}{\text{설비 용량}} \times 100$ [%]

∴ 최대 수용 전력 = 수용률×설비 용량 = 0.8×320 = 256 [kW]   【답】③

9·20

어떤 건물에서 총 설비 부하 용량이 850 [kW], 수용률 60 [%]라면, 변압기 용량은 최소 몇 [kVA]로 하여야 하는가? 단, 여기서 설비 부하의 종합 역률은 0.75이다.

① 500   ② 650   ③ 680   ④ 740

해설 변압기 용량 ≧ 최대 수용 전력 $= \dfrac{\text{설비 용량×수용률}}{\text{역률}}$ [kVA] $= \dfrac{850 \times 0.6}{0.75} = 680$ [kVA]   【답】③

9·21

수용률이 50 [%]인 주택지에 배전하는 66/6.6 [kV]의 변전소를 설치할 때 주택지의 부하 설비 용량을 20,000 [kVA]로 하면 필요한 변압기의 용량 [kVA]은? 단, 주상 변압기 배전 간선을 포함한 부등률은 1.3이라 한다.

① 3850   ② 5780   ③ 7700   ④ 9500

해설 부등률 $= \dfrac{\Sigma(\text{수용률×설비 용량})}{\text{합성 최대 수용 전력}}$

∴ 합성 최대 수용 전력 $= \dfrac{\Sigma(\text{수용률×설비 용량})}{\text{부등률}} = \dfrac{0.5 \times 20,000}{1.3} = 7700$ [kVA]

【답】③

9·22

배전 선로의 부하율이 F일 때 손실 계수 H는?

① $H = F$ ② $H = \dfrac{1}{F}$

③ $F^2 \leqq H \leqq F$ ④ $H = F^3$

해설 $0 \leqq F^2 \leqq H \leqq F \leqq 1$ 【답】③

9·23

최대 전류가 흐를 때의 손실이 50 [kW]이며 부하율이 55 [%]인 전선로의 평균 손실은 몇 [kW]인가? 단, 배전 선로의 손실 계수 H는 0.38이다.

① 7   ② 11   ③ 19   ④ 31

해설 손실 전력량= $P \times$ 손실 계수= $50 \times 0.38 = 19$ [kW]　　　　　　　　【답】③

9·24

그림과 같이 송전단 전류를 I, 전장 L에 대한 전압 강하를 e, 등가 저항을 S라 할 때 분산 부하율은?

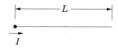

① $\dfrac{eS}{LI}$　　　　　　② $\dfrac{e}{SIL}$　　　　　　③ $eSIL$　　　　　　④ $\dfrac{SI}{eL}$

해설 분산 부하율= $\dfrac{e}{SIL} \times 100$ [%]　　　　　　　　　　　　　　　　【답】②

9·25

아래 그림과 같이 6300/210 [V]인 단상 변압기 3대를 △—△ 결선하여 수전단 전압이 6000 [V]인 배전선로에 접속하였다. 이 중 2대의 변압기는 감극성이고, CA상에 연결된 변압기 1대가 가극성이었다고 한다. 이때 다음 그림과 같이 접속된 전압계에는 몇 [V]의 전압이 유기되는가?

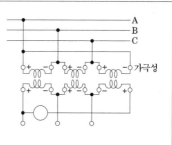

① 400   ② 200   ③ 100   ④ 0

해설 변압기 2차측 전압 : $V = 6000 \times \dfrac{210}{6300} = 200$ [V]

전압계가 지시하는 것은 변압기 2차가 모두 직렬연결 이고 감극성 표준의 변압기 중에 가극성이 있으므로

$\therefore\ V = V_{RS} + V_{ST} + V_{TR} = 200\angle 0 + 200\angle -120 - 200\angle -240$ [V]

$\qquad = 200 + 200\left(-\dfrac{1}{2} - j\dfrac{\sqrt{3}}{2}\right) - 200\left(-\dfrac{1}{2} + j\dfrac{\sqrt{3}}{2}\right) = 200 - j200\sqrt{3}$

$\therefore\ |V| = \sqrt{200^2 + (200\sqrt{3})^2} = 400$ [V]　　　　　　　　　　　【답】①

9·26

500 [kVA]의 단상 변압기 3대로 3상 전력을 공급하고 있던 공장에서 변압기 1대가 고장났을 때 공급할 수 있는 전력은 몇 [kVA]인가?

① 500   ② 688   ③ 866   ④ 1000

해설 V결선시 출력 : $P_V = \sqrt{3}\,P_1 = \sqrt{3} \times 500 = 866$ [kVA]   【답】③

9·27

동일한 2대의 단상 변압기를 V결선하여 3상 전력을 100 [kVA]까지 배전할 수 있다면, 똑같은 단상 변압기 1대를 더 추가하여 △결선하면 3상 전력을 얼마 정도까지 배전할 수 있겠는가?

① 약 57.7 [kVA]   ② 약 70.5 [kVA]

③ 약 141.4 [kVA]   ④ 약 173.2 [kVA]

해설 V결선시 출력 : $P_V = \sqrt{3}\,P$

△결선시 출력 : $P_\triangle = 3P$

∴ V결선보다 △결선시 출력이 $\sqrt{3}$ 배 크다.   【답】④

9·28

단상 변압기 3대를 △결선으로 운전하던 중 1대의 고장으로 V결선한 경우 V결선과 △결선의 출력비는 몇 [%]인가?

① 86.6   ② 57.7   ③ 66.6   ④ 52.2

해설 V결선시 출력 : $P_V = \sqrt{3}\,P$

△결선시 출력 : $P_\triangle = 3P$

∴ 출력비 $= \dfrac{\sqrt{3}\,P}{3P} = \dfrac{\sqrt{3}}{3} = 57.7$ [%]   【답】②

9·29

500 [kVA]의 단상 변압기 상용 3대(결선 △—△), 예비 1대를 갖는 변전소가 있다. 지금 부하의 증가에 응하기 위하여 예비 변압기까지 동원해서 사용한다면 얼마만한 최대 부하 [kVA]에까지 응할 수 있게 되겠는가?

① 약 2000   ② 약 1730   ③ 약 1500   ④ 약 830

해설 V결선이 2Bank 이므로 $P_V = 2\sqrt{3}\,P = 2 \times \sqrt{3}\ VI = 2 \times \sqrt{3} \times 500 = 1730$ [kVA]   【답】②

9·30

단상 변압기 300 [kVA] 3대로 △결선하여 급전하고 있는데 변압기 1대가 고장으로 제거되었다 한다. 이때의 부하가 750 [kVA]라면 나머지 2대의 변압기는 몇 [%]의 과부하로 되는가?

① 115 　　　　　② 125 　　　　　③ 135 　　　　　④ 145

해설 V결선 출력 : $P = \sqrt{3}\,VI = \sqrt{3} \times 300$ [kVA]

$\therefore$ 과부하율 $= \dfrac{750}{\sqrt{3} \times 300} \times 100 = 144$ [%] 【답】④

심화학습문제

01 수전단 전압이 3300 [V]이고, 전압 강하율이 4 [%]인 송전선의 송전단 전압은 몇 [V]인가?

① 3395   ② 3432

③ 3495   ④ 5678

해설

전압 강하율 : $\epsilon = \dfrac{V_d}{V_R}$

송전단 전압 : $V_s = V_R + e = V_R + \epsilon \cdot V_R$

$\qquad = 3300 + 0.04 \times 3300 = 3432 \,[V]$

【답】②

02 20개의 가로등이 500 [m] 거리에 균등하게 배치되어 있다. 한 등의 소요 전류 4 [A], 전선의 단면적 38 [mm²], 도전율 56 [℧]라면 한쪽 끝에서 110 [V]로 급전할 때 최종 전등에 가해지는 전압 [V]은?

① 91   ② 96

③ 101   ④ 106

해설

말단에 집중 부하의 전압 강하

$: e = 2IR = I \times \rho \dfrac{2l}{A} = 2 \times 4 \times 20 \times \dfrac{1}{56} \times \dfrac{500}{38} = 37.6 \,[V]$

분포 부하는 말단 집중 부하의 1/2배의 전압 강하이므로

$\therefore$ 최종 전등 전압 $= 110 - \dfrac{37.6}{2} = 91.2 \,[V]$

【답】①

03 배전 전압을 3000 [V]에서 6000 [V]로 높이는 이점이 아닌 것은?

① 배전 손실이 같다고 하면 수송 전력을 증가시킬 수 있다.

② 수송 전력이 같다면 전력 손실을 줄일 수 있다.

③ 전압 강하를 줄일 수 있다.

④ 주파수를 감소시킨다.

해설

배전선로는 주파수는 변경할 수 없다.

【답】④

04 200 [V] 단상 2선식 길이 200 [m]의 배전선에서 40 [kW], 역률 100 [%]의 부하에 38 [mm2]의 전선을 쓰면 손실률 [%]은 대략 얼마인가? 단, 단면적 1 [mm²], 길이 1 [m]인 전선의 저항은 1/55 [Ω]이다.

① 7.5   ② 10

③ 15   ④ 20

해설

전력 손실

$$P_l = 2I^2R = \dfrac{P^2 \rho l}{V^2 A} \times 10^{-3}$$

$$= 2 \dfrac{(40,000)^2 \times 200}{200^2 \times 38 \times 55} \times 10^{-3} = 7.66 \,[kW]$$

$\therefore$ 전력 손실률

$= \dfrac{\text{손실 전력}}{\text{부하전력}} \times 100 = \dfrac{7.66}{40} \times 100 ≒ 20 \,[\%]$

【답】④

05 송전단 전압 6600 [V], 길이 4.5 [km]인 3상 3선식 배전 선로에 의해 용량 2500 [kW], 역률 0.8(지상)의 부하에 전기를 공급할 경우 전압 강하를 600 [V] 이내로 하기 위한 전선의 최소 굵기는 몇 [mm²]인가? 단, 전선은 경동선(저항률 $\frac{1}{55}$ [Ω/m·mm²])을 사용한다.

① 38   ② 50
③ 60   ④ 80

해설

전압강하 : $e = \sqrt{3}\,I(R\cos\theta + X\sin\theta)$
리액턴스를 무시하면

$$e = \sqrt{3}\,IR\cos\theta = \frac{P_R}{V_R}R = \frac{P_R}{V_R}\times\rho\frac{l}{A}$$

∴ 단면적

$$A = \frac{P_R\cdot\rho l}{V_d\cdot V_R} = \frac{2500\times10^3\times\frac{1}{55}\times4500}{600\times6000} = 56.8\ [\text{mm}^2]$$

【답】③

06 그림과 같은 도면의 건물에서 분기 회로의 전압 강하를 2 [V]로 유지하기 위하여 전선의 굵기 [mm]는 얼마로 하면 좋은가?

① 1.6
② 2.0
③ 2.6
④ 3.2

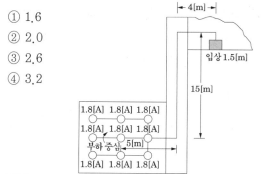

입상 1.5[m]

해설

전선의 길이 $l = 1.5 + 4 + 15 + 5 = 25.5\ [\text{m}]$
부하 전류 $I = 1.8\times9 = 16.2\ [\text{A}]$

도전율 97%인 경우 전압강하 : $e = \dfrac{35.6\,lI}{1000A}$ 이므로

$A = \dfrac{35.6\,lI}{1000e}$ 에서 $\dfrac{\pi d^2}{4} = \dfrac{35.6\,lI}{1000e}$

$$\therefore d = \sqrt{\frac{4\times35.6\,Il}{1000\pi e}}$$

$$= \sqrt{\frac{4\times35.6\times25.5\times16.2}{1000\pi\times2}} = 3.06\ [\text{mm}]$$

【답】④

07 500 [kW], 지역률 80 [%]인 단상 부하의 단자 전압이 6,500 [V]일 때 부하 전류는 약 몇 [A]인가?

① 92   ② 96
③ 105   ④ 120

해설

전력 $P = \sqrt{3}\,VI\cos\theta$ 에서

$$I = \frac{P}{V\cos\theta} = \frac{500\times10^3}{6500\times0.8} = 96.15\ [\text{A}]$$

【답】②

08 선로의 길이 40 [km]의 3상 3선식 송전 선로를 건설하는 경우, 수전 전압 145 [kV], 역률 0.85의 3상 평형 부하 200 [MW]에 공급할 때 송전 손실을 10 [%] 이하로 하려면 전선의 굵기는 최소 몇 [mm²] 이상으로 하여야 하는가? 단, 전선은 체적 저항률 2.8265 [μΩ·cm]의 ACSR을 사용하는 것으로 한다.

① 150   ② 200
③ 250   ④ 300

해설

전력 손실 : $P_l = 0.1\times P = 200,000\times0.1 = 20,000\ [\text{kW}]$
전력 손실 : $P_l = 3I^2R$

$$= 3\times\left(\frac{200,000}{\sqrt{3}\times145\times0.85}\right)^2\times R\times10^{-3}$$

$$= 20,000\ [\text{kW}]$$

∴ $R = 7.595\ [\Omega]$ 에서

$$R = \rho\times\frac{l}{A} = 2.8265\times10^{-6}\times\frac{4,000,000}{A} = 7.595\,[\Omega]$$

$$\therefore A = \frac{2.8265\times4}{7.595} = 1.49\ [\text{cm}^2] = 149\ [\text{mm}^2]$$

【답】①

09 단상식 배선에서 옥내 배선의 길이 l [m], 부하 전류 I [A]일 때 배선의 전압 강하를 v [V]로 하기 위한 전선의 굵기는 다음 중 어느 요소에 비례하는가?

① $l\sqrt{\dfrac{v}{I}}$　　　　② $\sqrt{\dfrac{lv}{I}}$

③ $\sqrt{lvI}$　　　　　④ $\sqrt{\dfrac{lI}{v}}$

 해설

전압 강하 : $e = IR = I\left(\rho\dfrac{4l}{\pi d^2}\right)$

∴ 전선의 굵기 $d = \sqrt{\dfrac{4\rho l \cdot I}{\pi \cdot v}} \propto \sqrt{\dfrac{l \cdot I}{v}}$

【답】④

10 그림과 같은 회로에서 A, B, C, D의 어느 곳에 전원을 접속하면 간선 A-D간의 전력 손실이 최소가 되는가? 단, AB, BC, CD간의 저항은 같다.

① A
② B
③ C
④ D

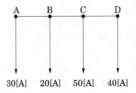

해설

A점 : $P = (I_b + I_c + I_d)^2 R + (I_c + I_d)^2 R + I_d^2 R$
　　　$= 12100R + 8100R + 1600R = 21800R$

B점 : $P = I_a^2 R + (I_c + I_d)^2 R + I_b^2 R = 10600R$

C점 : $P = I_a^2 R + (I_a + I_b)^2 R + I_d^2 R$
　　　$= 900R + 2500R + 1600R = 5000R$

【답】③

11 그림에서 단상 2선식 저압 배전선의 A, C 점에서 전압을 같게 하기 위한 공급점 D의 위치를 구하면? 단, 전선의 굵기는 AB간 5 [mm], BC간 4 [mm], 또, 부하 역률은 1이고 선로의 리액턴스는 무시한다.

① B에서 A쪽으로 58.9 [m]
② B에서 A쪽으로 57.4 [m]
③ B에서 A쪽으로 56.9 [m]
④ B에서 A쪽으로 55.9 [m]

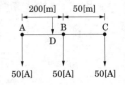

해설

F점을 기준으로 양쪽의 전압 강하가 같아야 하므로

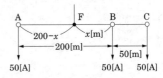

$50 \times \dfrac{200-x}{\dfrac{\pi}{4}5^2} = 80 \times \dfrac{x}{\dfrac{\pi}{4}5^2} + 30\dfrac{50}{\dfrac{\pi}{4}4^2}$

$400 - 2x = 3.2x + 93.75$

$5.2x = 400 - 93.75$

$x = \dfrac{400 - 93.75}{5.2} = 58.89$ [m]

【답】①

12 그림과 같은 단상 2선식 배전선의 급전점 A에서 부하쪽으로 흐르는 전류는 몇 [A]인가? 단, 저항값은 왕복선의 값이다.

① 28
② 32
③ 37
④ 41

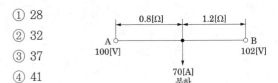

해설

부하공급점의 전압을 V라고 하면 공급점에서의 전압은 같으므로

$\dfrac{(100-V)}{0.8} + \dfrac{(102-V)}{1.2} = 70$ [A] 에서 $V = 67.2$ [V]

∴ $I_A = \dfrac{(V_A - V)}{0.8} = \dfrac{(100 - 67.2)}{0.8} = 41$ [A]

【답】④

13 그림과 같이 A, B 양 지점에 각각 I_1, I_2 집중 부하가 있고 양단의 전압 강하를 모두 균등하게 할 때 전선이 가장 경제적으로 되는 급전점 P는 A점으로부터 몇 [km]인가?

① 2.55

② 3.75

③ 5.45

④ 6.25

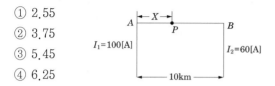

해설

양단의 전압 강하가 동일한 조건에 의해

$$100 \times x = 60(10 - x)$$

$$\therefore \ x = \frac{600}{160} = 3.75 \ [km]$$

【답】②

14 22.9 [kV]로 수전하는 어떤 수용가의 최대 부하 250 [kVA], 부하 역률 80 [%]이고 부하 율이 50 [%]이다. 월간 사용 전력량 [MWh]은 약 얼마인가? 단, 1개월은 30일로 계산한다.

① 62

② 72

③ 82

④ 92

해설

부하율 $= \dfrac{\text{평균 전력}}{\text{최대 전력}} \times 100[\%]$ 에서

평균 전력 $=$ 부하율 $\times$ 최대 전력 $= 50 \times 250 = 125$ [kW]

$\therefore$ 사용 전력 $= 125 \times 0.8$ (부하 역률) $= 100$ [kW]

$\therefore$ 월간 사용 전력량 $= 100$ [kW] $\times 24$ [시간] $\times 30$ [일]

$= 72000$ [kWh] $= 72$ [MWh]

【답】②

15 고압 배전선 간선에 역률 100 [%]의 수용 가가 두 군으로 나누어 각 군에 변압기 1대 씩 설치되어 있다. 각 군의 수용가 총 설비 용량은 각각 30 [kW], 20 [kW]라 한다. 각 수용가의 수용률 0.5, 수용가 상호간의 부등 률 1.2, 변압기 상호간의 부등률은 1.3이라 한다. 고압 간선의 최대 부하 [kW]는?

① 12

② 16

③ 25

④ 50

해설

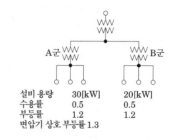

A군 합성 최대 전력

$= \dfrac{\text{설비용량} \times \text{수용률}}{\text{부등률}} = \dfrac{30 \times 0.5}{1.2}$ [kW]

B군 합성 최대 전력

$= \dfrac{\text{설비용량} \times \text{수용률}}{\text{부등률}} = \dfrac{20 \times 0.5}{1.2}$ [kW]

합성 최대 전력 $= \dfrac{\text{최대 전력의 합}}{\text{변압기 상호 부등률}}$

$= \dfrac{\frac{15}{1.2} + \frac{10}{1.2}}{1.3} = 16$ [kW]

【답】②

16 154/6.6 [kV], 5000 [kVA]의 3상 변압기 1대를 시설한 변전소가 있다. 이 변전소의 6.6 [kV] 각 배전선에 접속한 부하 설비 및 수용률이 표와 같고 각 배전선간의 부등률은 1.17로 하였을 때 변전소에 걸리는 최대 전 력은 약 몇 [kW]인가?

배전선	부하 설비 [kW]	수용률 [%]
a	4716	24
b	1635	74
c	3600	48
d	4095	32

① 4186

② 4356

③ 4598

④ 4728

해설

합성 최대 전력 $= \dfrac{\text{설비 용량} \times \text{수용률}}{\text{부등률}}$

$= \dfrac{4716 \times 0.24 + 1635 \times 0.74 + 3600 \times 0.48 + 4095 \times 0.32}{1.17}$

$= 4598 \,[\text{kVA}]$

【답】③

17 어느 변전소의 공급 구역 내에 총 설비 부하 용량은 전등 600 [kW], 동력 800 [kW]이다. 각 수용가의 수용률을 전등 60 [%], 동력 80 [%], 각 수용가간의 부등률을 전등 1.2, 동력 1.6, 변전소에 있어서의 전등과 동력 부하간의 부등률을 1.4라고 하면 이 변전소에서 공급하는 최대 전력은 몇 [kW]인가? 단, 부하나 선로의 전력 손실은 10 [%]로 한다.

① 600   ② 550

③ 500   ④ 450

해설

전등부하의 최대 전력

$\quad = \dfrac{\text{수용률}}{\text{부등률}} \times \text{설비용량} = \dfrac{0.6}{1.2} \times 600 = 300 \,[\text{kW}]$

동력부하의 최대 전력

$\quad = \dfrac{\text{수용률}}{\text{부등률}} \times \text{설비용량} = \dfrac{0.8}{1.6} \times 800 = 400 \,[\text{kW}]$

∴ 합성 최대 전력

$\quad = \dfrac{\text{전등 최대 전력} + \text{동력 최대 전력}}{\text{부등률}}$

$\quad = \dfrac{300 + 400}{1.4} = 500 \,[\text{kW}]$

∴ 전력 손실을 10 [%]를 고려하면 공급 최대 전력은 $500 \times 1.1 = 550 \,[\text{kW}]$

【답】②

18 저항 20 [Ω], 40 [Ω], 80 [Ω]을 그림과 같이 성형으로 접속하고 이것을 불평형 3상 전압 280 [V], 280 [V], 240 [V]를 가할 경우 전 소비전력은?

① 2.263 [kW]

② 2.063 [kW]

③ 1.863 [kW]

④ 1.663 [kW]

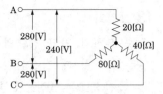

해설

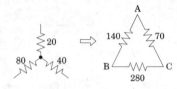

그림과 같이 Y결선된 저항을 △결선으로 등가 하여 각상의 전력을 구한다.

∴ $P = \dfrac{280^2}{140} + \dfrac{280^2}{280} + \dfrac{240^2}{70} = 1.663 \,[\text{kW}]$

【답】④

19 다음 ( )안에 알맞은 것은?

"동일 배전 선로에서 전압만을 3.3 [kV]에서 22.9 [kV]($= 3.3 \times \sqrt{3} \times 4$)로 승압할 경우 공급전력을 동일하게 하면 선로의 전력손실(율)은 승압전의 (①)배로 되고 선로의 전력 손실률을 동일하게 하면 공급 전력은 승압전의 (②)배로 된다."

① ① 약 1/7, ② 약 7

② ① 48, ② 1/48

③ ① 1/48, ② 48

④ ① 1/48, ② 약 7

해설

전력 손실률은 전압의 제곱에 반비례 : $\dfrac{1}{n^2}$ 배

공급전력은 전압의 제곱에 비례 : n^2 배

【답】③

20 배전선의 전력 손실 경감 대책이 아닌 것은?

① Feeder 수를 늘린다.

② 역률을 개선한다.

③ 배전 전압을 높인다.

④ Network 방식을 채택한다.

• 배전선로의 전력손실 : $P_l = 3I^2r = \dfrac{\rho P^2 L}{A V^2 \cos^2\theta}$

• 망상식(network system) : 이 방식은 어느 회선에 사고가 일어나더라도 다른 회선에서 무정전으로 공급할 수 있기 때문에 다음과 같은 여러 가지 장점을 지니고 있다.

① 무정전 공급이 가능해서 공급 신뢰도가 높다.
② 플리커, 전압 변동률이 적다.
③ 전력 손실이 감소된다.
④ 기기의 이용률이 향상된다.
⑤ 부하 증가에 대한 적응성이 좋다.
⑥ 변전소의 수를 줄일 수 있다.

【답】①

21 그림과 같이 2차 변전소에 따로 따로 전력을 공급하는 지중 전선로 방식은?

① 평행식
② 다단식
③ 방사식
④ 환상식

문제의 그림은 가지식(방사식)을 나타낸 것이다.

【답】③

22 단상 2선식(110 [V]) 저압 배전 선로를 단상 3선식(110/220 [V])으로 변경하고 부하 용량 및 공급 전압을 변경시키지 않고 부하를 평형시켰을 때의 전선로의 전압 강하율은 변경 전에 비해서 몇 배가 되는가?

① $\dfrac{1}{4}$배
② $\dfrac{1}{3}$배
③ $\dfrac{1}{2}$배
④ 변하지 않는다.

전압강하율은 전압의 제곱에 반비례 한다.
단상 2선식을 단상 3선식으로 변경하면 2배 승압된 것이므로 1/4배가 된다.

【답】①

23 최근 초고압 송전 계통에 단권 변압기가 사용되고 있는데, 그 특성이 아닌 것은?

① 중량이 가볍다.
② 전압 변동률이 작다.
③ 효율이 높다.
④ 단락 전류가 작다.

단권 변압기의 특징
① 중량이 가볍다.
② 전압 변동률이 작다.
③ 동손의 감소에 따른 효율이 높다.
④ 변압비가 1에 가까우면 용량이 커진다.
⑤ 1차측의 이상 전압이 2차측에 미친다.
⑥ 누설 임피던스가 작으므로 단락 전류가 증가한다.
⑦ 단권 변압기의 2차측 권선은 공통 권선이므로 절연강도를 낮출 수 없다.

【답】④

24 단권 변압기를 초고압 계통의 연계용으로 이용할 때 장점에 해당되지 않는 것은?

① 동량이 경감된다.
② 2차측의 절연강도를 낮출 수 있다.
③ 분로권선에는 누설자속이 없어 전압변동률이 작다.
④ 부하용량은 변압기 고유용량보다 크다.

단권 변압기의 특징
① 중량이 가볍다.
② 전압 변동률이 작다.
③ 동손의 감소에 따른 효율이 높다.
④ 변압비가 1에 가까우면 용량이 커진다.
⑤ 1차측의 이상 전압이 2차측에 미친다.
⑥ 누설 임피던스가 작으므로 단락 전류가 증가한다.
⑦ 단권 변압기의 2차측 권선은 공통 권선이므로 절연강도를 낮출 수 없다.

【답】②

25 그림과 같이 6600 [V] 비접지 3상 3선식 배전 선로에 설치된 주상 변압기의 1차와 2차 간에 고저압 혼촉 고장이 발생하였을 경우 ×표한 부분의 대지 전위는 몇 [V]인가? 단 접지 저항은 15 [Ω], 접지 저항에 흐르는 지락 전류는 4 [A]라 한다.

① 60

② $\dfrac{6600}{\sqrt{3}}$

③ 6600

④ $60\sqrt{3}$

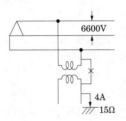

해설

지락시 대지전위 : $V_g = I_g R = 4 \times 15 = 60$ [V]

【답】 ①

26 공통중성선 다중접지 3상 4선식 배전선로에서 고압측(1차측) 중성선과 저압측(2차측) 중성선을 전기적으로 연결하는 목적은?

① 저압측의 단락 사고를 검출하기 위함

② 저압측의 접지 사고를 검출하기 위함

③ 주상 변압기의 중성선측 부싱(bushing)을 생략하기 위함

④ 고저압 혼촉시 수용가에 침입하는 상승전압을 억제하기 위함

해설

중성선끼리 연결이유 : 고저압 혼촉시 고압측의 큰 전압이 저압측을 통해서 수용가에 침입을 방지한다.

【답】 ④

27 주상 변압기의 2차측 접지공사는 어느 것에 의한 보호를 목적으로 하는가?

① 2차측 단락

② 1차측 접지

③ 2차측 접지

④ 1차측과 2차측의 혼촉

해설

제2종 접지공사의 목적 : 1차측과 2차측의 혼촉에 의한 2차측 전압의 상승억제

【답】 ④

28 단상 배전선로에서 그 인출구 전압은 6,600 [V]로 일정하고 한 선의 저항은 15 [Ω], 한 선의 리액턴스는 12 [Ω]이며 주상 변압기 1차측 환산저항은 20 [Ω], 리액턴스는 35 [Ω]이다. 만약 주상 변압기의 2차측에서 단락이 생겼다면 이때의 전류는 약 몇 [A]가 되겠는가? 단, 변압기의 전압비는 6000 : 110이다.

① 4,655

② 4,675

③ 4,955

④ 4,975

해설

저항 : $R = 15 \times 2 + 20 = 50$ [Ω]

리액턴스 : $X = 12 \times 2 + 35 = 59$ [Ω]

1차 단락 전류 : $I_{s1} = \dfrac{V}{Z_1} = \dfrac{6600}{\sqrt{50^2 + 59^2}} = 85.34$ [A]

2차 단락 전류 : $I_{s2} = a I_{s1} = 85.34 \times \dfrac{6000}{110} = 4655$ [A]

【답】 ①

29 주상 변압기의 1차측 전압이 일정할 경우, 2차측 부하가 변동하면 주상 변압기의 동손과 철손은 어떻게 되는가?

① 동손과 철손이 다 변동한다.

② 동손은 일정하고 철손은 변동한다.

③ 동손은 변동하고 철손은 일정하다.

④ 동손과 철손이 다 일정하다.

해설

2차 부하가 변동하면 철손은 부하와 관련이 없으므로 일정하고 동손은 부하전류에 제곱에 비례해서 변동한다.

【답】 ③

30 그림과 같은 3상 4선식 배전선에서 무유도 부하 2 [Ω], 4 [Ω], 5 [Ω]을 각 상과 중성선 사이에 접속한다. 지금 변압기 2차 단자에서의 선간 전압을 173 [V]로 하면 중성선에 흐르는 전류 [A]는? 단, 변압기 및 전선의 임피던스는 무시한다.

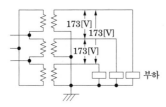

① 약 18.0   ② 약 21.5

③ 약 27.8   ④ 약 32.5

해설

상전압은 선간 전압의 $\frac{1}{\sqrt{3}}$ 이 되므로 각 부하에 흐르는 전류를 I_a, I_b, I_c라 하면

$$I_a = \frac{E}{R_a} = \frac{100}{2} = 50 \,[\text{A}]$$

$$I_b = \frac{E}{R_b} = \frac{100}{4} = 25 \,[\text{A}]$$

$$I_c = \frac{E}{R_c} = \frac{200}{5} = 20 \,[\text{A}]$$

I_a, I_b, I_c 전류는 각각 120°의 위상이 있으므로 중성선 전류

$$I_0 = I_a + a I_b + a^2 I_c$$
$$= 50 + \left(-\frac{1}{2} - j\frac{\sqrt{3}}{2}\right)15 + \left(-\frac{1}{2} + j\frac{\sqrt{3}}{2}\right)20$$
$$= 50 - 12.5 - 10 + j(-12.5\sqrt{3} + 10\sqrt{3})$$
$$= 27.5 - j2.5\sqrt{3}$$
$$\therefore |I_0| = \sqrt{27.5^2 + (2.5\sqrt{3})^2} = 27.8 \quad [\text{A}]$$

【답】③

31 다음 표와 같은 정격을 갖는 A, B 2대의 3상 변압기를 병렬 운전해서 3상 부하에 전력을 공급한다면 변압기의 1차측에 60 [kV]의 전압을 인가한 경우 변압기에 흐르는 순환 전류 [A]는 얼마인가? 단, 변압기의 여자전류 및 권선의 저항은 무시한다.

구분	A 변압기	B 변압기
용량 [kVA]	6000	6000
전압 [kV]	61/6.9	63/6.9
% 임피던스	7.5	12.0
결 선	Y—Y	Y—Y

① 74   ② 84

③ 89   ④ 95

해설

A변압기의 리액턴스를 X_A [Ω], B변압기의 리액턴스를 X_B [Ω]이라 하면

$$X_A = \frac{\%X_A 10 V^2}{P} = \frac{7.5 \times 10 \times 6.9^2}{6000} = 0.595 \,[\Omega]$$

$$X_B = \frac{\%X_B 10 V^2}{P} = \frac{12 \times 10 \times 6.9^2}{6000} = 0.952 \,[\Omega]$$

A, B 양 변압기의 2차측에 유기되는 상전압을 E_A, E_B라 하면

$$E_A = \frac{60}{\sqrt{3}} \times \frac{6.9}{61} = 3.92 \,[\text{kV}]$$

$$E_B = \frac{60}{\sqrt{3}} \times \frac{6.9}{63} = 3.79 \,[\text{kV}]$$

따라서 A, B 양 변압기의 순환 전류

$$I_C = \frac{(3.92 - 3.79)}{0.595 + 0.952} \times 100 = 84 \,[\text{A}]$$

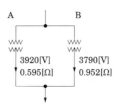

【답】②

32 절연내력을 시험하기 위해 시험용 변압기를 사용하였다. 이때 전압조정을 하기 위하여 일반적으로 가장 많이 사용되는 것은?

① 수저항 전압 조정기
② 유도 전압 조정기
③ 소형 발전기의 변속 장치
④ 다단식 지항 전압 조징기

해설

유도 전압 조정기 : 전압의 조정을 ±(5~10 [%])로 할 수 있는 전압 조정기를 말한다. 유입자 냉식, 공냉식, 단상, 3상, 수동식, 전동식, 자동식 등이 있다.

【답】②

33 동일 굵기의 전선으로 된 3상 3선식 2회선 송전선이 있다. A회선의 전류는 100 [A], B회선의 전류는 50 [A]이고 선로 손실은 합계 50 [kW]이다. 개폐기를 닫아서 양 회선을 병렬로 사용하여 합계 150 [A]의 전류를 통하도록 하려면 선로 손실 [kW]은?

① 40   ② 45
③ 50   ④ 55

해설

A회선의 선로 손실과 B회선의 선로 손실

$I_A^2 R + I_B^2 R = 50$ [kW]

$\therefore 100^2 R + 50^2 R = 50 \times 10^3$

$\therefore R = 4$ [Ω]

양 회선을 병렬로 사용하면 동일 전선이므로 동일한 전류가 흐르므로

$2회선 \times 75^2 R = 2 \times 75^2 \times 4 = 45,000$ [W]

$\therefore 45$ [kW]

【답】②

34 배전선의 전압을 조정하는 방법으로 적당하지 않은 것은?

① 유도 전압 조정기
② 승압기
③ 주상 변압기 탭 전환
④ 동기 조상기

해설

배전선 전압 조정 장치
① 무부하시 탭 변환 장치(NLTC)
② 부하시 탭 절환 장치(OLTC)
③ 정지형 전압 조정기(SVR)
④ 유도 전압 조정기(IVR)

【답】④

35 부하에 따라 전압 변동이 심한 급전선을 가진 배전 변전소의 전압 조정 장치는?

① 단권 변압기
② 전력용 콘덴서
③ 주변압기 탭
④ 유도 전압 조정기

해설

부하 변동이 심한 경우 탭 절환 방식을 채용할 수 없으므로 유도 전압 조정기가 많이 채용된다.

【답】④

36 배전용 변전소의 주변압기는?

① 단권 변압기   ② 삼권 변압기
③ 체강 변압기   ④ 체승 변압기

해설

• 체승 변압기 : 승압용(송전용)
• 체강 변압기 : 강압용(배전용)

【답】③

37 선로 전압 강하 보상기(LDC)는?

① 분로 리액터로 전압 상승을 억제하는 것
② 선로의 전압 강하를 고려하여 모선 전압을 조정하는 것
③ 승압기로 저하된 전압을 보상하는 것
④ 직렬 콘덴서로 선로 리액턴스를 보상하는 것

해설
선로 전압 강하 보상기(LDC) : 선로 전압 강하를 고려하여 모선 전압을 조정한다.

【답】 ②

38 부하의 위치가 $(X_1, Y_1), (X_2, Y_2), (X_3, Y_3)$ 점에 있고 각 점의 전류는 100 [A], 200 [A], 300 [A]이다. 변전소를 설치하는 데 적합한 부하 중심은? 단, $X_1 = 1$ [km], $Y_1 = 2$ [km], $X_2 = 1.0$ [km], $Y_2 = 1$ [km], $X_3 = 2$ [km], $Y_3 = 1$ [km]임

① 1 [km], 2 [km]
② 0.05 [km], 2 [km]
③ 2 [km], 0.05 [km]
④ 1.5 [km], 1 [km]

해설

$$X = \frac{1}{\sum i}(i_1 x_1 + i_2 x_2 + \cdots + i_n x_n)$$
$$= \frac{\sum ix}{\sum i} = \frac{1000}{600} = 1.67 \text{ [km]}$$
$$Y = \frac{1}{\sum i}(i_1 y_1 + i_2 y_2 + \cdots + i_n y_n)$$
$$= \frac{\sum iy}{\sum i} = \frac{700}{600} = 1.16 \text{ [km]}$$

【답】 ④

39 다음 변전소의 역할 중 옳지 않은 것은?

① 유효전력과 무효전력을 제어한다.
② 전력을 발생 분배한다.
③ 전압을 승압 또는 강압한다.
④ 전력 조류를 제어한다.

해설
변전소의 설치 목적
① 전압의 승압 및 강압
② 전력의 집중 및 분배
③ 유효전력 및 무효전력 제어
④ 전압 조정
⑤ 전력 조류제어

【답】 ②

40 서울과 같이 부하밀도가 큰 지역에서는 일반적으로 변전소의 수와 배전거리를 어떻게 결정하는 것이 좋은가?

① 변전소의 수를 감소하고 배전거리를 증가한다.
② 변전소의 수를 증가하고 배전거리를 감소한다.
③ 변전소의 수를 감소하고 배전거리도 감소한다.
④ 변전소의 수를 증가하고 배전거리도 증가한다.

해설
부하밀도가 큰 지역 : 변전소의 수를 증가해서 담당용량을 줄이고 배전거리를 작게 할 경우 전력손실이 줄어든다.

【답】 ②

41 변전소의 설치 목적이 아닌 것은?

① 경제적인 이유에서 전압을 승압 또는 강압한다.
② 발전전력을 집중 연계한다.
③ 수용가에 배분하고 정전을 최소화 한다.
④ 전력의 발생과 계통의 주파수를 변환시킨다.

해설
변전소의 설치 목적
① 전압의 승압 및 강압
② 전력의 집중 및 분배
③ 유효전력 및 무효전력 제어
④ 전압 조정
⑤ 전력 조류 제어

【답】 ④

42 변전소 구내에서 보폭 전압을 저감하기 위한 방법으로서 잘못된 것은?

① 접지선을 얕게 매설한다.
② mesh식 접지 방법을 채용하고 mesh 간격을 좁게 한다.
③ 자갈 또는 콘크리트를 타설한다.
④ 철구, 가대 등의 보조 접지를 한다.

해설

보폭 전압이 감소 : 접지선을 깊게 매설해야 한다.

【답】①

10 배전선로의 운용

1. 배전선로의 전압조정

배전선로의 일정전압을 유지하기 위해서 사용하는 방법으로는 주상변압기의 1차측 탭을 전환하는 방법과 단권변압기(승압기)를 이용하는 방법, 유도전압조정기를 사용하는 방법 등이 있다.

1.1 주상변압기 탭전환

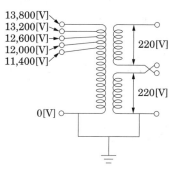

그림 1 주상변압기 탭

1.2 단상 승압기(단권변압기)

단권변압기는 단상변압기와 달리 1차와 2차권선이 독립되어 있지 않고 권선의 일부를 공통회로로 하고 있는 변압기를 말한다. 그림 2에서 a, b 단자 사이를 직렬권선 (series winding), b, c 단자 사이를 분로권선(shunt winding)이라 한다.

전압비는 $\dfrac{V_1}{V_2} = \dfrac{E_1}{E_1 + E_2} = \dfrac{n_1}{n_2} = a$이며, 전류비는 $\dfrac{I_1}{I_2} = \dfrac{n_2}{n_1} = \dfrac{1}{a}$가 된다.

단권변압기는 작은 용량으로 큰 부하용량에 공급하는 특징을 가지고 있다.

① 자기용량 : $w = E_2 I_2 = (V_2 - V_1) I_2$

② 부하용량 : $W = V_2 I_2$

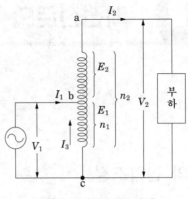

그림 2 단권변압기(승압기)

따라서 부하용량에 대한 자기용량의 비는 다음과 같다.

$$\frac{w}{W} = \frac{(V_2 - V_1)I_2}{V_2 I_2} = \frac{V_2 - V_1}{V_2} = 1 - \frac{V_1}{V_2}$$

단권변압기는 분로권선 전류는 1차와 부하전류의 차이므로 가는 코일을 사용해도 되어 자로가 단축되고 재료를 절약할 수 있으며, 전압비(권수비)가 1에 가까울수록 동손이 감소되어 효율이 좋게 된다. 또 분로권선은 공통선로이므로 누설자속이 없어 전압변동율이 작으며, 저압측에도 인가 될 수 있어 위험이 따른다.

1.3 단권변압기의 3상 결선

(1) Y결선

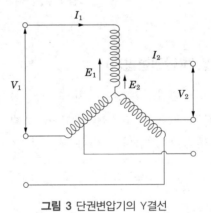

그림 3 단권변압기의 Y결선

그림 3에서 부하용량은

$$부하용량 = \sqrt{3}\, V_1 I_1 = \sqrt{3}\, V_2 I_2$$

자기용량은

$$자기용량 = \frac{3(V_1 - V_2)I_1}{\sqrt{3}} = \sqrt{3}\,(V_1 - V_2)I_1$$

이므로 부하용량에 대한 자기용량은 다음과 같으며, 단상과 같게 된다.

$$\frac{자기용량}{부하용량} = \frac{3(V_1 - V_2)I_1}{\sqrt{3} \times \sqrt{3}\,V_1 I_1} = \frac{V_1 - V_2}{V_1} = 1 - \frac{V_2}{V_1}$$

(2) △결선

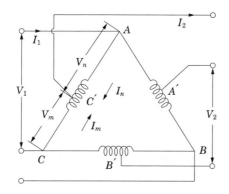

그림 4 단권변압기의 △결선

그림 4의 단권변압기 △결선의 벡터도는 그림 5와 같다.

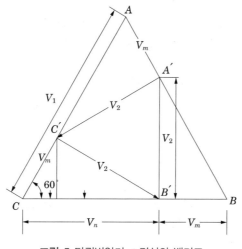

그림 5 단권변압기 △결선의 벡터도

그림 5에서

$$자기용량 = 3\,V_n I_n = 3 \times \frac{V_1^2 - V_2^2}{3\,V_m} \times I_2 \frac{V_m}{V_1} = \frac{V_1^2 - V_2^2}{V_1} I_2$$

부하용량은 부하용량 $= \sqrt{3}\,V_2 I_2$

그러므로 부하용량에 대한 자기용량의 비는

$$\frac{자기용량}{부하용량} = \frac{V_1^2 - V_2^2}{\sqrt{3}\,V_1 V_2}$$

가 된다.

(1) V결선

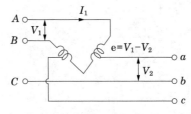

그림 6 단권변압기의 V결선

그림 6과 같이 2대의 단권 변압기를 이용하여 V결선하면 변압기 등가용량과 2차측 출력비는 $\dfrac{1}{0.866}$ 이고, 단권변압기이므로 $\left(1 - \dfrac{V_2}{V_1}\right)$ 가 된다.

따라서, 용량비는 다음과 같다.

$$\frac{자기\ 용량}{부하\ 용량} = \frac{2}{\sqrt{3}} \times \frac{(V_1 - V_2)I_1}{V_1 I_1} = \frac{2}{\sqrt{3}}\left(1 - \frac{V_2}{V_1}\right)$$

$$\therefore P_s = \frac{2}{\sqrt{3}}\left(1 - \frac{V_2}{V_1}\right)P = \frac{1}{0.866}\left(1 - \frac{V_2}{V_1}\right)P$$

가 된다.

예제문제 01

정격 전압 1차 6600 [V], 2차 210 [V]의 단상 변압기 두 대를 승압기로 V결선하여 6300 [V] 의 3상 전원에 접속한다면 승압된 전압 [V]은?

① 6600   ② 6500   ③ 6300   ④ 6200

해설
승압후 전압 : $E_2 = E_1\left(1 + \dfrac{1}{n}\right) = 6300\left(1 + \dfrac{210}{6600}\right) = 6500\ [\text{V}]$

답 : ②

예제문제 02

단상 승압기 1대를 사용하여 승압할 경우 승압전의 전압을 E_1이라 하면, 승압후의 전압 E_2는 어떻게 되는가? 단, 승압기의 변압비는 $\dfrac{e_1}{e_2}$이다.

① $E_2 = E_1 + \dfrac{e_1}{e_2}E_1$

② $E_2 = E_1 + e_2$

③ $E_2 = E_1 + \dfrac{e_2}{e_1}E_1$

④ $E_2 = E_1 + e_1$

해설

승압후 전압 : $E_2 = e_1 + e_2 = E_1 + \dfrac{E_1}{n}$

$= E_1\left(1 + \dfrac{n}{1}\right) = E_1\left(1 + \dfrac{e_2}{e_1}\right)$

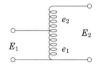

답 : ③

예제문제 03

주상 변압기로부터 60 [kVA]의 3상 평형 부하의 전압을 3,000 [V]에서 3,300 [V]로 승압할 때 필요한 변압기의 총 용량은 몇 [kVA]인가?

① 60

② 66

③ 80

④ 86

해설

자기용량 : $\omega = \dfrac{V_2 - V_1}{V_2} W = \dfrac{3300 - 3000}{3300} \times 60 = 5.45$ [kVA]

∴ 5.45 [kVA]만큼의 승압기 용량이 필요하다. 총 용량은 65.45 [kVA]가 된다.

답 : ②

2. 역률개선

2.1 역률개선의 원리와 콘덴서 용량

역률을 개선하기 위해서는 전력용 콘덴서를 부하와 병렬로 연결하여 무효전력은 보상한다.

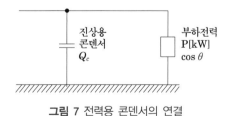

그림 7 전력용 콘덴서의 연결

병렬로 연결하는 콘덴서 용량은 그림 7에서 θ_1의 역률각에 의한 무효전력 $P\tan\theta_1$ 에서 개선후 역률각 θ_2에 의한 $P\tan\theta_2$의 차가 된다.

$$Q_c = P\tan\theta_1 - P\tan\theta_2 = P(\tan\theta_1 - \tan\theta_2)$$

$$= P\left(\frac{\sin\theta_1}{\cos\theta_1} - \frac{\sin\theta_2}{\cos\theta_2}\right)$$

$$= P\left(\frac{\sqrt{1-\cos^2\theta_1}}{\cos\theta_1} - \frac{\sqrt{1-\cos^2\theta_2}}{\cos\theta_2}\right)[\text{kVA}]$$

여기서, $\cos\theta_1$: 개선 전 역률, $\cos\theta_2$: 개선 후 역률

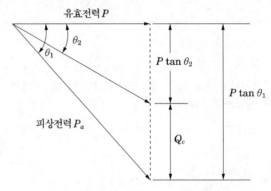

그림 8 역률개선용 콘덴서 용량은 크기

예제문제 **04**

부하가 P [kW]이고, 그의 역률이 $\cos\theta_1$인 것을 $\cos\theta_2$로 개선하기 위해서는 전력용 콘덴서가 몇 [kVA] 필요한가?

① $P(\tan\theta_1 - \tan\theta_2)$

② $P\left(\dfrac{\cos\theta_1}{\sin\theta_1} - \dfrac{\cos\theta_2}{\sin\theta_2}\right)$

③ $\dfrac{P}{(\tan\theta_1 - \tan\theta_2)}$

④ $\dfrac{P}{(\cos\theta_1 - \cos\theta_2)}$

해설

$Q_c = P(\tan\theta_1 - \tan\theta_2)$

$\quad = P\left(\dfrac{\sin\theta_1}{\cos\theta_1} - \dfrac{\sin\theta_2}{\cos\theta_2}\right)$

$\quad = P\left(\dfrac{\sqrt{1-\cos^2\theta_1}}{\cos\theta_1} - \dfrac{\sqrt{1-\cos^2\theta_2}}{\cos\theta_2}\right)[\text{kVA}]$

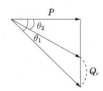

답 : ①

예제문제 05

1대의 주상 변압기에 역률(늦음) $\cos\theta_1$, 유효 전력 P_1 [kW]의 부하와 역률(늦음) $\cos\theta_2$, 유효 전력 P_2 [kW]의 부하가 병렬로 접속되어 있을 경우 주상 변압기에 걸리는 피상 전력은 몇 [kVA]인가?

① $\dfrac{P_1}{\cos\theta_1} + \dfrac{P_2}{\cos\theta_2}$

② $\sqrt{\left(\dfrac{P_1}{\cos\theta_1}\right)^2 + \left(\dfrac{P_2}{\cos\theta_2}\right)^2}$

③ $\sqrt{(P_1+P_2)^2 + (P_1\tan\theta_1 + P_2\tan\theta_2)^2}$

④ $\sqrt{\left(\dfrac{P_1}{\sin\theta_1}\right)^2 + \left(\dfrac{P_2}{\sin\theta_2}\right)^2}$

해설

1 부하 무효전력 : $Q_1 = \dfrac{P_1}{\cos\theta_1}\sin\theta_1 = P_1\tan\theta_1$

2 부하 무효전력 : $Q_2 = \dfrac{P_2}{\cos\theta_2}\sin\theta_2 = P_2\tan\theta_2$

∴ 합성 피상 전력

$P_a = \sqrt{(P_1+P_2)^2 + (P_1\tan\theta_1 + P_2\tan\theta_2)^2}$ [kVA]

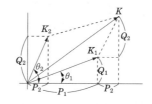

답 : ③

예제문제 06

3000 [kW], 역률 80 [%](뒤짐)의 부하에 전력을 공급하고 있는 변전소에 콘덴서를 설치하여 변전소에 있어서의 역률을 90 [%]로 향상시키는 데 필요한 콘덴서 용량 [kVar]은?

① 600　　　　② 700　　　　③ 800　　　　④ 900

해설

$Q = P(\tan\theta_1 - \tan\theta_2)$ [kVA]에서 유효 전력 $P = 3000$ [kW]

콘덴서 용량 : $Q_c = 3000\left(\dfrac{\sqrt{1-0.8^2}}{0.8} - \dfrac{\sqrt{1-0.9^2}}{0.9}\right) = 800$ [kVA]

답 : ③

2.2 설치방법

전력용 콘덴서를 설치하는 장소는 구내계통, 부하의 조건, 설치효과, 보수 및 점검 등을 고려하여 검토하여야 한다. 설치방법은 일반적으로 3가지로 구분한다.

(1) 수전단 모선에 설치하는 방법

이 방법은 관리가 편리하고, 경제적이고, 무효전력의 변화에 대하여 신속한 대처가 가능하다. 다만, 선로의 개선효과는 기대 할 수 없다.

(2) 수전단 모선과 부하측에 분산하여 설치하는 방법

수전단 모선에 설치하는 방법보다 역률개선의 효과는 크다.

(3) 부하측에 분산하여 설치하는 방법

이 방법이 가장 이상적이고 효과적인 역률개선 방법이다. 다만, 설치 면적과 설치 비용이 많이 발생하는 단점이 있다.

콘덴서를 설치하고 역률의 변환에 대하여 이를 적절히 투입 및 개방 하므로서 적정 역률을 유지하여야 한다. 이것에 대한 제어 방법은 표 1과 같다.

표 1 전력용 콘덴서의 제어방식

제어방식	적용	특징
수전점 무효전력에 의한 제어	모든 변동부하	부하의 종류에 관계없이 적용 가능하나, 순간적인 부하변동에 지연기능 부여
수전점 역률에 의한 제어	모든 변동부하	동일 역률이라 할지라도 부하의 크기에 따라 무효전력의 크기가 다르므로 적용하지 않음
모선전압에 의한 제어	전원 임피던스가 크고 전압변동률이 큰 계통	역률개선의 목적보다 전압강하를 억제할 것을 주목적으로 적용하는 경우로서, 전력회사에서 채용
프로그램에 의한 제어	하루 부하변동이 일정한 곳	시간의 조정과 조합으로 기능 변경이 가능하며, 조작이 간편하다
부하전류에 의한 제어	전류의 크기와 무효전력의 관계가 일정한 곳	변류기 2차측 전류만으로 적용이 가능하여 경제적인 방법이다. 단, 부하의 변화에 대한 정확한 조사가 필요하다
특정부하 개폐에 의한 제어	변동하는 특정부하 이외의 무효전력이 거의 일정한 곳	개폐기 접점신호에 의해 동작하므로 가장 경제적인 방법이다

역률 개선용 콘덴서는 300kVA를 하나의 뱅크 용량의 단위로 하여 차단기로 연결하며, 콘덴서 용량이 100kVA 이하인 경우 콘덴서를 개폐하는 것은 차단기 대신 개폐기를 사용할 수 있으며(인터럽터 스위치도 가능하다), 50kVA 미만인 경우 COS를 직결하여 사용할 수 있다.

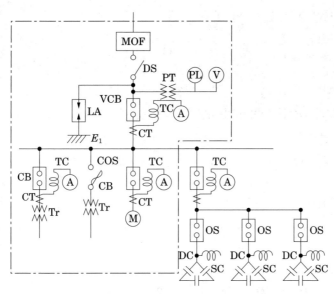

콘덴서 총용량 600kVA 초과의 경우

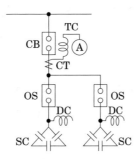

콘덴서 총용량 300kVA 초과 600kVA 이하의 경우

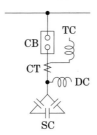

콘덴서 총용량 300kVA의 경우 전류계를 생략할 때

주 콘덴서 용량이 100[kVA] 이하인 경우에는 CB 대신 OS 또는 인터럽터 스위치 등을 사용할 수 있으며, 50[kVA] 미만의 경우는 COS(직결)을 사용할 수 있다.

그림 9 전력용 콘덴서 접속도

2.3 역률개선의 효과

역률을 개선하는 주 목적은 전력손실을 경감하기 위한 것이다.

① 변압기와 배전선의 전력 손실 경감

② 전압 강하의 감소

③ 전원설비 용량(변압기)의 여유 증가

④ 전기 요금의 감소

예제문제 07

일반적으로 부하의 역률을 저하시키는 원인이 되는 것은?

① 전등의 과부하 　　　　　　② 선로의 충전 전류

③ 유도 전동기의 경부하 운전　　④ 동기 조상기의 중부하 운전

해설

유도성 부하는 역률을 감소시키는 원인이 된다.

답 : ③

예제문제 08

배전 선로의 역률 개선에 따른 효과로 적합하지 않은 것은?

① 전원측 설비의 이용률 향상　　② 전로 절연에 요하는 비용 절감

③ 전압 강하 감소　　　　　　　④ 선로의 전력 손실 경감

해설

역률 개선의 효과

① 변압기와 배전선의 전력 손실 경감　　② 전압 강하의 감소

③ 전원설비 용량의 여유 증가　　　　　④ 전기 요금의 감소

답 : ②

역률을 과보상하면 역률저하와 동일한 형태의 손실이 발생하며, 진상전류에 의한 단자 전압의 상승으로 기기의 절연을 위협하며, 계전기의 오동작 등을 유발할 수 있다.

① 역률의 저하 및 손실의 증가

② 단자 전압 상승

③ 계전기 오동작

콘덴서 설비는 주로 다음과 같은 사고 원인으로 파괴되는 것이 대부분이다.

① 콘덴서 설비의 모선 단락 및 지락

② 콘덴서 소체 파괴 및 층간 절연 파괴

③ 콘덴서 설비내의 배선 단락

2.4 부속설비

(1) 방전코일(Discharging Coil : DC 또는 DSC)

콘덴서를 회로로부터 분리했을 때 전하가 쉽게 자기방전을 하지 않는다. 따라서 전하가

잔류 함으로 일어나는 위험의 방지와 재투입할 때 콘덴서에 걸리는 과전압의 방지를 위해서 방전코일을 설치한다. 방전코일은 개로 후 5초 이내 50 [V] 이하로 저하시킬 능력이 있는 것을 설치하는 것이 바람직하다.

[성능]
• 방전 개시 후 5초 이내에 콘덴서 단자 전압 50V 이하
• 절연저항 500MΩ 이상
• 최고사용전압은 정격전압의 115% 이하 (24시간 평균치 110% 이하)

그림 10 방전코일

(2) 직렬리액터(Series Reactor : SR)

대용량의 콘덴서를 설치하면 고주파 전류가 흘러 파형이 일그러지는 원인이 된다. 파형을 개선(제5고조파의 제거)하기 위해서 전력용 콘덴서와 직렬로 리액터를 설치한다. 직렬 리액터의 용량은 콘덴서의 용량에 6 [%]가 표준정격으로 되어 있다(계산상은 4 [%]).

일반적으로 직렬리액터는 제5고조파만 제거하는 것으로 생각할 수 있으나 때에 따라서는 제3고조파를 제거하기도 하며, 이 경우 콘덴서 용량의 13%가 표준정격으로 되어 있다(계산상 11%).

그림 11 직렬리액터

3. 고조파

3.1 고조파의 발생

전기설비 및 전력계통에서 고조파의 발생은 변압기 여자전류 및 전력변환소자에 의한 발생이 대부분이다. 최근 전기설비의 중요도에 대한 증가와 더불어 전력변환소자의

사용이 빠르게 증가하므로 써 이로 인한 고조파 전류가 발생하여 전원의 질을 떨어뜨리고 과열 및 이상상태를 발생시키고 있다.

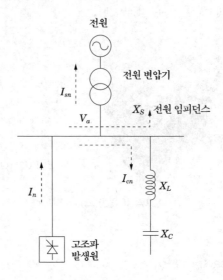

표 2 고조파 발생원인

기기	발생원인	기타
변압기	히스테리시스 현상에 의해 발생하며, 보통 제3고조파 성분이 주성분이고 제5고조파 이상은 무시된다. 제3고조파 성분은 변압기의 △결선으로 제거된다.	△결선으로 제거한다.
전력 변환소자	정현파를 구형파 형태로 사용하므로 고조파가 발생한다.	고조파 대책 필요하다.
아크로 전기로	제3고조파가 현저한 하게 발생한다.	
회전기기	슬롯이 있기 때문에 발생하며 고조파는 슬롯 Harmonics 라 한다.	
형광등	점등회로에서 발생한다.	콘덴서로 제거한다.
과도현상	차단기 및 개폐기의 스위칭시 발생한다.	서지흡수기 설치한다.

3.2 고조파의 영향

(1) 회전기기의 영향

① 전압의 파형이 왜곡되어 피크 전압이 상승하며, 이것으로 인하여 절연이 파괴될 수 있다.

② 전동기의 경우 출력이 저하된다.

③ 토크의 맥동이 발생한다.

④ 발전기의 경우 난조와 동기이탈이 발생할 수 있다.

⑤ 전동기 및 발전기의 회전시 주기적인 진동음이 발생한다.

⑥ 고조파 전류 증대에 의한 발열이 생긴다.

(2) 변압기의 영향

① 철심에서 고조파 전류에 의한 소음이 발생한다.

② 손실이 증가한다.

③ 고조파 전류는 변압기 △결선 내에서 순환하게 되며, 이 순환전류는 변압기에 열을 발생한다. 따라서 변압기의 열화현상을 촉진한다.

(3) 케이블의 영향

① 3상 4선식 회로에서 제3고조파 전류에 의하여 중성선이 과열된다.

② 고조파 전류에 의한 리액턴스의 증가로 중성선에 대지전위가 상승한다.

3.3 고조파전류의 계산

$$I_n = \frac{K_n \cdot I}{n} \, [\text{A}]$$

여기서, $n : mP \pm 1 \, (m = 1, 2, 3 \cdots \cdots)$
 K_n : 고조파 저감계수, n : 고조파 차수, I : 기본파 전류,
 P : 펄스출력(정류기 상수 단상정류기 : 2, 6상정류기 : 6, 12상정류기 : 12)

3.4 고조파의 방지대책

고조파 장해의 대책은 고조파 장해를 발생시키는 측에서 대책과 고조파 장해를 받는 측에서 대책으로 나눌 수 있으며, 고조파 문제는 고조파 방생원의 크기와 전원 계통의 고조파 내량을 고려하게 되는데 고조파 발생량의 저감과 전원 계통 고조파 내량의 증가가 기본적인 방지대책이며, 고조파 저감대책으로는 다음과 같다.

① 전력변환 장치의 Pulse수를 크게 한다.

② 고조파 필터를 사용하여 제거한다.

③ 고조파를 발생하는 기기들을 따로 모아 결선해서 별도의 상위 전원으로부터 전력을 공급하고 여타 기기들로부터 분리시킨다.

④ 전력용 콘덴서에는 직렬 리액터를 설치한다.

⑤ 선로의 코로나 방지를 위하여 복도체, 다도체를 사용한다.

⑥ 변압기 결선에서 △결선을 채용하여 고조파 순환회로를 구성하여 외부에 고조
파가 나타나지 않도록 한다.

표 3 고조파의 영향과 종류

기기명	영향의 종류
콘덴서 및 리액터	고조파 전류에 대한 회로의 임피던스가 공진 현상 등으로 감소해서 과대한 전류가 흐름으로써 과열, 소손 또는 진동, 소음이 발생함.
변압기	고조파 전류에 의한 철심의 자기적인 왜곡 현상으로 소음 발생
유도 전동기	고조파 전류에 의한 정상 진동 토크의 발생으로 회전수의 주기적인 변동, 철손, 동손 등의 손실증가
케이블	3상4선식 회로의 중성선에 고조파 전류가 흐름에 따라 중성선의 과열
형광등	과대한 전류가 역률 개선용 콘덴서나 초크 코일에 흐름에 따라 과열, 소손이 발생함.
통신선	전자 유도에 의한 잡음 전압의 발생
전력량계	측정 오차 발생, 전류 코일의 소손발생
계전기	고조파 전류·전압에 의한 설정 레벨의 초과 내지는 위상 변화에 의한 오 부동작
음향기기	트랜지스터, 다이오드, 콘덴서 등 부품의 고장, 수명저하, 성능열화, 잡음 발생 등
전력 퓨즈	과대한 고조파 전류에 의한 용단
계기용 변성기	측정 정도의 악화

3.5 변압기 용량 산정시 추가 고려사항

변전설비의 안전성, 신뢰성, 경제성, 에너지 절약성 등을 고려하여 변압기 용량을 선정
하여야 하며, 다음과 같은 사항도 검토하여야 한다.

① 저손실형 변압기 및 표준형 선택
② 안전성, 유지관리성, 에너지절약 등을 고려했을 때 아몰퍼스 몰드변압기의 채용
③ 주위온도와 발열량 냉각방식을 고려
④ 급전방식과 변압기대수
⑤ 고조파부하 담당용 변압기 선정시 고조파 내량 고려(k-factor 고려)[6]
⑥ 전동기 기동 특성에 따른 변압기용량(변압기 종류별 내용량 곡선 이용) 선정
검토

---

[6] k-factor란?
변압기 2차측 계통에 고조파발생원부하가 많을 경우 고조파전류의 중첩, 표피 효과에 의한 저항 증가에 따라 동
손이 크게 증가하므로 변압기 용량을 크게 할 필요가 있다. 이를 고려해서 고조파발생원 부하의 경우에는 부하
설비용량을 계산할 때 정격용량의 2~2.5배를 고려하기도 한다. k-factor는 변압기에서 고조파 전류를 얼마만
큼 허용할 수 있는지를 나타내는 계수로 값이 클수록 고조파에 견디도록 설계된다. 다시 말해서, 고조파의 영향
에 대하여 변압기가 과열 현상 없이 전원을 안정적으로 공급할 수 있는 능력으로 ANSI C 57.110에서 규정하고
있는 값이다.

핵심과년도문제

10·1

승압기에 의하여 전압 V_e에서 V_h로 승압할 때 2차 정격전압 e, 자기용량 W인 단상 승압기가 공급할 수 있는 부하 전력은?

① $\dfrac{V_e}{e} \times W$

② $\dfrac{V_h}{e} \times W$

③ $\dfrac{V_e}{V_h - V_e} \times W$

④ $\dfrac{V_h - V_e}{V_e} \times W$

해설 부하 전력 $= \dfrac{V_h}{V_h - V_e} W = \dfrac{V_h}{e} W$ 【답】②

10·2

단상 교류 회로로써 3300/220 [V]의 변압기를 그림과 같이 접속하여 60 [kW], 역률 0.85의 부하에 공급하는 전압을 상승시킬 경우, 몇 [kVA]의 변압기를 택하면 좋은가? 단, AB점 사이의 전압은 3000 [V]로 한다.

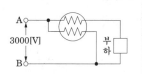

① 3 　　　　② 4 　　　　③ 5 　　　　④ 6

해설 자기 용량 : $w = I_2 e_2$

승압후 전압 : $E_2 = E_1 \left(1 + \dfrac{1}{n}\right) = 3000\left(1 + \dfrac{220}{3300}\right) = 3200 \, [\text{V}]$

부하 전류 : $I_2 = \dfrac{60 \times 10^3}{3200 \times 0.85}$

자기 용량 $w = I_2 e_2 = \dfrac{60 \times 10^3}{3200 \times 0.85} \times 220 \times 10^{-3} = 4.85 \, [\text{kVA}] \fallingdotseq 5 \, [\text{kVA}]$

승압분 전압 e_2 : 변압기 용량을 결정시 변압기 정격전압인 220[V]를 사용한다. 　【답】③

10·3

배전 계통에서 콘덴서를 설치하는 것은 여러 가지 목적이 있으나 그 중에서 가장 주된 목적은?

① 전압 강하 보상 　　　　② 전력 손실 감소
③ 송전 용량 증가 　　　　④ 기기의 보호

【해설】 역률 개선의 효과

① 변압기와 배전선의 전력 손실 경감　　② 전압 강하의 감소
③ 전원설비 용량(변압기)의 여유 증가　　④ 전기 요금의 감소

【답】 ②

10·4

어떤 콘덴서 3개를 선간 전압 3300 [V], 주파수 60 [Hz]의 선로에 △로 접속하여 60 [kVA]가 되도록 하려면 콘덴서 1개의 정전 용량 [μF]은 약 얼마로 하여야 하는가?

① 1.62　　　　　② 3.22　　　　　③ 4.87　　　　　④ 14.55

【해설】 콘덴서 용량 : $Q = 3EI_c = 3 \times 2\pi f \, CE^2$

$\therefore$ 정전 용량 $C = \dfrac{Q}{6\pi f E^2} = \dfrac{60 \times 10^3}{6\pi \times 60 \times 3300^2} \times 10^6 = 4.87 \, [\mu\text{F}]$

【답】 ③

10·5

불평형 부하에서 역률은?

① $\dfrac{\text{유효 전력}}{\text{각 상의 피상 전력의 산술합}}$　　② $\dfrac{\text{유효 전력}}{\text{각 상의 피상 전력의 벡터합}}$

③ $\dfrac{\text{무효 전력}}{\text{각 상의 피상 전력의 산술합}}$　　④ $\dfrac{\text{무효 전력}}{\text{각 상의 피상 전력의 벡터합}}$

【해설】 역률 : $\cos\theta = \dfrac{P}{P_a}$

【답】 ②

10·6

어느 변전 설비의 역률을 60 [%]에서 80 [%]로 개선한 결과 2800 [kVar]의 콘덴서가 필요했다. 이 변전 설비의 용량은 몇 [kW]인가?

① 4800　　　　　② 5000　　　　　③ 5400　　　　　④ 5800

【해설】 콘덴서 용량 : $Q_c = P(\tan\theta_1 - \tan\theta_2)$

$\therefore P = \dfrac{Q_c}{(\tan\theta_1 - \tan\theta_2)} = \dfrac{2800}{\left(\dfrac{0.8}{0.6} - \dfrac{0.6}{0.8}\right)} = 4800 \, [\text{kW}]$

【답】 ①

10·7

3상 배전 선로의 말단에 지상역률 80 [%] 160 [kW]인 평형 3상 부하가 있다. 부하점에 부하와 병렬로 전력용 콘덴서를 접속하여 선로손실을 최소로 하려면 전력용 콘덴서 용량은 몇 [kVA]가 필요한가? 단, 여기서 부하단 전압은 변하지 않는 것으로 한다.

① 96   ② 120   ③ 128   ④ 200

해설 선로 손실을 최소 조건 : 역률 1.0

∴ 역률 1로 개선하기 위한 콘덴서 용량 $Q_c = P\tan\theta = 160 \times \dfrac{0.6}{0.8} = 120$ [kVA] 　　【답】②

10·8

역률 0.8인 부하 480 [kW]를 공급하는 변전소에 전력용 콘덴서 220 [kVA]를 설치하면 역률은 몇 [%]로 개선할 수 있는가?

① 94   ② 96   ③ 98   ④ 99

해설 부하 역률 : $\cos\theta = \dfrac{W}{\sqrt{W^2 + Q^2}} \times 100$ [%]

∴ $\cos\theta = \dfrac{480}{\sqrt{480^2 + \left(\dfrac{480}{0.8} \times 0.6 - 220\right)^2}} \times 100 = 96$ [%] 　　【답】②

10·9

역률(늦음) 80 [%], 10 [kVA]의 부하를 가지는 주상 변압기의 2차측에 2 [kVA]의 전력용 콘덴서를 접속하면 주상 변압기에 걸리는 부하는 약 몇 [kVA]가 되겠는가?

① 8   ② 8.5   ③ 9   ④ 9.5

해설 유효전력 : $10 \times 0.8 = 8$ [kW]

무효전력 : $10 \times 0.6 = 6$ [kVar]

역률개선후 무효전력 : $6 - 2 = 4$ [kVar]

피상전력(변압기에 걸리는 부하) $= \sqrt{8^2 + 4^2} \fallingdotseq 8.94$ [kVA] 　　【답】③

10·10

어느 수용가가 당초 역률(지상) 80 [%]로 60 [kW]의 부하를 사용하고 있었는데 새로이 역률(지상) 60 [%]로 40 [kW]의 부하를 증가해서 사용하게 되었다. 이때 콘덴서로 합성 역률을 90 [%]로 개선하려고 할 경우 콘덴서의 소요 용량 [kVA] 은 대략 얼마인가?

① 45   ② 48   ③ 50   ④ 98

해설 두 부하를 각각 90 [%] 개선하는 데 필요한 콘덴서 용량은 각각 구하여 합한다.

$$Q_{c1} = 60\left(\frac{0.6}{0.8} - \frac{\sqrt{1-0.9^2}}{0.9}\right) = 16 \, [\text{kVA}]$$

$$Q_{c2} = 40\left(\frac{0.8}{0.6} - \frac{\sqrt{1-0.9^2}}{0.9}\right) = 34 \, [\text{kVA}]$$

$$\therefore Q_c = Q_{c1} + Q_{c2} = 16 + 34 = 50 \, [\text{kVA}]$$

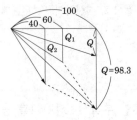

【답】 ③

10·11

피상 전력 P [kVA], 역률 $\cos\theta$인 부하를 역률 100 [%]로 개선하기 위한 전력용 콘덴서의 용량은 몇 [kVA]인가?

① $P\sqrt{1-\cos^2\theta}$ ② $P\tan\theta$

③ $P\cos\theta$ ④ $P\dfrac{\sqrt{1-\cos^2\theta}}{\cos\theta}$

해설 역률을 100 [%]로 하기 위한 콘덴서의 용량

$$Q_c = P\sin\theta = P\sqrt{1-\cos^2\theta}$$

【답】 ①

10·12

부하 역률 $\cos\theta$인 배전 선로의 저항 손실은 같은 크기의 부하 전력에서 역률 1일 때의 저항손실과의 비는?

① $\sin\theta$ ② $\cos\theta$

③ $1/\sin^2\theta$ ④ $1/\cos^2\theta$

해설 손실 : $P_l \propto \dfrac{1}{\cos^2\theta}$ 에서 $\dfrac{P_l\cos\theta}{P_{l1.0}} = \dfrac{1}{\frac{\cos^2\theta}{1}} = \dfrac{1}{\cos^2\theta}$

【답】 ④

10 · 13

부하 역률이 0.8인 선로의 저항 손실은 부하 역률이 0.9인 선로의 저항 손실에 비하여 약 몇 배인가?

① 0.7   ② 1.0   ③ 1.3   ④ 1.8

해설 손실 : $P_l \propto \dfrac{1}{\cos^2\theta}$ 에서 $\dfrac{P_{l\,0.8}}{P_{l\,0.9}} = \dfrac{\dfrac{1}{0.64}}{\dfrac{1}{0.81}} = \dfrac{81}{64} = 1.3$ 【답】③

10 · 14

부하 역률 0.8를 0.95로 개선하면 선로 손실은 약 몇 [%]정도 경감되는가? 단, 수전단 전압의 변화는 없다고 한다.

① 15   ② 16   ③ 29   ④ 41

해설 손실 : $P_l \propto \dfrac{1}{\cos^2\theta}$ 에서 $P_L' = \left(\dfrac{0.8}{0.95}\right)^2 P_L = 0.709 P_L$

∴ 29 [%] 감소한다.   【답】③

심화학습문제

01 3상의 같은 전원에 접속하는 경우, △결선의 콘덴서를 Y결선으로 바꾸어 이으면 진상용량은 몇 배가 되는가?

① 3
② $\sqrt{3}$
③ $\dfrac{1}{\sqrt{3}}$
④ $\dfrac{1}{3}$

해설

△결선시 콘덴서 용량

$$C_d = \frac{Q}{3 \times 2\pi f \, V^2} \times 10^3$$

Y결선시 콘덴서 용량

$$C_s = \frac{Q}{3 \times 2\pi f \left(\dfrac{V}{\sqrt{3}}\right)^2} \times 10^3 = \frac{Q}{2\pi f \, V^2} \times 10^3$$

$$\therefore C_d = \frac{1}{3} C_s$$

【답】④

02 배전용 변압기의 과전류에 대한 보호장치로써 고압측 설치에 적합하지 않은 것은?

① 고압 컷아웃 스위치
② 애자형 개폐기
③ CF 차단기
④ 캐치 홀더

해설

• 배전용 변압기의 1차측(고압측) 보호장치 :
  컷아웃 스위치
• 배전용 변압기의 2차측(저압측) 보호장치 :
  캐치 홀더(전선 퓨즈)

【답】④

03 우리 나라의 대표적인 배전 방식으로는 다중 접지 방식인 22.9 [kV] 계통으로 되어 있고, 이 배전선에 사고가 생기면 그 배전선 전체가 정전이 되지 않도록 선로도중이나 분지선에 다음의 보호장치를 설치하여 상호 협조를 기함으로써 사고구간을 국한하여 제거시킬 수 있다. 설치 순서가 옳은 것은?

① 변전소 차단기−섹쇼너라이저−리클로저−라인 퓨즈
② 변전소 차단기−리클로저−섹쇼너라이저−라인 퓨즈
③ 변전소 차단기−섹쇼너라이저−라인 퓨즈−리클로저
④ 변전소 차단기−리클로저−라인 퓨즈−섹쇼너라이저

해설

• 리클로우저 : 회로의 차단과 투입을 자동적으로 반복하는 기구를 갖춘 차단기의 일종이다.
• 섹셔널라이저 : 유중에서 동작하는 주 접촉자와 사고 전류가 흐르는 것을 계산하는 카운터로 구성되어 있다.
이 둘은 서로 조합하여 쓰며 리클로우저는 변전소 쪽에, 섹셔널라이저는 부하 쪽에 설치한다.
일반적으로 보호협조 배열은 리클로우저−섹셔널라이저−라인퓨즈 순이다.

【답】②

04 배전 선로의 전력 손실 측정 방법이 아닌 것은?

① 적산 전력계법
② 전류계법
③ 전압계법
④ 역률계법

해설

배전손실 측정방법
① 적산 전력계법
② 전류계법
③ 전압계법

【답】④

05 특별 고압 수전수용가의 수전설비를 다음과 같이 시설하였다. 적당하지 않은 것은?

① 22.9 [kV−Y]로 용량 2000 [kVA]인 경우 인입 개폐기로 차단기를 시설하였다.
② 22.9 [kV−Y]용의 피뢰기에는 단로기(disco-nnector) 붙임형을 사용하였다.
③ 인입선을 지중선으로 시설하는 경우 22.9 [kV−Y] 계통에서는 CV 케이블을 사용하였다.
④ 다중 접지 계통에서 단상 변압기 3대를 사용하고자 하는 경우 전절연 변압기(2−bushing)를 사용하고 1차측 중성점은 접지하지 않고 부동시켜 사용하였다.

해설

22.9 [kV—Y] 계통 : CNCV-W 케이블 사용한다.
【답】③

06 22.9 [kV−Y] 배전 선로 보호 협조 기기가 아닌 것은?

① 퓨즈 컷아웃 스위치
② 인터럽터 스위치
③ 리클로저
④ 섹쇼너라이저

해설

인터럽터 스위치 : 부하 전류 개폐는 가능하나 고장 전류는 차단할 수 없다.
【답】②

07 배전 선로의 고장 또는 보수 점검시 정전 구간을 축소하기 위하여 사용되는 기기는?

① 단로기   ② 컷아웃 스위치
③ 계자 저항기 ④ 유입 개폐기

해설

구분 개폐기(section switch) : 정전 구간을 축소하기 위하여 사용되는 개폐기로 유입 개폐기(OS), 기중 개폐기(AS), 진공 개폐기(VS) 등이 있다.
【답】④

08 전력 손실을 감소시키기 위한 직접적인 노력으로 볼 수 없는 것은?

① 승압 공사 조기 준공
② 노후 설비 교체
③ 선로 등가 저항 계산
④ 설비 운전 역률 개선

해설

전력손실 감소대책 : 노후설비를 교체, 승압, 역률 개선 등의 결과를 통해 전력 손실을 감소시킬 수 있다.
【답】③

09 옥내 배선에 사용하는 전선의 굵기를 결정하는데 고려하지 않아도 되는 것은?

① 기계적 강도 ② 전압 강하
③ 허용 전류   ④ 절연 저항

해설

전선의 굵기를 결정하는 요인
① 허용 전류
② 기계적 강도
③ 전압 강하
【답】④

10 전선이 조영재에 접근할 때에나 조영재를 관통하는 경우에 사용되는 것은?

① 노브 애자 ② 애관
③ 서비스 캡 ④ 유니버설 커플링

> 해설
>
> 애자 사용 배선의 절연 전선이 조영재를 관통하는 경우 그 부분 선전 모두를 각각 별개의 애관 및 합성수지관 등에 넣어 시설하여야 한다.
>
> 【답】②

11 옥내 배선의 보호 방법이 아닌 것은?

① 과전류 보호 ② 지락 보호
③ 전압 강하 보호 ④ 절연 접지 보호

> 해설
>
> 옥내 배선의 보호
> ① 과전류 보호
> ② 지락 보호
> ③ 접지 보호
>
> 【답】③

12 전기 설비의 절연 열화 정도를 판정하는 측정 방법이 아닌 것은?

① 메거법 ② $\tan\delta$법
③ 코로나 진동법 ④ 보이스 카메라

> 해설
>
> 보이스 카메라 : 뇌 서지를 고속도 촬영을 할 수 있는 특수 카메라
>
> 【답】④

13 공장이나 빌딩에 400 [V] 배전을 하는 곳이 있다고 할 때 이 400 [V] 배전의 이유가 되지 않는 것은?

① 전압 변동률의 경감
② 전선 등 재료의 절감
③ 배선의 전력 손실 경감
④ 변압기 용량의 절감

> 해설
>
> 높은 전압을 사용하는 이유 : 전력 손실, 전압 변동률 경감, 단면적을 작게 함으로써 재료 절감의 효과가 있다.
>
> 【답】④

14 그림과 같이 강제 전선관과 (a)측의 전선 심선이 X점에서 접촉했을 때 누설 전류 [A]의 크기는? 단, 전원 전압은 100 [V]이며 접지 저항 외에 다른 저항은 생각하지 않는다.

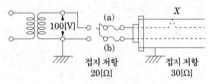

① 2 ② 3.3
③ 5 ④ 8.3

> 해설
>
> 누설 전류 : $I = \dfrac{E}{R} = \dfrac{100}{20+30} = 2$ [A]
>
> 【답】①

15 퓨즈를 시설하여도 좋은 것은?

① 온기가 있는 토양에 시설한 대지 전압 150 [V] 이하의 전동기 철대의 접지선
② 단상 3선식 100/200 [V]의 실내 전로의 중성선
③ 단상 2선식 100 [V]의 실내 전로의 접지측 전선
④ 3상 4선식 400 [V]의 실내 전로의 접지측 전선

> 해설
>
> 단상 2선식의 경우 접지측 전선에 Fuse 삽입하여 사용이 가능하다.
>
> 【답】③

16 100 [V]의 수용가를 220 [V]로 승압했을 때 특별히 교체하지 않아도 되는 것은?

① 백열 전등의 전구
② 옥내 배선의 전선
③ 콘센트와 플러그
④ 형광등의 안정기

해설

정격 전압이 다른 기기들은 교체해야 한다. 전압을 높일 경우 동일부하에서 전류가 감소하여 흐르므로 전선은 교체 하지 않아도 사용이 가능하다.

【답】②

Chapter 11

발전공학

1. 수력발전

수력 발전(水力發電)은 수력을 이용하여 전력을 생산하는 한다. 수력 발전으로 얻은 전기를 수력 전기(水力電氣, hydroelectricity)라고 하며 현재 가장 널리 쓰이는 재생 가능한 에너지이며, 점점 의존도가 증가하고 있다. 수력발전소는 일단 건설이 되면 더 이상 직접적인 폐기물은 방출하지 않으며, 이산화탄소 배출량도 적다.

1.1 이론출력

(1) 이론출력

수력에너지는 하천이나 자연적 또는 인공적인 물에 의한 위치 에너지를 말한다. 즉 낙차 H [m]와 유량 Q [m³/sec]의 곱으로 이루어진다.

$$P = QH \ [\text{m} \cdot \text{m}^3/\text{sec}]$$
$$= 1000\,QH \ [\text{kg} \cdot \text{m/sec}] = 9.8 \times 1000\,QH \ [\text{J/sec}]$$
$$= 9.8 \times 1000\,QH \ [\text{W}] = 9.8\,QH \ [\text{kW}]$$

여기서 $1[\text{m}^3] = 1000[\text{kg}]$이 되며 $P = 9.8\,QH$ [kW]를 이론수력이라 한다.
이론출력 P_a는 그림과 같이 수차로의 입력이 되며, 수차의 기계적 출력 P_t는 발전기의 입력이 되어 전력 P_g를 발생시킨다.
수차의 기계적 출력은

$$P_t = 9.8\,QH\eta_t \ [\text{kW}]$$

발전기의 전기적 출력은

$$P_g = 9.8\,QH\eta_t\eta_g \ [\text{kW}]$$

여기서, η_t : 수차 효율, η_g : 발전기 효율

가 된다.

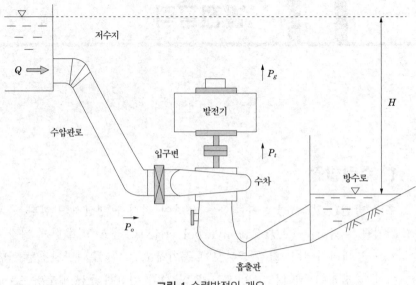

그림 1 수력발전의 개요

예제문제 **01**

수차 발전기의 출력 P, 수두 H, 수량 Q 및 회전수 N 사이에 성립하는 관계는?

① $P \propto QN$　　　　② $P \propto QH$　　　　③ $P \propto QH^2$　　　　④ $P \propto QHN$

해설

이론 출력 : $P_g = 9.8\,QH\eta_t\eta_g$ [kW]

답 : ②

예제문제 **02**

유효 낙차 50 [m], 최대 사용 수량 40 [m³/sec], 수차 및 발전기의 합성 효율이 80 [%]인 발전소의 최대 출력 [kW]은?

① 약 14700　　　　② 약 15700　　　　③ 약 24700　　　　④ 약 25700

해설

발전소 출력 : $P_g = 9.8QH\eta_t\eta_g$ [kW]

합성 효율 $\eta = \eta_t\eta_g$ 가 80 [%]　　　　$\therefore P_g = 9.8 \times 40 \times 50 \times 0.8 = 15680$ [kW]

답 : ②

예제문제 **03**

유효 낙차 100 [m], 최대 사용 수량 20 [m³/s], 설비 이용률 70 [%]의 수력 발전소의 연간 발전 전력량 [kWh]은 대략 얼마인가? 단, 수차 발전기의 종합 효율은 85 [%]이다.

① 25×10^6　　　　② 50×10^6　　　　③ 100×10^6　　　　④ 200×10^6

해설

연간 발생 전력량 $= 9.8QH\eta U \times 365 \times 24$ [kWh], $\eta = 0.85$

$\therefore$ 연간 발생 전력량 $= 9.8 \times 20 \times 100 \times 0.85 \times 0.7 \times 365 \times 24 \fallingdotseq 100 \times 10^6$ [kWh]

답 : ③

(2) 정수압

정지하고 있는 수면으로부터 깊이 H [m]이고 단면적 A [m²]인 수주의 체적은 AH [m³]이 된다. 그러므로 수주의 전중량 W [kg]은

$$W = \omega A H \text{ [kg]}$$

이다. 이때 수주의 하부에서 물이 받는 평균의 힘, 즉 압력은 다음과 같다.

$$P = \frac{W}{A} = \frac{\omega A H}{A} = \omega H \text{ [kg/m}^2\text{]}$$

$$= 1000 H \text{ [kg/m}^2\text{]} = \frac{1}{10} H \text{ [kg/cm}^2\text{]}$$

여기서, H : 높이 [m], A : 단면적 [m²] ω : 단위 부피의 물의 무게 [kg/cm³]
$\quad\quad\quad$ P : 압력의 세기 [kg/m²]

(3) 수두

단위 무게 [kg]당의 물이 갖는 에너지를 말한다.

① 위치 수두 : H [m]
② 압력 수두 : $H = P/\omega$ [m] $= P/1000$ [m]
③ 속도 수두 : $H = v^2/2g$ [m]
$\quad$ 단, H : 어느 기준면에 대한 높이 [m]
$\quad\quad$ P : 압력의 세기(수압) [kg/m²]
$\quad\quad$ ω : 물의 단위 부피의 무게 [kg/m³]
$\quad\quad$ v : 유속 [m/s]
$\quad\quad$ g : 중력의 가속도 ≒ 9.8 [m/s²]

예제문제 04

유수가 갖는 에너지가 아닌 것은?

① 위치 에너지　　② 수력 에너지　　③ 속도 에너지　　④ 압력 에너지

해설
수두(물이 갖는 에너지)
① 위치 수두 H [m]　② 압력 수두 $H = \dfrac{P}{\omega}$ [m]　③ 속도 수두 $H = \dfrac{v^2}{2g}$ [m]

답 : ②

예제문제 **05**

1 [kg/cm²]의 수압의 압력 수두 [m]는?

① 1   ② 10   ③ 100   ④ 1000

해설

$\omega = 1000 \ [\text{kg/m}^3], \quad p = 1 \ [\text{kg/m}^2] = 10,000 \ [\text{kg/cm}^2]$

$\therefore H = \dfrac{p}{\omega} = \dfrac{10,000}{1,000} = 10 \ [\text{m}]$

답 : ②

예제문제 **06**

수압관 안의 1점에서 흐르는 물의 압력을 측정한 결과 7 [kg/cm²]이고, 유속을 측정한 결과 49 [m/sec]이었다. 그 점에서의 압력 수두는 몇 [m]인가?

① 30   ② 50   ③ 70   ④ 90

해설

$7 \ [\text{kg/cm}^2] = 70000 \ [\text{kg/m}^2]$

$\therefore H = \dfrac{P}{\omega} = \dfrac{P}{1000} = \dfrac{70000}{1000} = 70 \ [\text{m}]$

답 : ③

예제문제 **07**

유효 낙차 400 [m]의 수력 발전소가 있다. 펠턴 수차의 노즐에서 분출하는 물의 속도를 이론 값의 0.95배로 한다면 물의 분출 속도는 몇 [m/sec]인가?

① 42   ② 59.5   ③ 62.6   ④ 84.1

해설

유수의 속도 : $v = \sqrt{2gH} = \sqrt{2 \times 9.8 \times 400} = 88.543 \ [\text{m/s}]$

$\therefore 88.543 \times 0.95 = 84.116 \ [\text{m/s}]$

답 : ④

(4) 연속의 정리

수로에서의 수량 $Q \ [\text{m}^3/\text{s}]$는 유수의 단면적 $A \ [\text{m}^2]$와 평균 유속 $v \ [\text{m/sec}]$의 곱으로 표시한다.

$$Q = A \cdot v \ [\text{m}^3/\text{s}]$$

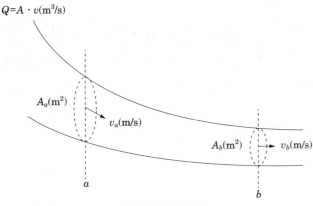

$$Q = A \cdot v \, (\text{m}^3/\text{s})$$

그림 2 연속의 정리

그림과 같은 누수가 전혀 없는 폐쇄관로의 a, b점에서 단면적을 각각 A_a, A_b [m²] 평균유속을 v_a, v_b [m/s]라 하면 수량 Q [m³/s]는 일정하므로

$$A_a v_a = A_b v_b = Q$$

가 된다. 이것을 연속의 정리라 한다.

예제문제 08

그림에서 A, B 두 지점의 단면적을 각각 1.2 [m²], 0.4 [m²]이라 하고 A에서의 유속 v_1을 0.3 [m/sec]라 할 때 B에서의 유속 v_2는 몇 [m/sec]이겠는가?

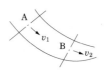

① 0.9   ② 1.2

③ 3.6   ④ 4.8

[해설]
연속의 원리 : $A v_1 = B v_2$

$\therefore v_2 = \dfrac{A}{B} v_1 = \dfrac{1.2}{0.4} \times 0.3 = 0.9 \, [\text{m/s}]$

답 : ①

예제문제 09

수압 철관의 지름이 5 [m]인 곳에서의 유속이 5 [m/s]이었다. 지름이 4.5 [m]인 곳에서의 유속은 약 몇 [m/s]인가?

① 4.8   ② 5.2   ③ 5.6   ④ 6.0

[해설]
연속의 원리 : $v_1 A_1 = v_2 A_2$

$\therefore v_2 = \dfrac{v_1 A_1}{A_2} = \dfrac{v_1 d_1^2}{d_2^2} = \dfrac{5 \times 5^2}{4.5^2} \fallingdotseq 6.1 \, [\text{m/s}]$

답 : ④

(5) 베르누이 법칙

정지하고 있는 물은 그것에 작용하는 외력과 압력에 의해 평형을 유지하고 있지만 흐르고 있는 물에서는 외력과 압력 그리고 가속도가 작용하여 3가지의 힘으로 평형을 유지하는 것을 베르누이 법칙이라 한다.

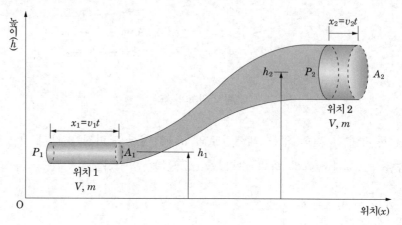

그림 3 베르누이 법칙

그림에서 위치에너지, 압력에너지, 속도에너지는 다음과 같이 표현된다.

$$\text{위치에너지} \quad P_h = \omega Qh \quad \left[\frac{kg}{m^3} \cdot \frac{m^3}{s} \cdot m = \frac{kg \cdot m}{s} \right]$$

$$\text{압력에너지} \quad P_p = Qp \quad \left[\frac{m^3}{s} \cdot \frac{kg}{m^2} = \frac{kg \cdot m}{s} \right]$$

$$\text{속도에너지} \quad P_v = \frac{mv^2}{2} = \frac{\omega Qv^2}{2g} \quad \left[\frac{kg}{m^3} \cdot \frac{m^3}{s} \cdot \frac{m^2}{s^2} \cdot \frac{s^2}{m} = \frac{kg \cdot m}{s} \right]$$

이때 총 에너지는 $P = P_h + P_p + P_v = \omega H Q = 9.8 H Q$ [kW]가 된다. 그림의 위치 1과 위치2에서의 각각의 총 에너지 P_1, P_2는 에너지 보존법칙에 따라 다음의 관계가 성립하여야 한다.

$$P_1 = P_2 = P$$

$$\omega Qh_1 + Qp_1 + \frac{\omega Qv_1^2}{2g} = \omega Qh_2 + Qp_2 + \frac{\omega Qv_2^2}{2g} = \omega QH$$

위 식에서 양변을 ωQ로 나누어주면

$$h_1 + \frac{p_1}{\omega} + \frac{v_1^2}{2g} = h_2 + \frac{p_2}{\omega} + \frac{v_2^2}{2g} = H \text{ [m]}$$

위치에 관계없이 나타내면 다음과 같다.

$$h + \frac{p}{\omega} + \frac{v^2}{2g} = H \ [\text{m}]$$

여기서 3가지 수두는

① 위치수두 : $h \ [\text{m}]$

② 압력수두 : $p/\omega \ [\text{m}] = P/1000 \ [\text{m}]$

③ 속도수두 : $v^2/2g \ [\text{m}]$

가 된다. 또한 총 수두는 위치수두, 압력 수두, 속도 수두의 합과 같다.

① 손실을 무시할 때 $h + \frac{p}{\omega} + \frac{v^2}{2g}$ (일정)

② 손실 수두(h_{12})를 고려할 때 $h_1 + \frac{p_1}{\omega} + \frac{v_1^2}{2g} = h_2 + \frac{p_2}{\omega} + \frac{v_2^2}{2g} + h_{12}$

(6) 토리첼리의 정리

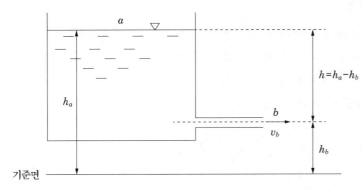

그림 4 오리피스로부터의 유수 속도

그림과 같은 수조에서 하부 측벽의 오리피스로부터 분출하는 유수의 속도 v_2는 베루누이의 정리로 구하면

$$h_a + \frac{p_a}{\omega} + \frac{v_a^{\,2}}{2g} = h_b + \frac{p_b}{\omega} + \frac{v_b^{\,2}}{2g}$$

로 표현된다. 또 P_a와 P_b는 대기압과 같고 a점인 수조 표면에서의 유속 v_a는 무시하면

$$h_a + \frac{p}{\omega} + 0 = h_b + \frac{p}{\omega} + \frac{v_b^{\,2}}{2g}$$

여기서, $p_a = p_b = p$ (대기압) , $v_a \fallingdotseq 0$ 이므로

$$h_a - h_b = \frac{v_b^2}{2g}$$

$$h = \frac{v_b^2}{2g}$$

$$\therefore v_b = \sqrt{2gh} \ [\text{m/sec}]$$

으로 된다. 이 관계식을 토리첼리의 정리라 한다. 그러나 실제는 물의 점성과 오리피스 (분출공)에서의 마찰손실 등이 있으므로 실제의 유수 속도는 작아진다.

$$\therefore v_b = C_v \sqrt{2gh} \ [\text{m/sec}]$$

여기서, C_v : 유속계수 (0.95~0.99)

1.2 유량과 낙차

(1) 연평균 유량

강수량 중에서 상당량은 증발되고 일부는 지하로 스며든다. 나머지는 하천으로 흘러간다. 이때 강수량과 하천유량의 비를 유출률 또는 유출계수라 한다.

어느 하천의 유역면적을 $A\,[\text{km}]^2$, 연간 평균 강수량을 $W[\text{mm}]$, 유출계수를 k라 하면 그 하천의 연평균 유량 $Q[\text{m}^3/\text{s}]$은

$$Q = \frac{A \times 10^6 \times W \times 10^{-3} \times k}{365 \times 24 \times 60 \times 60} \ [\text{m}^3/\text{s}]$$

가 된다.

(2) 유황곡선

유황곡선은 이 유량도를 이용하여 그림 5와 같이 가로축에 매일의 유량 중 크기 순서로 재배열을 한 곡선으로 발전소 등의 계획시 사용유량을 결정하는데 사용된다.

① 최대 홍수량 및 홍수위 : 과거의 기록 또는 사람의 기억 등에 의해 판정한 최대 유량 및 수위
② 홍수량 및 홍수위 : 3~5년에 한 번씩 발생하는 출수의 유량 및 수위
③ 고수량 및 고수위 : 매년 한두 번 발생하는 출수의 유량 및 수위
④ 풍수량 및 풍수위 : 1년을 통하여 95일은 이보다 내려가지 않는 유량 및 수위(3개월 유량 및 수위)

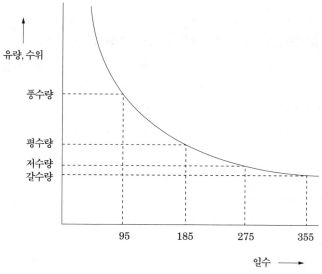

그림 5 유황곡선

⑤ 평수량 및 평수위 : 1년을 통하여 185일은 이보다 내려가지 않는 유량 및 수위 (6개월 유량 및 수위)

⑥ 저수량 및 저수위 : 1년을 통하여 275일은 이보다 내려가지 않는 유량 및 수위 (9개월 유량 및 수위)

⑦ 갈수량 및 갈수위 : 1년을 통하여 355일은 이보다 내려가지 않는 유량 및 수위

⑧ 최저 갈수량 및 최저 갈수위 : 과거의 기록, 사람의 기억 등에 의해 판정한 최저 유량 및 수위

예제문제 10

다음 그림 중 유황 곡선 모양을 표시하는 것은? 단, 유량은 [m³/s], 수량은 [cm³]이다.

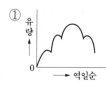 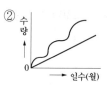 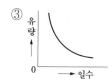 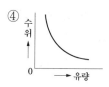

해설
유황 곡선 : 유량도를 사용하여 가로축에 1년의 일수를, 세로축에 유량을 취하여 매일의 유량 중 큰 것부터 순서적으로 1년분을 배열하여 그린 곡선

답 : ③

예제문제 **11**

1년 365일 중 185일은 이 양 이하로 내려가지 않는 유량은?

① 저수량　　　　② 고수량　　　　③ 평수량　　　　④ 풍수량

해설
평수량 : 1년을 통하여 185일은 이보다 더 내려가지 않는 유량

답 : ③

예제문제 **12**

수력 발전소에서 갈수량(渴水量)이란?

① 1년(365 일간) 중 355일간은 이보다 낮아지지 않는 유량(流量)
② 1년(365 일간) 중 275일간은 이보다 낮아지지 않는 유량
③ 1년(365 일간) 중 185일간은 이보다 낮아지지 않는 유량
④ 1년(365 일간) 중 95일간은 이보다 낮아지지 않는 유량

해설
갈수량 : 1년 중 355일은 이것보다 내려가지 않는 유량 또는 수위

답 : ①

---

(3) 적산 유량 곡선

유량도를 토대로 하여(풍수기가 시작되는 점을 기준으로 하여) 횡축에 1년 365일을 역일순으로, 종축에는 유량의 누계를 잡아서 만든 곡선으로 저수지 용량 결정하는데 사용된다.

예제문제 **13**

수력 발전소의 댐(dam)의 설계 및 저수지 용량 등을 결정하는 데 사용되는 가장 적합한 것은?

① 유량도　　　　　　　　② 유황 곡선
③ 수위-유량 곡선　　　　④ 적산 유량 곡선

해설
적산 유량 곡선 : 매일의 수량을 차례로 적산해서 가로축에 일수를, 세로축에 적산 수량을 그린 곡선

답 : ④

---

(4) 수위 유량 곡선

횡축에 유량을, 종축에는 수위를 취하여 수위와 유량과의 관계를 표시한 곡선을 말한다.

(5) 유량도

가로축에 1년 365일을 역일의 순으로 하고 세로축을 그 날의 하천유량을 표시한다. 이 곡선으로 1년 동안의 하천유량의 변동 상황을 쉽게 알 수 있다.

(6) 유량의 측정

① 하천의 유량 측정법 : 언측법(소하천), 부자측법, 유속계법(대용량), 공식측법, 수위 관측법

② 발전소의 사용 수량 측정법 : 피토관법, 벨마우스법, 깁슨법, 염수 속도법, 수압 시간법, 염수 농도법, 초음파법

(7) 발전소 출력의 분류

① 상시 출력 : 1년을 통해 355일 이상 발생할 수 있는 출력

② 상시 첨두 출력 : 1년을 통해 355일 이상 매일 일정 시간에 한해 발생할 수 있는 출력

③ 최대 출력 : 발전소에서 낼 수 있는 최대 출력

④ 특수 출력 : 풍수 시 매일의 시간적 조정을 하지 않고 발생할 수 있는 출력으로 상시 출력을 초과하는 출력

⑤ 보급 출력 : 갈수 기간을 통해 항상 발생할 수 있는 출력으로 상시 출력을 초과하는 출력

⑥ 예비 출력 : 고장, 사고의 경우 부족한 전력을 보충하는 목적으로 시설된 설비에 의해 발생되는 출력

1.3 취수설비

(1) 발전소용 댐

다음 그림은 댐식 발전소를 나타낸 것이다.

① 사용 목적에 의한 분류 : 취수 댐, 저수 댐

② 축조 재료에 의한 분류 : 콘크리트 댐, 흙 댐, 록필 댐(rock-fill dam), 목조 댐, 철골 댐

③ 역학적 구조에 의한 분류 : 콘크리트 아치 댐(암반이 양호한 협곡), 콘크리트 중력 댐, 콘크리트 부벽 댐

④ 기능에 의한 분류 : $\begin{cases} \text{익 류 형 : 콘크리트 중력 댐} \\ \text{비익류형 : 아치, 부벽, 흙, 록필 댐} \end{cases}$

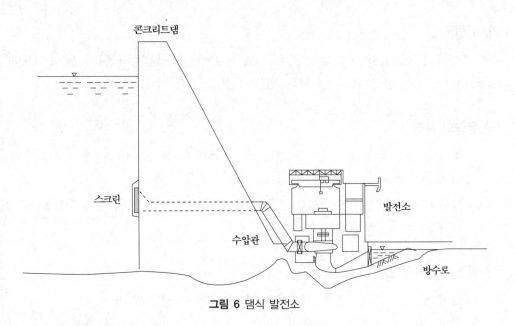

그림 6 댐식 발전소

(2) 가동 댐 및 제수문

가동 댐은 고정댐의 상부에 설치하여 상시에는 댐의 저류용으로 폐쇄하였다가 홍수시
이것을 개방하여 방류시킴으로써 댐의 수위를 조절하는 댐을 말한다. 유량은 게이트
(수문)로 조절하는 경우가 많다. 수문의 종류는 다음 그림과 같다.

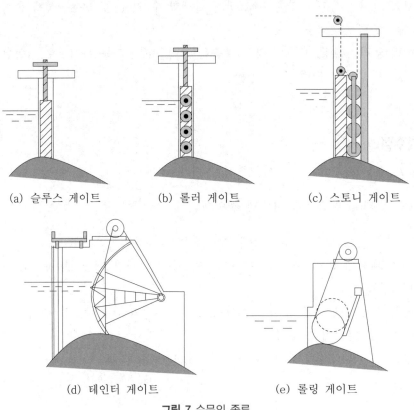

(a) 슬루스 게이트   (b) 롤러 게이트   (c) 스토니 게이트

(d) 테인터 게이트   (e) 롤링 게이트

그림 7 수문의 종류

① 가동 댐 : 홍수의 유하, 퇴적한 토사의 제거를 위해 익류형 댐의 꼭대기에 설치
된다.

② 제수문 : 취수량의 조절을 위하여 취수구에 설치된다.

예제문제 14

취수구에 제수문을 설치하는 목적은?

① 낙차를 높인다.   ② 홍수위를 낮춘다.   ③ 유량을 조정한다.   ④ 모래를 배제한다.

해설
제수문 : 취수량을 조절하고 물의 유입을 단절한다.

답 : ③

---

(3) 댐의 부속 설비

① 여수로 : 가동 문비(수문, gate)를 설치하여 문을 닫아 물을 저장하고, 평상시에
는 상류로부터 물이 유하했을 때에는 지체없이 열어 상류 지역에서의 수위 상승
으로 인한 피해를 주지 않도록 한다.

② 토사로

③ 어도

④ 유목로, 주벌로

(4) 취수구

물을 수로에 도입하는 수구로, 제수문으로 취수량을 조절하고 제진 격자 또는 스크린
으로 유목이나 유수 중의 부유물의 유입을 방지한다.

1.4 수차

(1) 수차의 종류

수차(water turbine)는 물이 가진 위치에너지를 기계적인 회전에너지로 바꾸는 기계
로서 다음과 같은 종류가 있다.

① 펠턴수차(pelton turbine)

펠턴수차는 충동수차의 일종으로 노즐에서 분사되는 물을 러너의 버킷에 작용시켜
회전력을 얻는 수차이다.

• 러너(runner) : 러너는 수차의 회전체로서 노즐로부터의 분사수를 받는 버킷과
버킷의 접속부인 디스크로 구성되고 있다.

- 노즐(nozzle) : 노즐은 분사수를 분사하는 부분이며, 보통 1러너에 대하여 1개의 노즐이 설치되어 있는 경우가 많다. 수량이 많은 경우 또는 경부하시에 있어서 고효율 운전을 하고자 하는 경우에는 1러너에 대하여 노즐의 수를 2개 이상 또는 러너의 수를 2개로 한다. 1개의 러너에 4개 이상의 노즐을 취부할 경우에는 종축형으로 한다.

- 니들밸브(needle value, 針弁) : 부하에 따라서 노즐의 분사수량을 조정하기 위하여 노즐 내에 니들밸브를 설치하고 이것을 전후로 움직여서 수차에 들어가는 유량을 조절한다.

- 디플렉터(deflector, 伝向板) : 수차 부하가 갑자기 감소되었을 때 니들밸브를 급히 닫으면 수압관내에 큰 수압 상승을 일으킬 우려가 있으므로 디플렉터를 이용하여 분사수가 버킷에 충돌하지 않도록 분사수의 방향을 바꾸어 놓은 후 서서히 니들밸브를 닫을 수 있는 수압상승 억제 장치를 말한다.

- 제트브레이커(jet breaker) : 니들밸브를 닫은 후에도 관성에 의하여 회전하는 러너를 급히 정지시키기 위하여 노즐 반대편 위치에서 분사수에 의하여 제동작용을 하는 장치를 말한다. 백워터 브레이커(back water breaker)라고도 한다.

펠턴수차의 특징은 다음과 같다.

- 비속도가 낮아 고낙차에 적합하다.
- 러너 주위 물에 압력이 걸리지 않아 누수염려가 없다.
- 마모부분 교체가 쉽다.
- 출력변화에 대한 효율저하가 적어 부하 변동에 유리하다.
- 노즐개수가 여러 개인 경우 사용개수를 조절하여 고효율 운전가능 하다.
- 최고 효율 ηmax는 $\dfrac{u}{V_1}$가 $\dfrac{1}{2}$일 때 일어나다.

여기서, u : 버킷의 회전속도

V_1 : 제트의 분사속도이며, 실제적으로는 0.44~0.48)

예제문제 15

압력 수두를 속도 수두로 바꾸어서 작용시키는 수차는?

① 프란시스 수차   ② 카플란 수차   ③ 펠턴 수차   ④ 사류 수차

해설

펠턴 수차 : 전 수두를 모두 속도 수두로 바꾸어 유수를 이용하는 수차로서, 구조는 유수를 노즐에 의하여 분사수를 만들고 그것을 러너 주변에 버킷(Bucket)에 분사, 충돌시켜 그 충격으로 러너를 회전시킨다.

답 : ③

유효 낙차 H[m]인 펠톤 수차의 노즐로부터 분출하는 물의 속도[m/sec]는? 단, g는 중력 가속도라 한다.

① $\sqrt{gH}$ ② $\sqrt{2gH}$ ③ $\dfrac{H}{2g}$ ④ $\sqrt{\dfrac{H}{2g}}$

해설
토리첼리의 정리(Torricelli's theorem) : $v = \sqrt{2gH}$ [m/sec]

답 : ②

② 프란시스 수차(francis turbine)

수압관에서 유입된 물이 안내날개를 통해 러너의 반지름 방향으로 들어와 축방향으로 방향을 틀어 유출될 때의 반동력으로 회전력을 얻는 수차를 말한다.

- 러너(runner) : 물이 가진 위치에너지를 기계적인 회전에너지로 변환하는 것으로 러너의 날개 수는 소형이 8~9개, 대형이 20개 정도로 구성되어 있다.
- 안내날개(guide vane) : 안내날개는 러너의 바깥둘레에 12~24장 정도 배열되어 유수에 적당히 방향을 줌과 동시에 필요한 유량을 조정하여 러너에 공급한다.
- 케이싱·속도환(casing·speed ring) : 수압관을 통과한 물은 케이싱에 들어가 속도환을 지나서 안내날개에 의해 수류의 방향과 유량이 조절되면서 러너에 회전력을 주고, 러너를 나온 물은 흡출관을 통해서 방수로에 배출된다. 속도환은 안내날개의 개도에 따라서 적당량의 유수가 통과되도록 설계되어 있다. 아래위의 두 개의 원형사이에 유선형의 단면을 가진 수개의 고정날개로 연결되어 안내날개의 외주에 배치하여 물의 방향을 고르게 하는 역할을 한다.
- 흡출관(draft tube) : 반동수차의 러너의 출구로부터 방수 면까지의 접속관으로 러너와 방수면사이의 낙차를 유용하게 이용하고 흡출관 출구의 유수의 손실을 적게 하기 위한 관로이다.

  프란시스 수차(francis turbine) 특징은 다음과 같다.
  - 적용 낙차 범위가 넓다.
  - 구조가 간단하다.
  - 고낙차 영역에서 펠톤수차에 비해 수차발전기가 소형이다.

③ 카플란 수차(kaplan turbine)

유수가 러너의 축방향으로 통과하는 가동날개 프로펠러 수차이다. 유수를 축방향으로 흘려주는 편편형 날개와 수압과 원심력을 지지하는 vane boss로 구성되어 있다. 러너날개 조작기구는 주축의 중심부에 구멍을 통해 압유를 보내어 조작봉을 움직여 러너날개 각도를 조정한다.

카플란 수차(kaplan turbine)의 특징은 다음과 같다.

- 비속도가 높아 저낙차 지점에 적합하다.
- 회전날개는 분해 가능하므로 수송·조립이 편리하다.
- 낙차 부하 변동에 대해 효율저하가 적다.

④ 사류수차(diagonal turbine)

유수가 러너의 축을 경사된 방향으로 통과하며 러너의 모양은 프란시스 수차와 카 프란 수차의 중간형태로 되어 있다. 이 수차는 부하변동에 따라서 운전 중에 러너 날개의 각도를 바꿀 수 있게 되어 있으며 데리아 수차(deriaz turbine)라고도 한다. 사류수차의 특징(diagonal turbine)은 다음과 같다.

- 변동낙차 및 변동부하에서도 효율저하가 적고 수차특성 우수
- 고낙차 카플란 수차에 비해 특성이 좋다

⑤ 원통형 수차(tubular turbine)

원통형 수차는 튜불러 수차라고도 부르는 프로펠러 수차의 일종이다. 유효낙차가 아주 낮은 경우에는 수류의 방향변환에 따른 손실수두가 무시할 수 없을 정도로 크기 때문에 물이 축 방향으로부터 수차에 바로 유입하는 수차이다. 원통형 수차(tubular turbine) 특징은 다음과 같다.

- 초저낙차용 수차이다.
- 동기발전기 대신 유도발전기 사용
- 고낙차 카플란 수차에 비해 특성이 좋다.

⑥ 펌프 수차(pump turbine)

한 대의 기기로 펌프와 수차를 겸용하는 것으로서 1개의 러너가 발전 시에는 수차 로서 사용해서 동력을 발생하고 양수 시에는 이것을 역회전시킴으로서 펌프로서 사용하도록 한 수차를 말한다. 펌프 수차(pump turbine) 특징은 다음과 같다.

- 겸용기이므로 별도로 설치하기보다 경제적이다.
- 기기배치 및 취부가 간단

예제문제 17

흡출관을 사용하는 목적은?

① 압력을 줄이기 위하여   ② 물의 유선을 일정하게 하기 위하여

③ 속도변동률을 작게 하기 위하여   ④ 낙차를 늘리기 위하여

해설
흡출관 : 반동 수차의 출구에서부터 방수로 수면까지 연결하는 관으로 러너와 방수면 사이의 낙차를 유효하게 이용하는 것이 목적이다.

답 : ④

예제문제 18

유효 낙차 150 [m] 정도의 양수 발전소의 펌프 수차로 쓰이는 수차의 형식은?

① 펠턴 수차
② 프란시스 수차
③ 프로펠러 수차
④ 카플란 수차

[해설]
• 펠턴 수차 : 350 [m] 이상 고낙차용
• 프란시스 수차 : 30~400 [m] 정도의 중낙차용
• 프로펠러 및 카플란 수차 : 45 [m] 이하 저낙차용

답 : ②

예제문제 19

수차의 종류를 적용 낙차가 높은 것으로부터 낮은 순서로 나열한 것은?

① 프란시스-펠턴-프로펠러
② 펠턴-프란시스-프로펠러
③ 프란시스-프로펠러-펠턴
④ 프로펠러-펠턴-프란시스

[해설]
• 펠턴 수차 : 350 [m] 이상 고낙차용
• 프란시스 수차 : 30~400 [m] 정도의 중낙차용
• 프로펠러 및 카플란 수차 : 45 [m] 이하 저낙차용

답 : ②

(2) 수차의 특유속도(specific speed, 比較回轉速度)

수차를 단위낙차(1 [m])에서 단위출력(1 [kW])을 발생하는데 필요한 1분간의 회전수 N_s를 말한다.

$$N_s = N \times \frac{P^{\frac{1}{2}}}{H^{\frac{5}{4}}} = \frac{N \cdot \sqrt{P}}{H \cdot \sqrt{\sqrt{H}}} \ \ [\mathrm{m} \cdot \mathrm{kW}]$$

여기서, H : 유효낙차 [m], N : 정격회전속도 [rpm], P : 러너의 최대출력 [kW]

여기서, P는 충동수차에서는 노줄 1개당의 출력, 반동수차에서는 러너 1개당의 출력

표 1 수차의 특유속도

수차 종류	비속도의 한계 식	비속도의 한계	적용낙차 [m]
펠 톤	$12 \leqq N_s \leqq 23$	$12 \sim 23$	200 이상
프란시스	$N_s \leqq \dfrac{20,000}{H+20}+30$	$50 \sim 350$	$30 \sim 600$
사 류	$N_s \leqq \dfrac{20,000}{H+20}+40$	$150 \sim 250$	$40 \sim 180$
프로펠러 카 프 란	$N_s \leqq \dfrac{20,000}{H+20}+50$	$350 \sim 800$	$3 \sim 70$

예제문제 20

특유 속도를 선정할 때 그 한계를 표시하는 식으로 $N_s \leqq \dfrac{13000}{H+20}+50$이 사용되는 수차는?

① 펠턴 수차　　　② 프란시스 수차　　　③ 프로펠러 수차　　　④ 카플란 수차

해설

카플란 수차의 특유 속도 : $N_s \leqq \dfrac{20000}{H+20}$

프란시스 수차의 특유 속도 : $N_s \leqq \dfrac{13000}{H+20}+50$

답 : ②

예제문제 21

특유 속도가 큰 수차일수록 옳은 것은?

① 낮은 부하에서의 효율의 저하가 심하다.　　② 낮은 낙차에서는 사용할 수 없다.
③ 회전자의 주변 속도가 작아진다.　　④ 회전수가 커진다.

해설

특유 속도가 크면 경부하시의 효율 저하가 더욱 심하게 된다.

답 : ①

예제문제 22

수력 발전소에서 특유 속도(特有速度)가 가장 높은 수차(水車)는?

① Pelton 수차　　　② Propeller 수차
③ Francis 수차　　　④ 모든 수차의 특유 속도는 동일하다.

해설

• 펠톤 수차 : 고낙차에 쓰이는 수차이므로 특유 속도가 가장 적다.
• 프로펠러 수차 : $350 \sim 800$
• 프란시스 수차 : $65 \sim 350$
• 펠톤 수차 : $12 \sim 21$

답 : ②

(3) 속도조정률(speed regulation)

임의의 출력 P_1 [kW]에서의 회전수를 N_1 [rpm], 변화 후의 출력 P_2 [kW]에서의 회전수를 N_2 [rpm], 정격출력 및 회전수를 각각 P_0 [kW], N_0 [rpm]라 하면 다음과 같이 표시된다.

$$\delta = \frac{\dfrac{N_2 - N_1}{N_0}}{\dfrac{P_1 - P_2}{P_0}} \times 100 = \frac{\dfrac{f_2 - f_1}{f_0}}{\dfrac{P_1 - P_2}{P_0}} \times 100 = \frac{\dfrac{\Delta f}{f_0}}{\dfrac{\Delta P}{P_0}} \times 100 \, [\%]$$

여기서, Δf : 주파수 변화량, ΔP : 부하 변화량

예제문제 23

수력 발전소의 수차에 있어서 N_e를 어떤 부하시의 회전 속도, N_0를 조속기를 조절하지 않고 무부하로 했을 때의 회전 속도, N를 규정 회전 속도라고 할 때 수차의 속도 조정률 [%]은?

① $\dfrac{N - N_e}{N} \times 100$

② $\dfrac{N_0 - N}{N} \times 100$

③ $\dfrac{N_0 - N_e}{N} \times 100$

④ $\dfrac{N - N_e}{N_0} \times 100$

해설

속도 조정률 : $\delta = \dfrac{\text{무부하시 회전 속도} - \text{어떤 부하시의 회전 속도}}{\text{규정 속도}} \times 100 \, [\%]$

답 : ③

예제문제 24

수차의 속도 조정률이 4 [%]인 정격 출력 32,000 [kW]의 발전기가 계통 병렬 운전 중 주파수가 0.2 [Hz] 상승하면 발전기 출력은 약 몇 [kW] 변화하는가? 단, 계통의 정격 주파수는 60 [Hz]로 한다.

① 1,544 ② 1,928 ③ 2,236 ④ 2,667

해설

속도 조정률 $= \dfrac{\dfrac{N_2 - N_1}{N}}{\dfrac{P_1 - P_2}{P}} \times 100 = \dfrac{\dfrac{\Delta N}{N}}{\dfrac{\Delta P}{P}} \times 100 \, [\%]$

$\therefore \delta = \dfrac{\Delta f}{N} \times \dfrac{P}{\Delta P} \times 100$

$\therefore \Delta P = P \times \dfrac{\Delta f}{N} \times \dfrac{1}{\delta} = 32000 \times \dfrac{0.2}{60} \times \dfrac{1}{0.04} = 2666.64 \, [\text{kW}]$

답 : ④

(4) 조속기

수차발전기는 부하가 감소하여 회전속도가 상승하거나 부하가 증가하여 회전속도가 감소하면 발전전압과 주파수가 변동한다. 따라서 수차의 회전수를 일정하게 유지하기 위하여 수차의 유량조정을 자동적으로 행하는 장치를 조속기(speed governor)라 한다. 조속기는 회전속도의 검출방식에 따라 기계식과 전기식으로 나누어진다. 다음 그림 8은 기계식의 경우 구성요소를 나타낸 것이다.

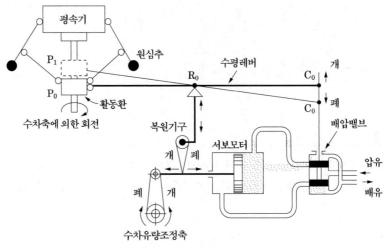

그림 8 기계식 조속기의 동작원리

- 평속기(speeder) : 수차의 회전속도 변화시 원심추의 원심력 변화에 따라 활동환을 상하로 이동시켜 수차 회전속도의 편차 검출한다.
- 배압밸브(distributing valve) : 평속기 변화가 활동환의 상하 이동으로 이어지며, 이 활동환은 수평레버에 의하여 배압밸브와 연결되어 압유를 적당한 방향으로 공급하는 역할을 한다.
- 서브모터(serve motor) : 배압밸브로부터 받은 압유에 의하여 니들밸브 또는 가이드 베인과 같은 수구의 개도를 조정하는 장치를 말한다.
- 복원기구(return relay mechanism) : 발전기의 관성 때문에 속도를 조정하는 사이에 일어나는 난조(hunting)를 방지하기 위한 기구를 말한다.

전기적 조속기는 수차 발전기의 회전수에 비례하여 구동되는 속도발전기로 부터 주파수를 검출하고, 이를 증폭기로 증폭해서 변환기에 의해 기계력으로 변환하여 배압밸브를 조작하는 원리를 이용한다.

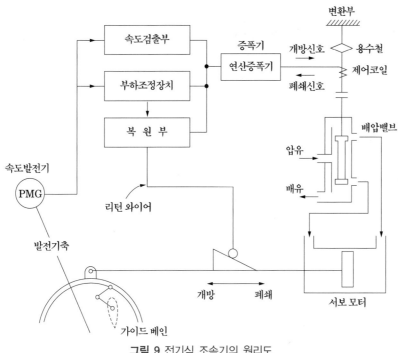

그림 9 전기식 조속기의 원리도

① 무구속속도(無拘束速度, runaway speed)

수차가 전부하에서 갑자기 무부하로 되었을 때, 조속기가 동작하지 않고 수구개도를 개방상태로 두었을 때 수차가 도달하는 최고의 속도를 말한다.

사고 발생으로 부하가 갑자기 차단되었을 경우에는 수차의 회전 속도가 상승하지만 회전기의 원심력은 회전 속도의 제곱에 비례해서 증가하므로 수차·발전기는 무구속속도에서도 1분간 견딜 수 있도록 설계하고 있다.

표 2 무구속 속도의 범위

수차의 종류	정격 회전수에 대한 [%]
펠톤 수차	150~200
프란시스 수차	160~220
사류 수차	180~230
프로펠러 수차	200~250
카플란 수차	200~240

② 속도변동율(speed variation)

부하 변동으로 인하여 수차의 속도가 변동되어 새로운 안정상태로 될 때까지의 사이에 도달하게 될 최대속도에 대한 속도변화분과 정격회전속도에 대한 비를 말한다. 속도변동률이 크면 최대회전속도가 상승하여 러너의 원심력 증가로 인하여 기계적

인 안전문제라든가 발전기 전압 상승에 따른 절연내력이라는 점에서 좋지 않기 때문에 전 부하를 차단하였을 경우에도 30 [%] 이하가 되도록 설계하는 것이 바람직하다.

$$\delta_m = \frac{N_m - N_0}{N_0} \times 100 \, [\%]$$

여기서, N_m : 최대회전속도, N_0 : 정격회전속도

예제문제 25

회전 속도의 변화에 따라서 자동적으로 유량을 가감하는 장치를 무엇이라 하는가?

① 공기 예열기　　　② 과열기　　　③ 여자기　　　④ 조속기

해설
조속기(governor) : 수차의 회전수를 일정하게 유지하기 위하여 수차의 유량을 자동적으로 조정할 수 있는 장치를 말한다.

답 : ④

예제문제 26

다음 중 수차 조속기의 주요 부분을 나타내는 것이 아닌 것은?

① 평속기　　　　　　　　② 복원 장치
③ 자동 수위 조정기　　　④ 서보 모터

해설
조속기의 주요 장치 : 평속기, 배압기, 서보 모터, 복원 장치

답 : ③

예제문제 27

부하 변동이 있을 경우 수차(또는 증기 터빈) 입구의 밸브를 조작하는 기계식 조속기의 각 부의 동작 순서는?

① 평속기 → 복원 기구 → 배압 밸브 → 서보 전동기
② 배압 밸브 → 평속기 → 서보 전동기 → 복원 기구
③ 평속기 → 배압 밸브 → 서보 전동기 → 복원 기구
④ 평속기 → 배압 밸브 → 복원 기구 → 서보 전동기

해설
조속기 동작 순서 : 평속기 → 배압 밸브 → 서보 전동기 → 복원 기구

답 : ③

수차의 조속기가 너무 예민하면?

① 탈조를 일으키게 된다.　　　　② 수압 상승률이 크게 된다.
③ 속도변동률이 작게 된다.　　　　④ 전압변동이 작게 된다.

해설
수차의 조속기가 예민하면 난조를 일으키기 쉽고 심하게 되면 탈조까지 일으킬 수 있다.

답 : ①

(5) 공동(空洞)현상(Cavitation)

전중인 수차에서 어느 부분의 압력이 포화증기압 이하로 저하하면 그 부분의 물은 증발하여 수증기로 된다. 이때 유수 중에 미세한 기포가 발생하며, 이 기포가 주위의 물과 함께 흐르게 된다. 이후 압력이 높은 곳에 도달하면 더 이상 기포상태를 유지하지 못하고 기포가 터져서 부근의 물체에 충격을 주게 된다. 이러한 충격이 계속되면 러너와 버킷 등을 침식하게 되는데 이것을 공동(空洞)현상(Cavitation)이라 한다. 캐비테이션에 의한 장해는 다음과 같다.

① 수차의 효율, 출력이 저하한다.
② 유수에 접한 러너나 버킷에 침식이 발생한다.
③ 수차에 진동을 일으켜 소음을 발생시킨다.
④ 흡출관 입구에서의 수압변동이 현저해진다.

캐비테이션의 방지대책은 다음과 같다.

① 수차의 특유속도를 너무 크게 잡지 않는다.
② 흡출고를 가능한 한 작게 한다.
③ 침식에 강한 재료를 사용한다.
④ 러너 베인의 표면을 매끄럽게 가공한다.
⑤ 과도한 부분부하, 과부하 운전을 하지 않도록 한다.

캐비테이션(cavitation) 현상에 의한 결과로 적당하지 않은 것은?

① 수차 러너의 부식　　　　② 수차 레버 부분의 진동
③ 흡출관의 진동　　　　　　④ 수차 효율의 증가

해설
캐비테이션의 장해
① 수차의 효율, 출력, 낙차의 저하한다.　② 유수에 접한 러너나 버킷 등에 침식 발생한다.
③ 수차의 진동으로 소음발생한다.　④ 흡출관 입구에서 수압의 변동이 심해진다.

답 : ④

1.5 도수 설비

(1) 수로

발전용수를 취수하는 취수구에서 수조(상수조 또는 조압수조)까지의 도수로를 수로라 한다. 터널, 개방수로(開渠), 밀폐수로(暗渠), 관로 등이 있다. 취수구에는 제수문(게이트), 부유물 제거를 위한 장치(스크린)로 구성된다. 소형 수로의 경우는 토사를 침전시켜 제거하기 위해 침사지를 설치하기도 한다.

① 수로의 종류 : 터널(tunnel), 개거(open channel), 암거(covered channel)
② 특수 지형에는 역사이펀, 수로교, 수로관, 통 등이 있다.

(2) 수로의 유속 및 구배

① 수로의 유속 : 1.5~2.5 [m/s]
② 수로의 구배

$$\begin{cases} \text{소용량 수로: } \dfrac{1}{600} \text{정도} \\ \text{대용량 수로: } \dfrac{1}{2000} \sim \dfrac{1}{3000} \text{정도} \end{cases}$$

일반적으로 $\dfrac{1}{1000} \sim \dfrac{1}{1500}$ 정도

(3) 침사지

취수구에서 취수한 물 속에 포함되어 있는 토사(취수 댐의 배사문만으로는 완전 배사가 안 되므로)를 침전시키기 위한 설비로 취수구 가까이에 설치한다. 침사지 내의 유속은 0.25 [m/s] 이하로 한다.

(4) 방수로

수차로부터 방출된 물을 하천에 도수하기 위한 수로를 말하며 폭이 넓을수록 좋다. 방수 하천과의 접합부를 방수구라 하며 방수구는 하천의 유신과 충돌하지 않는 수심이 깊은 곳을 택해서 개구한다.

(5) 수조

수조는 도수로와 수압철관의 접속부에 설치하는 공작물로 무압수로인 경우에는 상수조(Head tank)를 압력수로일 경우에는 조압수조(Surge tank)를 설치한다.

① 상수조
수로식 발전소의 수로의 말단에 설치하는 수조로 보통 수조라고 하며 수입관을 여기에 연결 접속한다.

② 조압수조(surge tank)

조압수조(調壓水槽, surge tank)는 댐식 수력발전에서 압력수로와 수압관을 접속하는 장소에 설치되어 있는 자유수면을 가진 수조로서 부하가 급격하게 변화하였을 때 생기는 수격작용(水擊作用, water hammering)을 흡수한다. 또한 수차의 사용 유량변동에 의한 서징(surging)작용을 흡수한다.

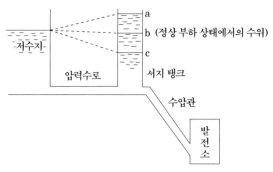

그림 10 조압수조의 기능

여기서, 서징이란 급격한 부하 변화에 따라 조압수조 내의 수위가 시간과 더불어 상하로 승강 진동하는 현상을 말한다.

표 3 조압수조의 종류

종류	개요
단동형 서지탱크 (simple surge tank)	• 가장 간단한 구조 • 수로 유속의 변화에 대한 움직임이 둔하여 큰 용량의 수조가 필요 • 수격작용의 흡수가 확실하고, 발전소의 운전이 안정된다는 장점이 있다.
차동형 서지탱크 (differential surge tank)	• 수조와 수로를 작은 구멍(포트)으로 연결한 구조 • 구조가 복잡한 대신 수격의 감쇄가 빠르다. • 수조용량은 단동식의 50 [%]
수실 서지탱크 (chamber surge tank)	• 수조의 상하단에 수심을 설치한 구조 • 구조는 부하변동에 의한 서징을 억제하고, 수량의 과부족은 수실로써 조정한다.
제수공 서지탱크 (restricted orifice surge tank)	• 수조와 수로를 조그마한 orifice으로 결합한 구조 • 구조가 간단하며, 경제적이다. • 수격작용을 충분히 다 흡수할 수 없는 점에 주의

예제문제 30

조압 수조(서지 탱크)의 설치 목적은?

① 조속기의 보호   ② 수차의 보호   ③ 여수의 처리   ④ 수압관의 보호

해설
조압수조 : 수격작용이 일어났을 때 이를 완화시키기 위한 것

답 : ④

예제문제 31

다음에서 차동 조압 수조의 특징이 아닌 것은?

① 서징의 주기가 느린다.   ② 서징이 누가하지 않는다.

③ 서징이 비교적 천천히 진정된다.   ④ 단면적이 감소된다.

해설
차동 조압 수조의 특징
① 수조와 수로를 작은 구멍(포트)으로 연결한 구조
② 구조가 복잡한 대신 수격의 감쇠가 빠르다.
③ 수조용량은 단동식의 50 [%]

답 : ③

예제문제 32

저수지의 이용 수심이 클 때 사용하면 유리한 조압 수조는 어느 것인가?

① 차동 조압 수조   ② 단동 조압 수조

③ 수실 조압 수조   ④ 제수공 조압 수조

해설
수실 조압 수조 : 이용 수심이 큰 경우에는 조압 수조의 높이가 증가하므로 상하 부분에 수실을 두
며, 중간은 단면적이 비교적 작은 샤프트(shaft)로 두수실을 연결하는 수조

답 : ③

예제문제 33

다음 조압 수조 중 공진 진폭이 작아 주파수 조정용 발전소에 가장 적합한 것은?

① 단동 조압 수조(simple surge tank)
② 차동 조압 수조(differential surge tank)
③ 수실 조압 수조(chamber surge tank)
④ 제수 공조압 수조 (restricted orifice surge tank)

해설
차동 조압 수조는 서징이 빨리 진정된다. 그러나 서징 주기가 빨라 조속기의 운전에 무리를 줄 수
있다.

답 : ②

(6) 수압 철관

상수조 또는 조압수조로부터 발전소의 수차 입구(또는 입구변)까지의 도수로는 철제 관로를 사용한다. 이것을 수압철관(Penstock)이라 한다. 수압관 내의 유속은 2~4 [m/s] 정도이다.

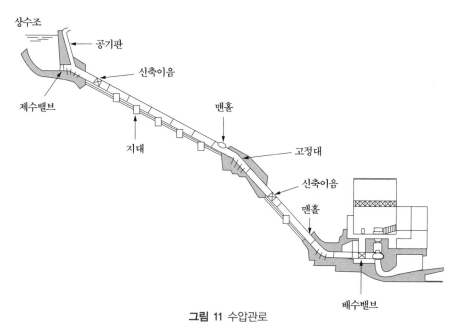

그림 11 수압관로

① 수압관
상수조에서 압력이 있는 물을 수차에 도수하기 위한 관

② 수압관의 지름 및 유속

$$Q = \frac{\pi}{4}D^2 V \ [\text{m}^3/\text{s}]$$

$$\therefore D = \sqrt{\frac{4Q}{\pi V}} \ [\text{m}]$$

여기서, V : 관 내의 평균 유속[m/s] , D : 관의 지름[m], Q : 사용 유량[m³/s]

③ 수압관의 소요 두께

$$t = \frac{PD}{2\sigma\phi} = 0.05\frac{H_0 D}{\sigma\phi} \ [\text{cm}]$$

여기서, P : 두께를 구하는 개소에 가해지는 수압$= 0.1H_0$ [kg/cm²]

H_0 : 정수압과 수격압과의 합계를 수두로 나타낸 것[m]

D : 수압 철관의 지름 [cm]　　　　σ : 강판의 허용 인장 응력[kg/cm²]

ϕ : 철판의 접합 효율

④ 수압관 내의 손실 수두

$$h = f\frac{L}{R} \times \frac{v^2}{2g} \ [\text{m}]$$

여기서, f : 손실 수두, R : 경심 = 단면적/윤변
L : 수압관의 길이, v : 유속

예제문제 34

수력 발전소의 수압관의 두께는?

① 최대 수두와 지름에 비례하고 강판의 허용 응력에 반비례한다.
② 최대 수두, 지름 및 강판의 응력에 비례한다.
③ 지름과 강판의 허용 응력에 비례하고 최대 수두에 반비례한다.
④ 지름과 강판의 허용 응력에 반비례하고 최대 수두에 비례한다.

해설
수압관의 두께 : $t = \dfrac{500HD}{\delta\eta}$

∴ 최대 수두 (H)와 지름 (D)에 비례하고 강판의 허용 응력(δ)과 용접 효율(η)에 반비례한다.

답 : ①

1.6 수력발전소

수력발전소의 형식을 취수방법으로 분류하면 수로식 발전소, 댐식 발전소, 댐 수로식 발전소 및 유역 변경식으로 분류된다. 또, 하천을 흐르는 유량을 어떻게 운용하는가에 따라 분류하면 유입식 발전소, 조정지식 발전소, 저수지식 발전소, 양수식 발전소 및 조력발전소로 분류된다.

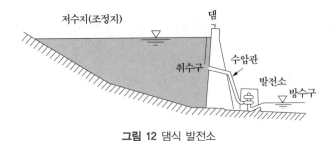

그림 12 댐식 발전소

예제문제 35

수력 발전소를 건설할 때 낙차를 취하는 방법으로 적합하지 않은 것은?

① 댐식　　　　② 수로식　　　　③ 역조정지식　　　　④ 유역 변경식

해설
낙차를 얻는 방법에 의한 분류
① 수로식 발전소　　　　② 댐식 발전소
③ 댐 수로식 발전소　　　④ 유역 변경식 발전소

답 : ③

1.7 양수식 발전소

양수발전소는 심야경부하시 잉여전력을 이용하여 삼부저수지에 양수하였다가 peak시 이를 이용 발전하는 첨두부하용 발전소를 말한다. 유량확보에 따라 순양수식과 혼합양수식으로 분류된다.

(1) 순양수식(純陽水式)

상부저수지의 저수량이 순수하게 양수에 의해서만 확보된다. 따라서 상부저수지에는 하천이 접속되지 않으며 저수용량도 일반적으로 많지 않다. 저수지는 인공적으로 축조하는 경우가 많으며, 이 경우 건설비용의 제약을 받아 크기가 정해지므로 순양수식인 경우 단시간 운전으로 계획하는 경우가 많다. 국내의 대부분의 양수발전에 해당한다.

(2) 혼합양수식(混合揚水式)

상부저수지에 자연적으로 유입되는 유량이 있어서 발전에 이용되는 물은 유입수량과 양수량의 합이 된다. 따라서 순양수식에 비하여 발전원가는 낮다. 자연 유하되는 수량만으로 연중 발전이 불가능하여 방류가 적은 시기에도 지속적으로 발전을 할 수 있도록 하류에 작은 저수지(역조정지)를 두어 첨두 부하시에 발전을 하였다가 전력수요가 적은 심야에 잉여전력으로 하류저수지에서 다시 양수하여 유량을 확보하는 혼합양수식 발전소를 말한다.

(3) 유역변경 양수식

순양수식 또는 혼합양수식과는 달리 두 저수지간을 왕복하는 방식이 아닌 유역변경 양수발전 방식이 있다.

예제문제 | **36**

첨두 부하용으로 사용에 적합한 발전 방식은?

① 조력 발전소　　　　　　　　② 양수식 발전소

③ 조정지식 발전소　　　　　　　④ 자연 유입식 발전소

해설
양수식 발전소 : 첨두 부하에 사용

답 : ②

예제문제 | **37**

전력 계통의 경부하시 또는 다른 발전소의 발전 전력에 여유가 있을 때, 이 잉여 전력을 이용해서 전동기로 펌프를 돌려 물을 상부의 저수지에 저장하였다가 필요에 따라 이 물을 이용해서 발전하는 발전소는?

① 조력 발전소　　　　　　　　② 양수식 발전소

③ 유역 변경식 발전소　　　　　④ 수로식 발전소

해설
양수식 발전소 : 하부 저수지로부터 양수하는 혼합식과 유입되는 양이 없이 양수된 수량만으로서 발전하는 순양수식의 2가지가 있다.

답 : ②

---

2. 화력발전

화력 발전(火力發電)은 석유, 석탄, 천연 가스, 폐기물 등 연료에서 나온 열 에너지를 전력으로 변환하는 발전 방식 가운데 하나이다. 화력 발전을 위한 설비를 보유한 시설, 화력 발전을 전담하는 시설을 화력 발전소라고 한다.

화력발전소의 입지선정에서 중점적으로 고려해야 할 조건은

- 냉각수의 취수와 방류의 용이성
- 철도·항만 등 사용연료 반입의 용이성
- 지진·지반 침하 우려 없는 곳
- 해일 가능성, 비용 및 송전 손실, 현장반입 용이성

등이다.

예제문제 38

화력 발전소의 위치 선정시에 고려하지 않아도 좋은 것은?

① 전력 수요지에 가까울 것
② 값싸고 풍부한 용수와 냉각수가 얻어질 것
③ 연료의 운반과 저장이 편리하며 지반이 견고할 것
④ 바람이 불지 않도록 산으로 둘러 쌓일 것

해설
화력 발전소 위치 선정시 고려사항
• 냉각수의 취수와 방류의 용이성
• 철도·항만 등 사용연료 반입의 용이성
• 지진·지반 침하 우려 없는 곳
• 해일 가능성, 비용 및 송전 손실, 현장반입 용이성

답 : ④

2.1 열역학

(1) 열역학 제 1·2법칙

열역학 제1법칙은 "열은 일로 바꿀 수 있고 일은 열로 바꿀 수 있다"로 정의된다.

$$W = JQ \, [\text{kg} \cdot \text{m}]$$

$$Q = \frac{1}{J} W = A W \, [\text{kcal}]$$

여기서, W : 일 [kg·m], Q : 열량 [kcal]
J : 열의 일당량 = 427 [kg·m/kcal]
A : 일의 열당량 = $\dfrac{1}{J} = \dfrac{1}{427}$ [kcal/kg·m]

전력량과 열량의 관계는 다음과 같다.

$$1 \, [\text{kWh}] = 3{,}600 \, [\text{kWs}] = 3{,}600 \times 10^3 \, [\text{Ws}] = 3{,}600 \times 10^3 \, [\text{J}]$$

$$= \frac{3{,}600 \times 10^3}{9.8} \, [\text{kg} \cdot \text{m}]$$

$$\therefore 1 \, [\text{kWh}] = \frac{1}{427} \times \frac{3{,}600 \times 10^3}{9.8} = 860 \, [\text{kcal}]$$

열역학 제 2법칙은 "열은 고온의 물체에서 저온의 물체로만 이동한다"로 정의된다. 이것은 일은 쉽게 열로 바뀌지만 열은 고온점과 저온점이 없으면 절대로 일로 바꿀 수 없음을 의미한다.

(2) 엔탈피(enthalpy)

증기 또는 물이 보유하고 있는 전열량을 말한다.

$$i = U + Apv \ [\text{kcal/kg}]$$

여기서, i : 엔탈피[kcal/kg], U : 내부 에너지[kcal/kg]
A : 일의 열당량[kcal/kg·m], P : 압력[kg/m²], v : 비체적[m³/kg]

예제문제 39

증기의 엔탈피란?

① 증기 1 [kg]의 잠열　　　　　　② 증기 1 [kg]의 보유 열량
③ 증기 1 [kg]의 기화 열량　　　　④ 증기 1 [kg]의 증발열을 그 온도로 나눈 것

해설
엔탈피(enthalpy)는 각 온도에 있어 물 또는 증기의 보유 열량의 뜻이다.
① 액화열
③ 기화열(증발열)로 포화 증기이면 1 [kg]의 액화열과 기화열의 합이 포화 증기의 엔탈피
　　과열 증기의 엔탈피는 여기에 과열도에 상당한 열량을 여분으로 보유한다.
④ 나누는 온도를 절대 온도로 하면 이것은 포화 증기의 엔트로피(entropy)

답 : ②

---

(3) 엔트로피(enthropy)

기준 상태(온도 T_0 [K])에서 어떤 상태(온도 T [K])에 이르는 사이에 물체에 일어난 열량의 변화를 그 때의 절대 온도로 나눈 것을 말한다.

$$s = \int_{T_0}^{T} \frac{dQ}{T} \ [\text{kcal/kg·K}]$$

여기서, s : 엔트로피[kcal/kg·K], dQ : 증가 열량[kcal/kg]

즉, 엔트로피는 어느 기체(양은 1 [mol] 또는 1 [kg])가 온도 T의 상태에서 $\triangle Q$의 열량을 얻었을 때 그 기체의 엔트로피의 증가 $\triangle s = \dfrac{\triangle Q}{T}$로 정의된다.

(4) 화력 발전소의 열효율

$$\eta = \frac{860\,W}{mH} \times 100 \ [\%] = 보일러\ 효율 \times 터빈\ 효율$$

여기서, W : 발생 전력량, m : 연료 소비량, H : 연료 발열량

예제문제 40

출력 30000 [kW]의 화력 발전소에서 6000 [kcal/kg]의 석탄을 매시간에 15톤의 비율로 사용하고 있다고 한다. 이 발전소의 종합 효율은 몇 [%]인가?

① 28.7　　② 31.7　　③ 33.7　　④ 36.7

해설

석탄의 매시간 발열량 : $6000 \times 15 \times 1000$ [kcal]

kWh로 환산 : $E_1 = (6000 \times 15 \times 1000)/860 = 104651$ [kWh]

∴ 효율 $\eta = \dfrac{E_2}{E_1} = \dfrac{30000}{104651} = 0.287 = 28.7$ [%]

공식 : $\eta = \dfrac{860 W}{mH} = \dfrac{860 \times 30000}{15 \times 1000 \times 6000} = 0.287 = 28.7$ [%]

답 : ①

예제문제 41

최대 전력 5000 [kW], 일부하율 60 [%]로 운전하는 화력 발전소가 있다. 5000 [kcal/kg]의 석탄 4300 [t]을 사용하여 50일간 운전하면 발전소의 종합 효율은 몇 [%]인가?

① 14.4　　② 20.4　　③ 30.4　　④ 40.4

해설

효율 : $\eta = \dfrac{860 W}{mH} \times 100 = \dfrac{860 \times 5000 \times 0.6 \times (24 \times 50)}{4300 \times 1000 \times 5000} \times 100 = 14.4$ [%]

단, 평균전력 = 최대전력×부하율

전력량W = 평균전력×시간×일수 = 최대전력×부하율×시간×일수

답 : ①

예제문제 42

최대 출력 350 [MW], 평균 부하율 80 [%]로 운전되고 있는 기력 발전소의 10일간 중유 소비량이 1.6×104 [kℓ]라고 하면 발전단에서의 열효율은 몇 [%]인가? 단, 중유의 열량은 10000 [kcal/ℓ]이다.

① 35.3　　② 36.1　　③ 37.8　　④ 39.2

해설

효율 : $\eta = \dfrac{860 W}{mH} = \dfrac{860 \times 350 \times 10^6 \times 0.8 \times 24}{\dfrac{1.6 \times 10^4}{10} \times 10^3 \times 10000 \times 10^3} \times 100 = 36.12$ [%]

여기서, 단위가 [kℓ] 당 전력임을 주의한다.

답 : ②

예제문제 **43**

화력 발전소에서 1 [ton]의 석탄으로 발생시킬 수 있는 전력량은 약 몇 [kWh]인가? 단, 석탄 1 [kg]의 발열량 5000 [kcal], 효율은 20 [%]이다.

① 960　　　　　② 1060　　　　　③ 1160　　　　　④ 1260

해설

전력량 :　$W = \dfrac{mH\eta}{860} = \dfrac{1 \times 1000 \times 5000 \times 0.2}{860} = 1160$ [kWh]

답 : ③

2.2 기력발전 열사이클

(1) T–S선도

수증기의 T–S 선도(T–S diagram)는 그림과 같이 절대온도 T를 세로축으로 놓고 엔트로피 S를 가로축으로 놓은 선도를 말하며 T–S 선도내의 면적 $T \times S$는 열량 [kcal/kg]을 나타내고 있다.

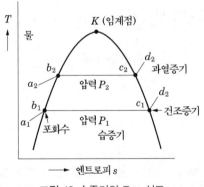

그림 13 수증기의 T-s 선도

압력 P_1에서 a_1 상태의 물을 가열하면 포화수 b_1으로 되고 이어서 계속 열을 가하면 수평인 습증기의 선 $b_1 - c_1$에 따라 증발해서 전부 증기로 되면 건조증기 c_1 상태에 이르게 되고 일정한 압력 하에서 다시 가열해주면 d_1의 과열증기로 된다. 또 압력 P_2에서 물을 가열하면 a_2, b_2, c_2, d_2의 상태가 된다.

예제문제 44

종축에 절대온도 T, 횡축에 엔트로피(entropy) S를 취할 $T{-}S$ 선도에 있어서 단열변화를 나타내는 것은?

[해설]
단열 변화이므로 열량의 출입은 없고 $\triangle Q = 0$이다. 따라서 단열 변화에 대해서는 $\triangle s = 0$이므로 그 간의 엔트로피의 변화는 없고 온도에 관계없이 일정하다.

답 : ④

(2) 카르노 사이클

2개의 등온변화와 2개의 단열변화로 이루어져 있으며 모든 사이클 중에서 최고의 열 효율을 나타내는 사이클을 말한다. 카르노 사이클의 특징은 단열팽창 및 단열압축에서 완전 단열이 없으므로 불가능하지만 가장 이상적인 열 사이클이다.

- 1 − 2 : 온도 T_1의 고열원에서 열량 Q_1을 얻어 온도 T_1을 유지하면서 팽창(등온 팽창)
- 2 − 3 : 열이 차단된 상태에서의 팽창하여 온도 T_1에서 T_2로 내려간다(단열팽창).
- 3 − 4 : 온도 T_2의 저열원에서 열량 Q_2을 방출하고 온도 T_2를 유지하면서 압축 (등온압축)
- 4 − 1 : 열이 차단된 상태에서 압축되어 온도 T_2에서 T_1으로 올라간다(단열압축).

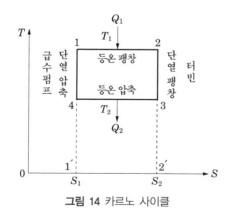

그림 14 카르노 사이클

카르노 사이클의 효율 : $\eta_c = \dfrac{Q_1 - Q_2}{Q_1} = 1 - \dfrac{Q_2}{Q_1} = 1 - \dfrac{T_2}{T_1}$

예제문제 **45**

그림은 어떤 열 사이클을 $T-S$ 선도로 나타낸 것인가?

① 랭킨 사이클

② 재열 사이클

③ 재생 사이클

④ 카르노 사이클

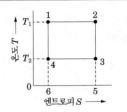

해설

그림은 카르노 사이클을 나타낸 것이다.

답 : ④

예제문제 **46**

가장 효율이 높은 이상적인 열 사이클은?

① 재생 사이클   ② 카르노 사이클

③ 재생 재열 사이클   ④ 랭킨 사이클

해설

이상적인 사이클 : 카르노 사이클

답 : ②

(3) 랭킨 사이클(Rankine Cycle)

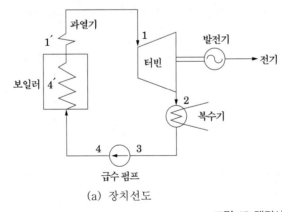

(a) 장치선도   (b) T−s 선도

그림 15 랭킨사이클

- 3 − 4 : 급수펌프에 의한 단열 압축과정
- 4 − 4′ : 보일러 내에서의 등압 가열과정
- 4′ − 1′ : 보일러 내에서의 증기의 등온 등압 가열과정
- 1′ − 1 : 과열기내에서 건조포화증기의 등압 가열과정
- 1 − 2 : 터빈의 단열 팽창과정
- 2 − 3 : 복수기 내의 터빈 배기의 등온 등압 응축과정

- 면적 12344′ 1 : 일로 바뀐 열량 AW
- 면적 a44′ 1′ 1ba : 보일러로부터 공급받은 열량
- 면적 a32ba : 복수기의 냉각수에 의하여 빼앗기는 열량

터빈 입구에서 증기엔탈피 i_1, 터빈 출구에서 증기엔탈피 i_2, 급수펌프 입구에서 물의 엔탈피 i_3, 급수펌프 출구에서 물의 엔탈피 i_4라 하면 열효율은 다음과 같다.

터빈에서 일로 변한 열량 : $(i_1 - i_2)$

보일러에서 공급하는 열량 : $(i_1 - i_4)$

사이클의 열효율 : $\eta_{rk} = \dfrac{i_1 - i_2}{i_1 - i_3}$

예제문제 47

기력 발전소의 열사이클 중 가장 기본적인 것으로 두 등압 변화와 두 단열 변화로 되는 열 사이클은?

① 랭킨 사이클   ② 재생 사이클

③ 재열 사이클   ④ 재생 재열 사이클

해설
본문참조

답 : ①

예제문제 48

그림은 랭킨 사이클의 $T-s$ 선도이다. 이 중 보일러 내의 등온 팽창을 나타내는 부분은?

① $A-B$ ② $B-C$
③ $C-D$ ④ $D-E$

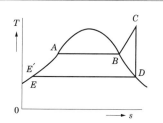

해설
A-B : 등온 팽창, C-D : 단열 팽창, D-E : 등온 압축,
E'-A : 등압 가열, E-E' : 단열 압축

답 : ①

예제문제 **49**

다음 그림은 랭킨 사이클을 나타내는 $T-s$ (온도—엔트로피) 선도이다. 이 그림에서 A_2-B의 과정은 화력 발전소의 어떤 과정에 해당하는 것인가?

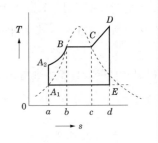

① 급수 펌프 내의 등적 단열 압축
② 보일러 내에서의 등압 가열
③ 보일러 내에서의 증기의 등압 등온 수열
④ 급수 펌프 내에 의한 단열 팽창

해설

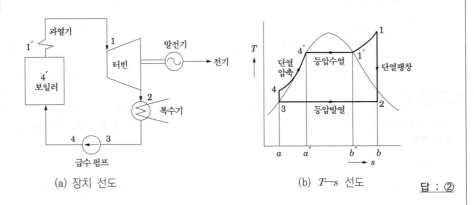

(a) 장치 선도   (b) $T-s$ 선도

답 : ②

예제문제 **50**

아래 표시한 것은 기력 발전소의 기본 사이클이다. 순서가 맞는 것은?

① 급수펌프 → 보일러 → 터빈 → 과열기 → 복수기 → 다시 급수 펌프로
② 급수 펌프 → 보일러 → 과열기 → 터빈 → 복수기 → 다시 급수 펌프로
③ 과열기 → 보일러 → 복수기 → 터빈 → 급수 펌프 → 축열기 → 다시 과열기로
④ 보일러 → 급수 펌프 → 과열기 → 복수기 → 급수 펌프 → 다시 보일러로

해설

기력 발전소의 기본 사이클(Rankine cycle)

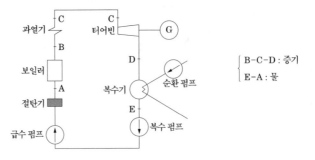

B-C-D : 증기
E-A : 물

답 : ②

급수의 엔탈피 130 [kcal/kg], 보일러 출구 과열 증기 엔탈피 830 [kcal/kg], 터빈 배기 엔탈피 550 [kcal/kg]인 랭킨 사이클의 열사이클 효율은?

① 0.2 　　　　② 0.4 　　　　③ 0.6 　　　　④ 0.8

해설

열효율 : $\eta_c = \dfrac{H_e}{i_1 - i_f}$

여기서, η_c : 터빈의 열효율

　　　H_e : 증기 1 [kg]이 터빈에서 유효하게 일을 한 열량 [kcal/kg]

　　　i_1 : 터빈 입구의 증기 엔탈피 [kcal/kg]

　　　i_f : 복수기의 엔탈피 [kcal/kg]라고 하면

$\therefore H_e = 830 - 550 = 280 \,[\text{kcal/kg}]$

$\therefore i_1 = 830 \,[\text{kcal/kg}], \ i_f = 130 \,[\text{kcal/kg}]$이므로 $\eta = \dfrac{280}{830 - 130} = \dfrac{280}{700} = 0.4$

답 : ②

(4) 재생 사이클과 재열 사이클

① 재생사이클(Regenerative Cycle)

복수기의 냉각수에 의하여 버려지는 열량의 일부를 급수가열기를 이용하여 사이클 내에 회수하므로 열효율의 향상시킨다.

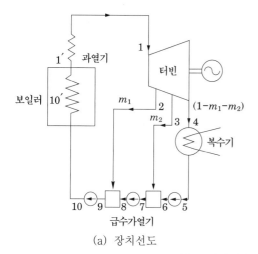

(a) 장치선도

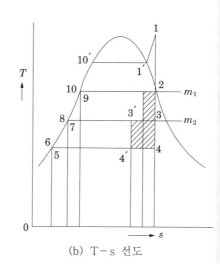

(b) T-s 선도

그림 16 재생사이클의 장치선도와 T-s

터빈 2로부터 m_1 [kg]의 증기가 추출됨으로 팽창되지 못한 열량 : $m_1(i_2 - i_4)$

터빈 3으로부터 m_2 [kg]의 증가가 추출됨으로 팽창되지 못한 열량 : $m_2(i_3 - i_4)$

보일러에서 가한 순수한 열량 : $(i_1 - i_{10})$

재생 사이클(2단 추기)의 열효율 : $\eta_{rg} = \dfrac{(i_1 - i_4) - m_1(i_2 - i_4) - m_2(i_3 - i_4)}{(i_1 - i_{10})}$

예제문제 52

그림과 같은 열 사이클은?

① 재열 사이클
② 재생 사이클
③ 재생, 재열 사이클
④ 기본 사이클

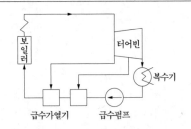

해설
재생 사이클 : 터빈에서의 증기 팽창도중 증기의 일부를 추출하여 급수 가열에 이용한다.

답 : ②

---

② 재열사이클

증기의 팽창으로 터빈 출구에서 증기 습도가 증가되면 터빈 날개가 부식되므로 이것을 방지하기 위하여 팽창 도중의 증기를 재 가열하여 다시 팽창시킴으로서 수분에 의한 손실을 방지하기 위한 사이클을 말한다.

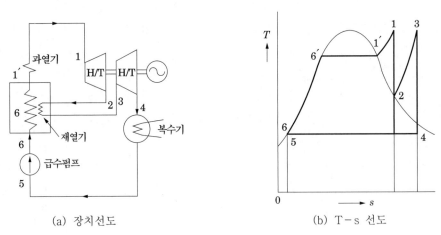

(a) 장치선도   (b) T−s 선도

그림 17 재열사이클의 장치선도와 T−s도

i_1[kcal/kg] : 고압 터빈 입구에서 증기 엔탈피

i_2[kcal/kg] : 고압 터빈 출구에서 증기 엔탈피

i_3[kcal/kg] : 저압 터빈 입구에서의 증기 엔탈피

i_4[kcal/kg] : 저압 터빈에서 배기되는 증기의 엔탈피

$i_6 \fallingdotseq i_5$[kcal/kg] : 보일러 입구에서 물의 엔탈피

재열 사이클의 열효율 : $\eta_{rh} = \dfrac{(i_1 - i_2) + (i_3 - i_4)}{(i_1 - i_6) + (i_3 - i_2)}$

③ 설계시 열효율 향상 대책

설계시 열효율 향상 대책은 다음과 같다.

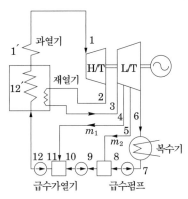

그림 18 재생 재열 사이클

- 사용증기의 압력과 온도를 높인다.
- 단위기의 용량을 크게 설계한다.
- 복합사이클 발전의 채용
- 열병합 발전설비 채용
- 자동제어의 도입
- 재열 재생사이클 도입
- 복수기의 진공도를 높인다.
- 연도가스의 온도를 낮춘다.

예제문제 53

다음 중 기력 발전소에서 열 사이클의 효율 향상을 기하기 위하여 채용된 방법이 아닌 것은?

① 고압, 고온 증기의 채용과 과열기의 설치

② 절탄기, 공기 예열기의 설치

③ 재생, 재열 사이클의 채용

④ 조속기의 설치

해설
열 사이클 효율 향상 대책
① 사용증기의 압력과 온도를 높인다.　　② 단위기의 용량을 크게 설계한다.
③ 복합사이클 발전의 채용　　　　　　　④ 열병합 발전설비 채용
⑤ 자동제어의 도입　　　　　　　　　　⑥ 재열 재생사이클 도입
⑦ 복수기의 진공도를 높인다.　　　　　⑧ 연도가스의 온도를 낮춘다.

답 : ④

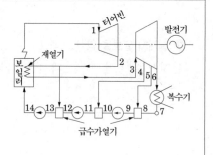

2.3 연료 및 연소

(1) 석탄 및 중유의 발열량

① 무연탄 : 5500 [kcal/kg], 착화 온도 450 [℃] 정도

② 중 유 : 10000~11000 [kcal/kg], 착화 온도 380 [℃] 정도

(2) 연소에 필요한 공기량

① 연소에 필요한 이론 공기량

$$V_{0v} = \frac{O_g}{0.232 \times 1.293} = \frac{2.667C + 8H + S - O}{0.232 \times 1.293} \ [\text{Nm}^3/\text{kg}]$$

여기서, C : 석탄 1[kg] 중의 탄소량, H : 석탄 1[kg] 중의 수소량
O : 석탄 1[kg] 중의 산소량, S : 석탄 1[kg] 중의 유황량

② 공기 과잉률

석탄을 완전 연소시키기 위해서는 이론적 공기량으로는 불충분해서 반드시 이 이
상의 공기량을 필요로 한다. 석탄 1 [kg]을 완전 연소시키는데 요하는 이론적 공기
량을 V_g, 실제로 공급된 공기량을 V라고 하면 공기 과잉률은

$$A = \frac{V}{V_g}$$

가 된다. 일반적으로 연료의 종류, 화로의 구조 등에 따라서 달라진다. 스토커의 경
우에는 A=1.45~1.55 정도, 미분탄 연소의 경우에는 A=1.25~1.28 정도가 된다.

중유 연소 기력 발전소의 공기 과잉률은 대략 얼마인가?

① 0.05　　　　　② 1.22　　　　　③ 2.38　　　　　④ 3.45

해설

공기 과잉율 = $\dfrac{\text{실제 소요 공기량}}{\text{이론 공기량}}$

미분탄 연소 : 1.2~1.4 정도가 적당하다.

중유 연소 : 1.1~1.2 정도로 하고 있다.

답 : ②

2.4 보일러

(1) 보일러의 종류

물의 순환방식에 의해 분류하면 다음과 같다.

① 자연순환식 보일러(natural circulation boiler)
② 강제순환식 보일러(forced circulation boiler)
③ 관류식 보일러(one through system boiler)

사용 증기의 압력에 의해 분류하면 다음과 같다.

① 저임계압 보일러(subcritical pressure boiler)
② 초임계압보일러(supercritical pressure boiler)

사용연료에 의해 분류하면 다음과 같다.

① 석탄연소보일러
② 중유연소보일러
③ 혼합(석탄 중유)연소 보일러
④ 가스연소보일러

(2) 보일러의 용량과 효율

보일러의 크기를 표시하는 방법으로는 보통 단위 시간당의 증발량([t/h], [kg/h]), 전열면적 [m²], 연소실 체적 [m³] 등으로 표시한다. 그러나 이것이 실제보일러의 크기를 나타내기에는 바람직하지 않다. 따라서 물이 흡수한 열량의 크기로서 보일러의 크기를 표시한 것을 등가증발량[t/h]이라 한다. 이것은 보일러에서 급수에 전해진 열량을 표준 대기압하에서 100 [℃]의 물을 100 [℃]의 건조 증기로 증발시키는 것으로 환산한 것이다.

실제증발량 W 를 등가증발량 W_e 로 환산하면

$$W_e = \frac{W \cdot (i_2 - i_1)}{538.8} \ [t/h]$$

가 된다.

단, i_2 : 보일러 출구의 증기엔달피 [kcal/kg]

　　i_1 : 보일러 입구의 물의엔달피 [kcal/kg]

　　538.8 : 1기압 하의 포화수의 증발열 [kcal/kg]

보일러 효율은 단위시간 내에 보일러에 공급된 연료가 완전연소 하였을 때 발생하는 총 열량 중 실제로 물에 전하여져서 증기 발생에 사용된 열량의 비로 표시한다.
보일러 효율은

$$\eta_b = \frac{\text{보일러에서 증기 발생에 유효하게 사용된 열량}}{\text{보일러에서 발생되는 총열량}}$$

으로 표시되며 80~90 [%] 정도이다.

예제문제 56

보일러에서 흡수 열량이 가장 큰 것은?

① 수냉벽　　　　② 보일러 수관　　　③ 과열기　　　　④ 절탄기

해설
각 부의 가열 면적과 흡수 열량의 비

구분	가열 면적 [%]	흡수 열량 [%]
수냉벽	10~15	40~50
보일러 수관	5~10	10~15
과열기	10~15	15~20
절탄기	15	10~15
공기 예열기	50	5~10

답 : ①

(3) 보일러의 부속설비

① 연소 장치

• 급탄기 연소 장치 : 소용량 보일러에서 석탄을 연소시키는 데 사용되며, 이동 화상 급탄기, 살포식 급탄기, 하방 급탄기 등이 있다.

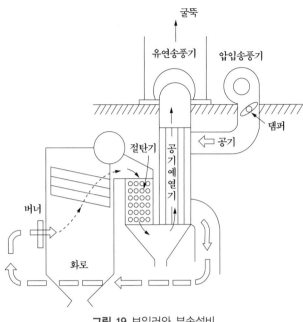

그림 19 보일러와 부속설비

- 미분탄 연소 장치 : 석탄을 미분탄기로 분쇄하여 미분으로 하여 버너로 연소실에 불을 넣어 연소시키는 방식(연소효율 향상)
- 중유 연소 장치 : 중유를 분무 상태로 하고 공기와 잘 섞이도록 하여 연소시키는 방식

② 과열기
보일러의 연도 또는 화로벽에 설치하여 보일러에서 발생하는 포화 증기를 과열 증기로 만들어 증기 터빈에 공급하는 장치를 말한다.

③ 재열기
과열기의 바로 다음에 있는 것이 많으며, 터빈에서 팽창하여 포화 온도에 가깝게 된 증기를 빼내어 다시 보일러에서 과열 온도 가깝게까지 온도를 올리기 위한 장치로 증기를 가열한다.

④ 절탄기
연도 내에 설치되어, 이를 통과하는 보일러 급수를 보일러로부터 나오는 연도 폐기 가스로 가열하는 장치이다.

⑤ 공기 예열기
연도에서 배출되기 전의 연소 가스가 갖는 열량을 회수하여 연소용 공기의 온도를 높여, 연료의 착화 및 연소·효율을 높이기 위한 장치를 말한다. 연도의 말단에 설치한다.

⑥ 집진기

전기식과 기계식이 있으며, 미분탄 연소 방식에는 코트렐 집진 장치와 사이클론이 가장 많이 쓰인다.

예제문제 57

화력 발전소에서 재열기의 목적은?

① 급수를 예열한다.　　　　　　　　② 석탄을 건조한다.

③ 공기를 예열한다.　　　　　　　　④ 증기를 가열한다.

해설

고압 터빈 내에서 팽창한 증기를 도중의 과정에서 일부 추출하여, 보일러에서 재가열함으로써 건조도를 높여 적당한 과열도를 갖도록 하는 과열기(재열기)를 설치한다.

답 : ④

예제문제 58

화력 발전소에서 재열기로 가열하는 것은?

① 석탄　　　　　② 급수　　　　　③ 공기　　　　　④ 증기

해설

과열기의 바로 다음에 있는 것이 많으며, 터빈에서 팽창하여 포화 온도에 가깝게 된 증기를 빼내어 다시 보일러에서 과열 온도 가깝게까지 온도를 올리기 위한 장치로 증기를 가열한다.

답 : ④

예제문제 59

공기 예열기를 설치하는 효과로서 옳지 않은 것은?

① 화로 온도가 높아져 보일러 증발량이 증가한다.

② 매연의 발생이 적어진다.

③ 보일러 효율이 높아진다.

④ 연소율이 감소한다.

해설

공기 예열기 : 연도에서 배출되기 전에 연도 가스가 갖는 열량을 회수하여 연소용 공기의 온도를 높여 연료의 착화 및 연소 효율을 높이기 위한 장치

답 : ④

기력 발전소에서 절탄기의 용도는?

① 보일러 급수를 가열한다. ② 포화 증기를 과열한다.

③ 연소용 공기를 예열한다. ④ 석탄을 건조한다.

해설
절탄기 : 연도(굴뚝)에 설치하여 보일러 급수를 가열하기 위한 장치

답 : ①

2.5 급수와 급수 장치

(1) 보일러수 중의 불순물에 의한 장해

① 스케일(scale) 부착

스케일은 보일러 용수 중에 함유된 칼슘이나 마그네슘과 같은 염류계통의 불순물이 농축되거나 용해되어서 보일러 관벽에 달라붙은 것을 말한다. 슬러지는 보일러의 고형물질이 침전하여 퇴적된 것을 말한다.

② 관벽 부식

용해 산소 등으로 인하여 보일러 관 벽이 부식한다.

③ 캐리 오버(carry over)

염류계통의 불순물이 많으면 드럼에서 증발시 증기 중에 불순물이 혼입(carry over)되어 과열기의 관벽에 불순물이 부착되어 열효율을 감소시킨다.

④ 알칼리 취화

보일러 수를 과도한 알칼리성으로 만들면 드럼내부와 같이 응력이 큰 개소의 금속을 연화(軟化)시키는 알칼리 취화(caustic embitterment)현상이 일어난다.

⑤ 포밍

급수의 불순물(칼슘, 마그네슘, 나트륨 등) 원인이 된다.

기력 발전소에서 포밍의 원인은?

① 과열기의 손상 ② 냉각수의 부족 ③ 급수의 불순물 ④ 기압의 과대

해설
포밍 또는 프라이밍의 원인 : 급수 중에 칼슘, 마그네슘, 나트륨의 염류 등이 포화된 경우

답 : ③

62

보일러 급수 중에 포함되어 있는 염류가 보일러 물이 증발함에 따라 그 농도가 증가되어 용해도가 작은 것부터 차례로 침전하여 보일러의 내벽에 부착되는 것을 무엇이라 하는가?

① 플라이밍(priming) 　　　　　② 포밍(forming)

③ 캐리오버(carry over) 　　　　④ 스케일(scale)

해설

스케일 : 보일러의 급수에 포함되어 있는 알루미늄, 나트륨 등의 염류가 굳어서 되는 것으로 관석이라 한다.

　　　　　　　　　　　　　　　　　　　　　　　　　　　　　　　　答 : ④

---

(2) 급수 처리

① 기계적 처리법 : 침전, 여과, 응집

② 화학적 처리법 : 석회 및 소다법, 이온 교환 수지법

(3) 중화기(evaporator)

주로 증기를 열원으로 하여 급수를 가열·증발시켜, 증류수로 만들어 보일러에 보내는 장치. 열원으로서는 보통 생증기, 터빈의 추기, 터빈의 배기 등이 사용된다.

(4) 공기 분리기

추기 또는 다른 폐기에 의하여 급수를 가열시키는 일종의 가열기인 동시에, 급수를 포화 온도 이상으로 가열하여 급수 중의 함유 가수를 분리 배출시키는 장치

(5) 급수 펌프

급수를 보일러에 보내기 위해서 사용되며 왕복 펌프, 원심력 펌프 등이 사용된다.

급수 펌프의 소요 마력 $W = 0.163 \times \dfrac{Q_w H \times 10}{60 r \eta}$ [kW]

여기서, Q_w : 급수량 [t/h], H : 전압력 [kg/cm²]
r : 물의 단위 부피의 무게 [kg/l], η : 펌프의 효율

(6) 급수 가열 장치

재생 사이클에서 급수를 가열시키는 장치를 급수 가열기라 하며, 이들을 배열한 것을 급수 가열 장치라고 한다.

예제문제 63

화력 발전소에서 탈기기 설치 목적은?

① 연료 중의 공기를 제거하고자 한 것이다.

② 급수 중의 산소를 제거하고자 한 것이다.

③ 보일러 가스 중에서 산소를 제거하고자 한 것이다.

④ 증기 중의 산소를 제거하기 위해서이다.

해설

탈기기(deaerator) : 용해 산소 분리의 목적으로 쓰인다. 급수 중에 용해되어 있는 산소는 증기 계통, 급수 계통 등을 부식시킨다.

답 : ②

예제문제 64

대용량 기력 발전소에서는 터빈의 중도에서 추기하여 급수 가열에 사용함으로써 얻은 소득은 다음과 같다. 옳지 않은 것은?

① 열효율 개선

② 터빈 저압부 및 복수기의 소형화

③ 보일러 보급 수량의 감소

④ 복수기 냉각수 감소

해설

추기 급수 가열 : 열량이 크므로 열효율이 향상된다.

답 : ③

2.6 증기 터빈

증기 터빈은 보일러에서 보내 온 고온 고압의 증기를 팽창시켜 기계적인 회전 에너지로 변환하고 그 에너지로 발전기를 회전시켜 전기를 만드는 원동기를 말한다.

(1) 충동 터빈

증기터빈은 왕복동 기관과 같이 증기의 압력 차에 의하여 움직이는 것이 아닌 증기가 갖는 위치 에너지(Potential energy, 압력과 열)를 이용한 터빈을 말한다.

① 단식 터빈(Single stage turbine)

② 속도 복식터빈(Velocity compounded turblne)

③ 압력 복식터빈(Pressure compounded turbine)

(2) 반동 터빈

반동터빈은 노즐 대신에 고정날개(stationary vane)를 설치해서 증기의 팽창으로 고속도 분류를 만들고 회전날개 속에서도 팽창하도록 하여 증기의 충동력뿐만 아니라 회전날개를 거쳐 나가는 증기의 반동력까지도 이용하는 터빈을 말한다.

(3) 합성 터빈

합성터빈(Compound turbine)은 고압부를 충동식으로 하고 저압부를 반동식으로 하여 두 방식의 장점을 활용한 형식의 터빈을 말한다.

예제문제 65

증기 터빈의 장·단점 중 옳지 않은 것은?

① 과열 증기나 고진공인 때의 효율이 매우 낮다.
② 고효율을 내기 위하여는 대용량의 복수기가 필요하다.
③ 과부하 용량이 크고 또한 과부하시의 효율이 높다.
④ 고속도기이므로 날개 및 축수 등의 손상이 심하다.

해설
증기 터빈 : 과열 증기나 고진공인 때의 효율이 매우 높다.

답 : ①

예제문제 66

증기 터빈을 열사이클의 형식에 의하여 분류한 것은?

① 충동 터빈   ② 반동 터빈   ③ 추기 터빈   ④ 축류 터빈

해설
증기의 열사이클에 따라 터빈을 분류
① 복수 터빈   ② 배압식 터빈   ③ 추기 터빈

답 : ③

---

(4) 터빈의 효율 및 열효율

$$\text{터빈 효율} : \eta_T = \frac{860P}{G(i - i_e)}$$

여기서, P : 터빈 축단 출력[kW], G : 유입 증기량[kg/h]
i : 터빈 입구에서의 증기 엔탈피[kcal/kg]
i_e : 복수기 진공까지 팽창한 상태에서의 증기 엔탈피[kcal/kg]

(5) 조속기

회전체(fly wheel)의 원심력을 이용해서 직접 간접으로 접속된 기구에 의하여 증기의 유입량을 조절하여 터빈의 회전 속도를 일정하게 해 주는 장치(2.5~4 [%] 정도 조정)를 말한다.

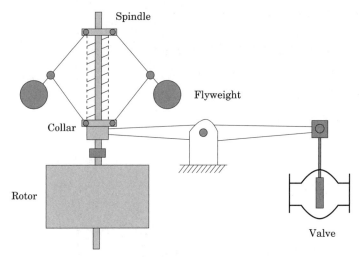

그림 20 원심형 조속기

여기에 비상 조속기가 별도로 달려 있는 것이 수차 발전기의 조속 장치와 다른 점이다. 비상 조속기는 보통 정격 속도의 10 [%]를 넘으면 터빈에 유입하는 증기를 차단한다 (110±1 [%] 정정).

예제문제 67

증기 터빈에 있어서 속도 변동률, 즉 무부하로 되었을 때 속도 변화와 정격 속도의 비는 보통 2.5~4 [%] 정도로 조정한다. 무엇에 의하여 조정하는가?

① 조속기   ② 분사기   ③ 복수기   ④ 다이어프램

해설
터빈의 속도 : 조속기에 의해 결정된다.

답 : ①

2.7 내연력 발전

내연기관에 사용하는 연료로는 액화천연가스(LNG), 액화석유가스(LPG) 등의 기체 연료와 휘발유, 등유, 중유 등의 액체연료를 사용하여 발전하는 것을 내연력 발전이라 한다. 발전용으로는 액화천연가스와 중유를 주로 사용하고 있다.

내연력 발전의 특징을 기력발전과 비교하면

① 기동, 정지가 간단하고 부하에 대한 응동성이 좋다.
② 설비가 단순하므로 유지관리가 쉽다.
③ 출력에 비해 크기가 작고, 신뢰성 및 열효율도 우수하다.
④ 설치장소에 제한이 적고 냉각수도 비교적 적다.
⑤ 기체 또는 액체연료이므로 수송, 저장, 취급이 편리하다.

장점이 있으며, 단점은 다음과 같다.

① 운전시 진동이 크므로 방진대책이 필요하다.
② 소음이 심하므로 방음장치가 필요하다.
③ 배기온도가 높기 때문에 유의하여야 한다.
④ 대용량의 제작이 어렵다.

2.8 가스 터빈 발전

그림 21 가스터빈

가스 터빈의 구성요소는 그림과 같이 압축기, 연소기, 가스터빈 및 발전기로 이루어져 있다. 동작원리는 기체를 압축기로 압축해서 가열하고, 이 가열된 기체를 가스터빈에서 팽창시킴으로서 회전력을 얻는 것으로서 그 과정은 압축 → 가열 → 팽창 → 방열의 4과정의 기본 사이클로서 이루어진다.

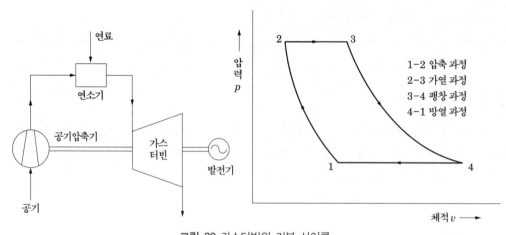

그림 22 가스터빈의 기본 사이클

가스터빈의 장점은 다음과 같다.

① 구조간단하며 운전조작이 간단하다.
② 기동 정지가 용이하다.

③ 물 처리가 불필요하며, 냉각수 소요량도 적다.

④ 설치장소 선정이 비교적 자유롭다.

⑤ 건설기간이 짧고 이설도 용이하다.

가스터빈의 단점은 다음과 같다.

① 고온의 가스(600~1100 [℃])를 이용하므로 내열재료를 사용해야 한다.

② 열효율이 낮다.

③ 압축기의 소요 동력이 많이 필요하다(가스터빈 출력의 2/3 소요).

④ 외기온도와 대기압의 영향을 받는다(외기온도가 내려가면 터빈 출력은 상승한다).

예제문제 68

가스 터빈의 장점이 아닌 것은?

① 소형 경량으로 건설비가 싸고 유지비가 적다.

② 기동시간이 짧고 부하의 급변에도 잘 견딘다.

③ 냉각수를 다량으로 필요로 하지 않는다.

④ 열효율이 높다.

[해설]
가스 터빈의 열효율 : 내연력 발전소나 대용량의 기력 발전소보다 떨어진다.

답 : ④

예제문제 69

발전소 원동기로서 가스 터빈의 특징을 증기 터빈과 내연기관에 비교하였을 때 옳은 것은?

① 기동시간이 짧고 조작이 간단하여 첨두부하 발전에 적당하다.

② 평균효율이 증기 터빈에 비하여 대단히 낮다.

③ 냉각수가 비교적 많이 들고 설비가 복잡하여 보수가 어렵다.

④ 소음이 비교적 작고 무부하일 때 연료의 소비량이 적게 된다.

[해설]
가스 터빈의 장점
① 소형 경량으로 건설비가 싸고 유지비가 적다.
② 기동시간이 짧고 부하의 급변에도 잘 견딘다.
③ 물 처리가 불필요하며, 냉각수 소요량도 적다.

답 : ①

2.9 복합발전

증기터빈 발전과 가스터빈 발전을 조합한 발전을 복합발전이라 한다. 가스터빈 효율은 현재의 30%이며, 가스터빈의 열 사이클은 브레이튼 사이클(Brayton Cycle)로 압축기,

연소기, 터빈을 통해 이루어진다. 터빈으로 공급되는 연소가스 온도가 1,000℃이상이고, 대기 중으로 배출되는 배기가스 온도는 500℃ 이상으로 배기가스 온도가 높기 때문에 배기가스에 남아 있는 많은 열량이 다른 일을 하지 않고 대기 중으로 버려지는 결과로 열효율이 낮다.

가스터빈으로부터 버려지는 열량의 일부를 회수하기 위한 방안으로 배기가스를 배열회수보일러(HRSG : Heat Recovery Steam Generator)로 보내 증기를 생산하여 증기터빈을 돌린다. 고온 가스를 이용하여 가스사이클에서 한번 발전한 후 증기 사이클에서 다시 이용하여 총 두 번에 걸쳐 전력을 생산하므로 열효율이 높아진다.

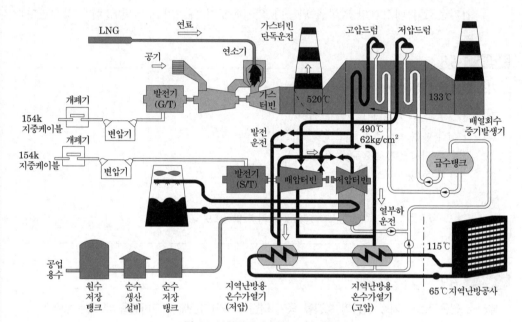

그림 23 복합발전의 계통 구성 원리도

2.10 열 병합발전(Combined HEAT & POWER)

열 병합발전(combined heat and power plant, co-generation)이란 열과 전기를 동시에 생산하여 공급하는 발전 방식을 뜻한다.

열 병합발전의 특징은 다음과 같다.

- 열효율이 높다(가스온도 1100 [℃]에서 43 [%] 정도).
- 부분부하에서 열효율 저하가 적다.
- 기동정지 시간이 짧다.
- 복수기의 냉각수량 및 온 배수량이 적다.
- 자체단독운전 가능하여 비상용 전원으로 이용할 수 있다.
- 배기량이 많아 질소산화물(NOx) 발생에 따른 대책이 필요하다.

• 가스터빈 운전으로 인한 소음대책이 필요하다.

• 불순물 적은 양질의 연료를 사용한다.

3. 원자력 발전

3.1 원리

원자력 발전의 원리는 양자와 중성자로 이루어져 있는 원자핵에서 이들을 결합시키고 있는 결합에너지(binding energy)의 방출을 이용하는 발전을 말한다. 질량수가 큰 원자핵($_{92}U^{235}$)은 핵분열을 일으켜서 이 결합에너지의 일부를 방출하는 핵분열 에너지를 이용하는 방법의 발전을 말한다.

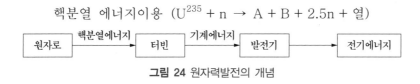

핵분열 에너지이용 ($U^{235} + n \rightarrow A + B + 2.5n + 열$)

그림 24 원자력발전의 개념

3.2 원자력 발전의 특징

① 원자력 발전은 출력밀도가 큼으로 같은 출력이라도 소형화가 가능하다.

② 원자로에서 발생되는 증기는 포화증기이므로 열효율은 화력의 경우 40 [%]에 비해 원자력은 33 [%]에 불과다. 사용 증기량이 많아 터빈과 증기관의 지름이 커지고 복수기는 대형으로 되며, 복수기의 냉각수량도 1.8배 정도 많아진다.

③ 핵연료인 우라늄 1 [kg]에서 발생하는 열은 석탄 3,300 [t]에 해당하므로 연료의 수송 저장에 관한 문제는 거의 없다.

④ 핵분열을 지속시키려면 일정량(임계량)의 핵연료가 필요하다. 따라서 핵연료는 보통 3~4년분을 한꺼번에 장전하고 실제로는 1년 정도의 주기로 일부분의 핵연료를 교체한다.

⑤ 화력발전소에서 사용하는 화석 연료는 회(灰)로 되지만, 원자력 발전에서는 사용 후 핵연료에서 새로운 핵연료(Pu^{239})가 만들어진다.

⑥ 핵분열에 의하여 생기는 방사능이 원자력발전소 인근에 누출되면 환경이 오염되므로 방사능 대책에 필요하다. 또 사용후 핵연료나 각종 핵폐기물을 영구 처분할 수 있는 처분장도 필요하다.

⑦ 원자력발전의 초기 건설비는 비싸나 연료비는 싸다.

⑧ 원자력발전의 부하추종은 어렵다.

⑨ 원자로의 폭주(run away)로 인해 출력이 과대해지면 심각한 위험을 초래하므로 안전에 충분한 고려가 필요하다.

⑩ 화력발전소에 비해 건설비는 높으나 연료비가 낮으므로 전체적인 발전원가가 낮아진다.

예제문제 70

원자력 발전의 특징으로 틀린 것은?

① 처음에는 과잉량의 핵연료를 넣고 그 후에는 조금씩 보급하면 되므로 연료의 수송기지와 저장시설이 크게 필요하지 않다.

② 핵연료의 허용온도와 열전달특성 등에 의해서 증발조건이 결정되므로 비교적 저온, 저압의 증기로 운전된다.

③ 핵분열 생성물에 의한 방사선 장해와 방사선 폐기물이 발생하므로 방사선 측정기, 폐기물 처리 장치 등이 필요하다.

④ 기력발전보다 증기관의 지름이 작아진다.

답 : ④

3.3 발전용 원자로의 종류

발전용 원자료의 종류는 표와 같다.

표 4 원자로의 종류

종류		연료	감속재	냉각재	비고
가스냉각로(GCR)		천연우라늄	흑연	탄산가스	영국에서 개발
경수로	가압수형(PWR)	저농축우라늄	경수	경수	미국 WH사에서 개발 (고리, 영광, 울진 원자력 발전소)
	비등수형(BWR)	저농축우라늄	경수	경수	미국 GE사에서 개발
중수로(CANDU)		천연우라늄	중수	중수	카나다에서 개발 (월성 원자력발전소)
고속증식로(FBR)		농축우라늄 플루토늄	–	나트륨	프랑스, 러시아, 일본 등에서 개발, 실용화 단계

(1) 흑연감속 가스냉각로

핵연료는 천연우라늄. 감속재는 흑연, 냉각재는 CO_2을 사용한다.

(2) 경수감속 경수냉각로

저농축 산화우라늄을 핵연료로 사용하며, 경수를 감속재와 냉각재로 사용한다. 가압수형과 비등수형 있다.

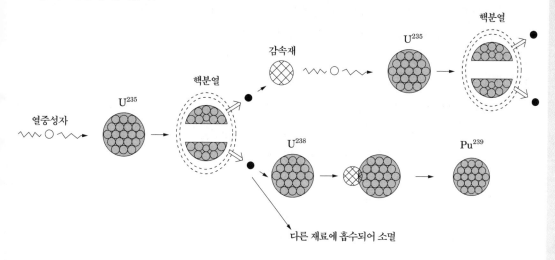

그림 25 경수로의 핵분열 반응

① 가압수형 원자로(PWR)

핵연료에 U^{235} 3~4 [%]의 저농축우라늄, 감속재와 냉각재에 경수를 사용하며 원자로에 160 [kg/cm²] 정도의 압력을 가하여 노 입구 온도 290 [℃], 노 출구 온도 320 [℃]로 가열하여 증기발생장치로 보내는 원자로이다.

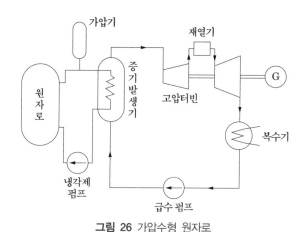

그림 26 가압수형 원자로

가압수형 원자로의 특징은 다음과 같다.

• 열 사이클이 증기발생기를 중심으로 2중으로 되어 있기 때문에 방사능을 띈 증기가 터빈 측에 누출될 위험성이 적다.

- 가압수를 사용하기 때문에 출력 밀도가 높고 노심으로부터 나오는 열 출력이 크다. 그러나 압력용기 및 배관의 두께가 두꺼워져서 가격이 높아진다.
- 2중 열 사이클이기 때문에 계통이 복잡하다.
- 노내의 핵반응은 부(負)의 온도계수를 지니기 때문에 안정성은 좋다.
- 핵연료는 농축도가 3~4 [%]인 저농축 우라늄을 사용한다.

예제문제 71

다음에서 가압수형 원자력 발전소에 사용하는 연료, 감속재 및 냉각재로 적당한 것은?

① 연료 : 천연 우라늄, 감속재 : 흑연감속, 냉각재 : 이산화탄소 냉각
② 연료 : 농축 우라늄, 감속재 : 중수감속, 냉각재 : 경수냉각
③ 연료 : 저농축 우라늄, 감속재 : 경수감속, 냉각재 : 경수냉각
④ 연료 : 저농축 우라늄, 감속재 : 흑연감속, 냉각재 : 경수냉각

해설
① 연료 : 농축 우라늄   ② 감속재 : 경수   ③ 냉각재 : 경수

답 : ③

예제문제 72

경수형 원자로에 속하는 것은?

① 고속증식로   ② 가압수형 원자로
③ 열중성자로   ④ 흑연감속 가스 냉각로

해설
PWR은 저농축 우라늄을 연료로 하고 경수(H_2O)를 감속재 및 냉각재로 사용하는 원자로이다.

답 : ②

② 비등수형 원자로(BWR)

가압수형 원자로(PWR)와 마찬가지로 농축우라늄을 사용하는 경수감속 경수냉각형 원자로지만 노내에서 전면적인 비등을 허용하는 점이 다르다. 특징은 가압수형에 비교하여 다음과 같다.

- 출력밀도가 낮으며 노심 및 압력용기가 대형이다.
- 1차계 압력이 낮다.
- 1차계 증기가 직접 터빈에 공급되므로 발전소는 간단해진다.
- 열교환기가 필요없다.
- 증기는 기수분리, 급수는 양질의 것이어야 한다.
- 출력변동에 대한 출력특성은 가압수형보다 못하다.
- 펌프 동력이 적어도 된다.

예제문제 73

비등수형 동력용 원자로에 대한 설명으로 틀린 것은?

① 노심 안에서 경수가 끓으면서 증기를 발생할 수 있게 설계된 것이다.

② 내부의 압력은 가압수형 원자로(PWR) 보다 높다.

③ 발생된 증기로 직접 터빈을 회전시키는 방식을 직접 사이클이라 한다.

④ 직접 사이클의 노에서는 증기 속에 방사선 물질이 섞이게 되므로 터빈 안에까지 방사능으로 오염될 우려가 있다.

해설
비등수형 원자로의 특징
• 출력밀도가 낮으며 노심 및 압력용기가 대형이다.
• 1차계 압력이 낮다.
• 1차계 증기가 직접 터빈에 공급되므로 발전소는 간단해진다.
• 열교환기가 필요없다.
• 증기는 기수분리, 급수는 양질의 것이어야 한다.
• 출력변동에 대한 출력특성은 가압수형보다 못하다.
• 펌프 동력이 적어도 된다.

답 : ②

예제문제 74

비등수형 경수로에 해당되는 것은?

① HTGR ② PHWR ③ PWR ④ BWR

해설
PWR : 가압수형 원자로, BWR : 비등수형 원자로, FBR : 고속 증식로

답 : ④

(3) 중수감속 중수냉각로

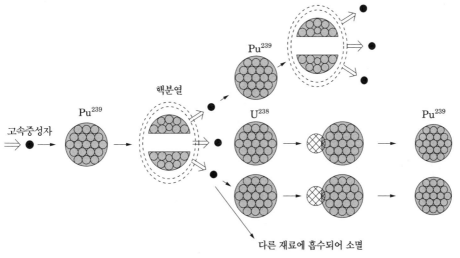

그림 27 고속증식로의 핵분열 반응

중수를 감속재와 냉각재로 사용한다. 중수로의 일반적인 특징은 다음과 같다.

- 중수는 중성자 흡수가 상당히 작기 때문에 핵연료를 유효하게 이용할 수 있다. 즉, 핵연료 전환비가 0.8~1.0 정도로 크기 때문에 Pu 생산량이 많다.
- 중수를 냉각재로 사용하기 때문에 핵연료로서는 천연우라늄을 이용할 수 있다.
- 경수로에 비하여 노심이 커진다.
- 비싼 중수를 다량으로 구입해야 한다.

(4) 고속증식로

농축우라늄을 핵연료로, 액체 나트륨을 냉각재로 사용한다. 감속재는 사용하지 않는다. 전환비가 1.2~1.4 정도로 이 값이 1보다 크므로 증식로라 부른다.

예제문제 75

증식비가 1보다 큰 원자로는?

① 경수로　　　　② 고속 증식로　　　　③ 중수로　　　　④ 흑연로

해설
고속 증식로의 증식비는 1.2~1.4 정이 값이 1보다 크므로 증식로라 부른다.

답 : ②

3.4 원자로의 구성

(1) 열중성자로

천연 우라늄과 저농축 우라늄을 연료로 사용해서 핵분열을 일으키고 있다. 그림은 열중성자로의 개념도 이다. 원자로는 핵연료, 감속재, 냉각재, 반사체, 제어봉, 차폐재로 구성되어 있다.

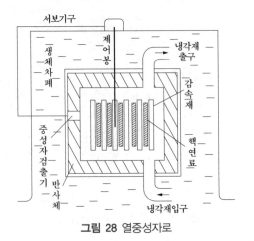

그림 28 열중성자로

① 핵연료(nuclear fuel)

발전용 핵연료로서는 천연우라늄(natural uranium)과 저농축우라늄(low enriched uranium)이 있다. 천연우라늄 중에는 실제로 핵분열을 일으킬 수 있는 U^{235}는 0.7 [%]밖에 함유되어 있지 않고, 나머지 99.3 [%]는 U^{238}이 차지하고 있다. U^{238}은 핵분열을 일으키지 못하지만 이것이 중성자를 흡수하면 Pu^{239}로 바뀌고 이 Pu^{239}는 핵분열을 일으키므로 핵연료로서 사용된다. 그러나 이와 같이 해서 생긴 Pu^{239}는 화학적인 방법을 써서 Pu^{239}를 분리하여야 한다. 이것을 핵연료의 재처리(reprocess)라 한다.

저농축우라늄은 천연우라늄을 농축시켜서 U^{238}의 함유율을 2~3 [%] 정도로 높인 주면 그만큼 중성자의 발생 개수가 많게 되어 원자로의 크기를 작게 할 수 있는 특징이 있다.

핵연료는 원자로에 사용중인 냉각재(물, 액체금속, 가스)로 인하여 부식되기 쉽다. 따라서 지르코늄과 같은 금속으로 보호하고 있다.

핵연료로서 요구되는 성질은 다음과 같다.

- 고온에 견딜 수 있는 것
- 열전도가 좋을 것
- 높은 중성자 조사(照射)에 견딜 수 있을 것
- 밀도가 높을 것

예제문제 76

핵연료가 가져야 할 일반적인 특성이 아닌 것은?

① 낮은 열전도율을 가져야 한다.　　② 높은 융점을 가져야 한다.
③ 방사선에 안정하여야 한다.　　④ 부식에 강해야 한다.

해설
핵연료로서 요구되는 성질은 다음과 같다.
- 고온에 견딜 수 있는 것
- 열전도가 좋을 것
- 높은 중성자 조사(照射)에 견딜 수 있을 것
- 밀도가 높을 것

답 : ①

예제문제 77

우라늄 235(U^{235}) 1[g]에서 얻을 수 있는 에너지는 석탄 몇 톤[ton] 정도에서 얻을 수 있는 에너지에 상당하는가?

① 0.3   ② 0.5   ③ 1   ④ 3

해설

$_{92}U^{235}$ 1[g]이 발생하는 에너지 : 약 2×10^7[kcal]이므로

석탄 1[kg]의 연소율 : 6000[kcal]

$\therefore$ 석탄량 $= \dfrac{2 \times 10^7}{6000} = 3333$[kg] $= 3.3$[t]

답 : ④

② 감속재(moderator)

핵분열로 인하여 생긴 중성자는 높은 에너지를 가진 고속중성자이다. 고속중성자는 그 빠른 속도로 인해 핵분열을 일으키게 하는데 부적당하여 핵분열을 일으킬 수 있도록 이 중성자의 속도를 떨어뜨려 주어야 한다. 즉, 고속중성자를 열중성자(0.025[MeV])로 감속하기 위하여 감속재가 사용된다. 감속재는 중성자가 1회의 충돌로 상실되는 에너지가 커야 하므로 산란 단면적이 커야하고, 열중성자 흡수 단면적이 작아야 한다. 주로

- 경수(H_2O)
- 중수(D_2O)
- 흑연(C)
- 산화베리움

등이 사용된다.

예제문제 78

감속재에 관한 설명 중 옳지 않을 것은?

① 중성자 흡수 면적이 클 것
② 원자량이 적은 원소이어야 할 것
③ 감속능, 감속비가 클 것
④ 감속 재료는 경수, 중수, 흑연 등이 사용된다.

해설

고속중성자를 열중성자(0.025[MeV])로 감속하기 위하여 감속재가 사용된다. 감속재는 중성자가 1회의 충돌로 상실되는 에너지가 커야 하므로 산란 단면적이 커야하고, 열중성자 흡수 단면적이 작아야 한다.

답 : ①

예제문제 79

원자로에서 고속 중성자를 열중성자로 만들기 위하여 사용되는 재료는?

① 제어재   ② 감속재   ③ 냉각재   ④ 반사재

해설

열중성자로에서 핵분열로 발생한 고속 중성자는 열중성자로 되어야 하기 때문에 고속 중성자가 1회 충돌에 의해 많은 운동 에너지를 잃을 수 있도록 하는 감속재를 사용해야 한다.

답 : ②

예제문제 80

다음의 감속재 중 감속비가 가장 큰 것은?

① 경수   ② 중수   ③ 흑연   ④ 헬륨

해설

감속재는 중성자가 1회의 충돌로 상실되는 에너지가 커야 하므로 산란 단면적이 커야하고, 열중성자 흡수 단면적이 작아야 한다. 주로 경수(H_2O) 중수(D_2O) 흑연(C) 산화베릴륨 등이 사용된다.

답 : ②

예제문제 81

다음 중 감속재로 가장 적당하지 않은 것은?

① 경수   ② 중수   ③ 산화베릴륨   ④ 무기 화합물

해설

감속재는 중성자가 1회의 충돌로 상실되는 에너지가 커야 하므로 산란 단면적이 커야하고, 열중성자 흡수 단면적이 작아야 한다. 주로 경수(H_2O) 중수(D_2O) 흑연(C) 산화베리움 등이 사용된다.

답 : ④

③ 냉각재(coolant)

냉각재는 원자로에서 발생한 열을 배출시킴과 동시에 원자로내의 온도를 적당한 값으로 유지할 필요가 있으므로 열 용량이 크고 열중성자 흡수가 적어야 하며, 비등점이 높아야 한다. 냉각재로서

- 경수(H_2O)
- 중수(D_2O)
- Na(액체금속)
- CO_2

등이 있다. 경수 및 중수는 비열이 크고 열전도도 양호하며, 점성이 비교적 낮기 때문에 냉각재로서 적합하여 감속재를 겸해서 사용된다. 경수는 중수에 비해 가격이 저렴하며 많이 사용된다. 그러나 경수는 열중성자 흡수 단면적이 크므로 이것을 감속재 및 냉각재로 사용할 경우에는 일반적으로 저농축우라늄을 사용하여야 한다.

CO_2는 흑연감속 가스냉각로에서 사용한다.

④ 제어봉(control rod)

원자로 내에서 제어봉의 위치를 변화시킴으로 핵분열 연쇄반응을 제어하고 또한 중성자의 배율을 변화시켜 원자로의 출력을 제어하기 위해 사용한다. 제어봉으로서 요구되는 성질은 다음과 같다.

- 중성자 흡수 단면적이 클 것
- 냉각재에 대하여 내부식성이 있을 것
- 열과 방사능에 대해 안정적일 것

보통 제어재로 사용되는 것은

- Cd(카드뮴)
- B(붕소)
- Hf(하프늄)

이다.

예제문제 82

원자로의 제어제가 구비하여야 할 조건으로 틀린 것은?

① 중성자 흡수 단면적이 적을 것
② 높은 중성자 속에서 장시간 그 효과를 간직할 것
③ 열과 방사선에 대하여 안정할 것
④ 내식성이 크고 기계적 가공이 용이할 것

해설
원자로 내에서 제어봉의 위치를 변화시킴으로 핵분열 연쇄반응을 제어하고 또한 중성자의 배율을 변화시켜 원자로의 출력을 제어하기 위해 사용한다. 붕소(B), Cd, Hf와 같이 중성자 흡수 단면적이 큰 재료로서 만들어진다.

답 : ①

예제문제 83

원자력 발전에서 제어 재료로 사용되는 것은?

① 하프늄   ② 스테인리스강   ③ 나트륨   ④ 경수

해설
원자로 내에서 제어봉의 위치를 변화시킴으로 핵분열 연쇄반응을 제어하고 또한 중성자의 배율을 변화시켜 원자로의 출력을 제어하기 위해 사용한다. 붕소(B), Cd, Hf와 같이 중성자 흡수 단면적이 큰 재료로서 만들어진다.

답 : ①

⑤ 반사재(reflector)

원자로 내에서 핵분열에 의하여 발생하는 중성자가 외부로 누설되는 것을 원자로 내부로 다시 반사시키는 것을 반사재라 한다. 열 중성자로 에서는 감속재와 같은 재료가 사용된다.

- 경수(H_2O)
- 중수(D_2O)
- 흑연(C)
- 산화베리움

예제문제 84

다음 중 반사체가 아닌 것은?

① 중수   ② 콘크리트   ③ 흑연   ④ 베릴륨

해설
원자로 내에서 핵분열에 의하여 발생하는 중성자가 외부로 누설되는 것을 원자로 내부로 다시 반사시키는 것을 반사재라 한다. 경수(H_2O) 중수(D_2O) 흑연(C) 산화베리움 등이 사용된다.

답 : ②

---

⑥ 차폐재(shield)

노심에서 누설되는 중성자나 γ선 또는 각종 방사선을 방지하기 위한 재료로서 차폐재를 사용한다. 차폐에는

- 열차폐 : 중성자나 γ선이 차폐재에 침입해서 차폐재가 열적으로 파괴되는 것을 방지한다.
- 생체차폐 : 인체에 영향을 미치지 않도록 한다.

열차폐는 철판과 같이 열전도가 좋은 재료가 사용된다. 생체차폐는 운전원을 γ선이나 각종 방사선으로부터 보호하는 재료로서 콘크리트, 물, 납 등이 사용된다.

예제문제 85

γ선 또는 중성자 등의 방사선을 차폐하기 위하여 가장 좋은 물질은?

① 중성자 흡수 단면적이 큰 물질   ② 비열이 높은 물질
③ 밀도가 높은 물질   ④ 밀도가 낮은 물질

해설
열차폐는 철판과 같이 열전도가 좋은 재료가 사용된다. 생체차폐는 운전원을 γ선이나 각종 방사선으로부터 보호하는 재료로서 콘크리트, 물, 납 등이 사용된다.

답 : ③

(2) 고속중성자로

핵분열 연쇄반응이 주로 고속중성자에서 일어난다. 열중성자로와 큰 차이점은 노내에 감속재가 없고 연료로서 핵분열성 핵종(核種, nuclide)의 농도가 높은 연료가 사용되고 있다는 것을 들 수 있다.

① 핵연료

핵연료로서 농축도가 약 20 [%] 정도로부터 90 [%] 정도의 금속 우라늄이나 우라늄의 몰리브덴 합금이 사용된다. 대형의 동력용 고속로에서는 세라믹 연료중 특히 산화물 연료가 PuO_2와 UO_2의 혼합체 등이 사용되고 있다.

② 냉각재

냉각재로서 가장 많이 사용되고 있는 것은 금속 나트륨(Na)이다. 그 외 증기나 가스를 냉각재로서 사용하는 예도 있으며, 이 경우에는 열 제거 효율을 높이기 위해서 냉각재를 고압으로 하여야 한다.

③ 블랭킷(blanket)

고속중성자로의 특유한 것으로서 노심의 주위를 둘러싼 핵분열 연료 물질로 만들어지고 있으며 노심으로부터 나온 중성자를 핵분열 연료 물질에 흡수시켜서 새로운 핵분열성 물질을 얻기 위한 설비를 블랭킷이라 한다.

④ 반사체

고속중성자로의 반사체로서는 스테인리스강이나 납이 사용된다.

⑤ 제어봉

에너지 스펙트럼이 큰 고속중성자로 : 연료 요소 자체 또는 탄탈을 제어봉
에너지 스펙트럼이 낮은 고속중성자로 : 보통 B_4C가 사용된다.

⑥ 차폐

방사선 차폐에 관해서는 열중성자로의 경우와 같다. 일부 고속로에서는 노심의 바로 옆에 강제(鋼製)의 플라스트 차폐라고 불리는 차폐재를 두어 사고가 일어났을 때 발생하는 에너지를 흡수한다.

3.5 핵 융합로(fusion reactor)

핵 융합로는 질량이 가벼운 원자핵을 융합하여 무거운 원자핵으로 바꾸면서 핵분열시와 마찬가지로 핵융합 전후의 질량 결손에 해당하는 에너지를 이용하는 원자로이다. 핵융합에서는 질량이 제일 가벼운 원소인 수소 또는 헬륨을 연료로 사용한다. 핵연료인 중수소 1 [g]은 석탄 12 [t]에 해당한 열량을 얻을 수 있으며, 중수소는 바닷물로부터

무한한 핵융합 에너지를 얻을 수 있다는 장점이 있다. 핵 융합로의 특징은 다음과 같다.

- 핵융합에 필요한 연료가 풍부하며, 사고에 대한 낮은 위험도, 적은 량의 유해 방사능 등의 많은 장점이 있다.
- 핵융합을 위해서는 약 4천만~1억 4천만 [℃] (플라즈마 상태)의 고온이 필요하다.
- 핵들이 상호 충돌할 수 있도록 가까운 거리에 있어야 하므로 연료의 밀도가 높아야 한다.

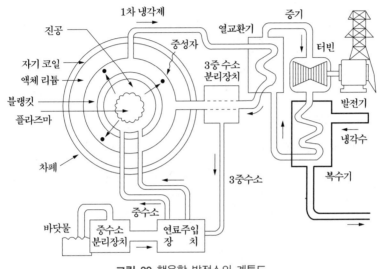

그림 29 핵융합 발전소의 계통도

전기(산업)기사 · 전기공사(산업)기사

전력공학 ❷

定價 20,000원

저 자 김 대 호
발행인 이 종 권

2020年 7月 8日 초 판 발 행
2021年 1月 12日 2차개정발행
2022年 1月 20日 3차개정발행
2023年 1月 12日 4차개정발행

發行處 (주) 한솔아카데미

(우)06775 서울시 서초구 마방로10길 25 트윈타워 A동 2002호
TEL : (02)575-6144/5   FAX : (02)529-1130
〈1998. 2. 19 登錄 第16-1608號〉

※ 본 교재의 내용 중에서 오타, 오류 등은 발견되는 대로 한솔아
카데미 인터넷 홈페이지를 통해 공지하여 드리며 보다 완벽한
교재를 위해 끊임없이 최선의 노력을 다하겠습니다.

※ 파본은 구입하신 서점에서 교환해 드립니다.

www.inup.co.kr / www.bestbook.co.kr

ISBN 979-11-6654-217-6 13560

전기 5주완성 시리즈

전기기사 5주완성

전기기사수험연구회
1,680쪽 | 40,000원

전기산업기사 5주완성

전기산업기사수험연구회
1,556쪽 | 40,000원

전기공사기사 5주완성

전기공사기사수험연구회
1,608쪽 | 39,000원

전기공사산업기사 5주완성

전기공사산업기사수험연구회
1,606쪽 | 39,000원

전기(산업)기사 실기

대산전기수험연구회
766쪽 | 39,000원

전기기사실기 15개년 과년도

대산전기수험연구회
808쪽 | 34,000원

전기기사실기 16개년 과년도

김대호 저
1,446쪽 | 34,000원

전기기사 완벽대비 시리즈

정규시리즈①
전기자기학

전기기사수험연구회
4×6배판 | 반양장
404쪽 | 18,000원

정규시리즈②
전력공학

전기기사수험연구회
4×6배판 | 반양장
326쪽 | 18,000원

정규시리즈③
전기기기

전기기사수험연구회
4×6배판 | 반양장
432쪽 | 18,000원

정규시리즈④
회로이론

전기기사수험연구회
4×6배판 | 반양장
374쪽 | 18,000원

정규시리즈⑤
제어공학

전기기사수험연구회
4×6배판 | 반양장
246쪽 | 17,000원

정규시리즈⑥
전기설비기술기준

전기기사수험연구회
4×6배판 | 반양장
366쪽 | 18,000원

무료동영상 교재
전기시리즈①
전기자기학

김대호 저
4×6배판 | 반양장
20,000원

무료동영상 교재
전기시리즈②
전력공학

김대호 저
4×6배판 | 반양장
20,000원

무료동영상 교재
전기시리즈③
전기기기

김대호 저
4×6배판 | 반양장
20,000원

무료동영상 교재
전기시리즈④
회로이론

김대호 저
4×6배판 | 반양장
20,000원

무료동영상 교재
전기시리즈⑤
제어공학

김대호 저
4×6배판 | 반양장
19,000원

무료동영상 교재
전기시리즈⑥
전기설비기술기준

김대호 저
4×6배판 | 반양장
20,000원